液压传动与采掘机械

主　编　张宝琴　袁旭芳

副主编　孙健新　马步才　何福胜

北京交通大学出版社

·北京·

内 容 简 介

本书在简明扼要介绍了液压传动的基本概念、液压元件的类型和结构原理、液压基本回路和液压系统的基本知识之后，以较多篇幅叙述了煤矿井下采掘机械的基本结构组成、工作原理、主要性能参数、选型原则、配套关系和使用维护等内容，充分反映了近年来国内外采掘机械设备和液压传动技术发展的进步和科学研究的新成果。

本书为高等院校矿山机电、煤矿开采、综合机械化采煤等专业的教材，也可作为函授及职工大学的专业教学用书，还可作为煤矿中专和技工学校的教学参考书，也可供现场工程技术人员和管理干部参考。

图书在版编目（CIP）数据

液压传动与采掘机械/张宝琴，袁旭芳主编 .—北京：北京交通大学出版社，2012.12（2020.8 重印）

ISBN 978 - 7 - 5121 - 1255 - 1

Ⅰ.①液… Ⅱ.①张… ②袁… Ⅲ.①液压传动 ②采掘机 Ⅳ.①TH137 ②TD420.3

中国版本图书馆 CIP 数据核字（2012）第 269805 号

策划编辑：王晓春　刘建明
责任编辑：王晓春
出版发行：北京交通大学出版社　　　　　　　电话：010 - 51686414
　　　　　北京市海淀区高粱桥斜街 44 号　　　邮编：100044
印 刷 者：北京虎彩文化传播有限公司
经　　销：全国新华书店
开　　本：185×260　　印张：21　　字数：528 千字
版　　次：2012 年 12 月第 1 版　　2020 年 8 月第 8 次印刷
书　　号：ISBN 978 - 7 - 5121 - 1255 - 1/TH · 44
定　　价：39.00 元

本书如有质量问题，请向北京交通大学出版社质监组反映。对您的意见和批评，我们表示欢迎和感谢。
投诉电话：010 - 51686043，51686008；传真：010 - 62225406；E-mail：press@bjtu.edu.cn。

前　言

近年来，我国的煤炭开采技术得到了突飞猛进的发展，特别是煤矿采掘机械设备、装备等有了很大的突破，基本接近或达到了世界先进水平。根据煤矿现场生产技术的发展变化，围绕培养适应煤矿现场需要的高级技术人才的主导思想，编写了本书。

本书在充分吸收近年来国内外新技术和新成果的基础上，结合编者长期的教学及生产实践，力求理论联系实际，注重专业特点，突出基础知识。在课程体系安排上便于教学和自学，不同类型专业可选取各自侧重的内容来组织教学。

本书由张宝琴、袁旭芳任主编，孙健新、马步才、何福胜任副主编，具体分工是：张宝琴编写第1～7章，孙健新编写第8章，袁旭芳编写第9～12、14～20、22、23章，马步才编写第13章，何福胜编写第21章。全书由张宝琴、袁旭芳负责统稿、定稿工作。

在本书的编写过程中，得到了内蒙古科技大学高职院和北京交通大学出版社等单位的大力支持和帮助，参考了大量有关采掘机械与液压传动方面的文献，尤其是王晓春编辑认真仔细地审阅了书稿，提出了许多宝贵意见，在此一并表示衷心感谢！

本书得到内蒙古科技大学教材基金的资助。

由于编者水平所限，书中缺点和错误在所难免，恳请各同行专家和广大读者批评指正。

编　者
2014 年 5 月

目　录

第一篇　液压传动

第二篇　采煤机械

第三篇 采煤工作面支护设备

第四篇 掘进机械

液压传动

液压传动是以封闭系统（如封闭的管路、元件、容器等）中的受压液体为工作介质实现能量传递、转换和分配的一种传动方式。液压传动与机械传动相比，具有很多优点，所以在机械设备中，液压传动是被广泛采用的传动方式之一。特别是近年来，液压与微电子、计算机技术相结合，使液压系统的发展进入了一个新的阶段，成为发展速度最快的技术之一。

第1章

液压传动的基本知识

1.1　液压传动的工作原理和工作特性

1.1.1　液压传动的工作原理

在液压传动中，液压千斤顶是一个简单而又比较完整的液压传动装置。分析其工作过程，可以清楚地了解液压传动的工作原理。

图 1-1（a）为液压千斤顶示意图。大缸体 6 和大活塞 7 组成举升缸。杠杆手柄 4、小缸体 2、小活塞 3、单向阀 1 和 5 组成手动液压泵。活塞和缸体之间可保持良好的配合关系，又能实现可靠的密封。当抬起手柄 4，使小活塞 3 向上移动，活塞下腔密封容积增大形成局部真空时，单向阀 1 打开，油箱中的油在大气压力的作用下通过吸油管进入活塞下腔，完成一次吸油动作。当用力压下手柄时，小活塞 3 下移，其下腔密封容积减小，油压升高，单向阀 1 关闭，单向阀 5 打开，油液进入举升缸下腔，驱动活塞 7 使重物 G 上升一段距离，完成一次压油动作。反复地抬、压手柄，就能使油液不断地被压入举升缸，使重物不断升高，达到起重的目的。如将截止阀 8 旋转 90°，大活塞 7 可以在自重和外力的作用下实现回程。这就是液压千斤顶的工作过程。也是一个简单液压传动系统的工作原理。

可见，液压传动是利用液体的压力能传递能量的。它先将输入的机械能转换为液体的压力能，再将液体的压力能转换为机械能，从而推动重物做功。

1.1.2　液压传动的工作特性

根据图 1-1（b）液压千斤顶简化模型，可分析两活塞之间的力比例关系、运动关系和功率关系。

1. 力比例关系

液压泵排液时，液压泵与液压缸相当于一个连通器，根据帕斯卡定律，密闭液体内某一点处单位面积所受的液体压力可等值地传递到液体内部各点，即

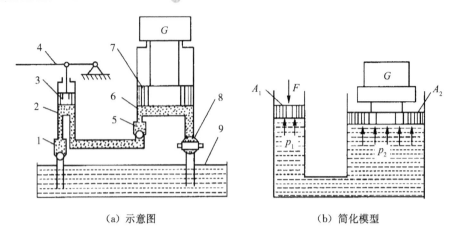

(a) 示意图   (b) 简化模型

图 1-1 液压千斤顶工作原理

1, 5—单向阀；2—小缸体；3—小活塞；4—手柄；6—大缸体；7—大活塞；8—截止阀；9—油箱

$$p_1 = p_2 = p = \frac{F}{A_1} = \frac{G}{A_2}$$

或

$$G = \frac{A_2}{A_1} F \qquad\qquad (1-1)$$

式中：p_1——小活塞在液体单位面积上的作用力；

p_2——大活塞在液体单位面积上的作用力；

A_1——小活塞的横截面面积；

A_2——大活塞的横截面面积。

由式（1-1）可知，液体在密闭容器内传递力的过程中，通过作用面积的变化，可以实现力的放大或缩小。

2. 运动关系

由于液体几乎不可压缩，单位时间内液压泵排出液体的体积等于单位时间内进入液压缸液体的体积。即

$$A_1 v_1 = A_2 v_2 = q$$

或

$$v_2 = \frac{A_1 v_1}{A_2} \qquad\qquad (1-2)$$

式中：v_1——小活塞的运动速度；

v_2——大活塞的运动速度。

因此，液体在密封容器内传递运动的过程中，又可以实现减速或增速功能。负载的速度只取决于密封容积的变化量，与所传递力的大小无关。所以液压传动也称为"容积式液压传动"。

由式（1-2）可知，活塞的运动速度与活塞的作用面积成反比。

3. 功率关系

若不考虑摩擦和泄漏损失，则液压泵输出的液压功率 Fv_1 应等于输入液压缸的液压功率

Gv_2 ，即

$$P = Gv_2 = \frac{A_2}{A_1}F\frac{A_1 v_1}{A_2} = Fv_1 = p_1 A_1 v_1 = pq \qquad (1-3)$$

式中：P——功率。

可见，液体在密闭容器内传递能量的过程中，不仅可实现力的放大、缩小或增速、减速的作用，而且所传递的能量在传递过程中也符合能量守恒定律。

由式（1-3）可知，液压传动中的功率等于压力 p 与流量 q 的乘积。压力 p 与流量 q 是液压传动中最基本、最重要的两个参数，它们相当于机械传动中的力和速度，它们的乘积即为功率。

1.2　液压传动系统的组成和图示方法

1.2.1　液压传动系统的组成

根据液压千斤顶示例可以看出，一个完整的液压传动系统通常由以下 5 个部分组成。

（1）动力元件，把原动机输入的机械能转换成液体压力能的装置，通常称为液压泵。

（2）执行元件，把工作液体的压力能转换成机械能的装置，称为液动机。通常把作直线运动的液动机称为液压缸；把作回转运动的液动机称为液压马达。

（3）控制元件，控制液压系统中液体的压力、流量和液流方向的装置，通常称为液压阀或阀。这些元件是保证系统正常工作必不可少的组成部分。

（4）辅助元件，指上述三部分以外的其他元件，如油箱、过滤器、蓄能器、冷却器、管路、接头和密封装置等。它们对保证液压系统可靠、稳定、持久的工作，有不可或缺的作用。许多故障常常是出在这些辅助元件上，因此不应忽视。

（5）工作液体，指传递能量的流体，即液压油。工作液体也是液压系统中必不可少的部分，既是能量转换与传递的介质，也起着润滑运动零件和冷却传动系统的作用。

液压系统各装置的相互关系及能量转换如图 1-2 所示。

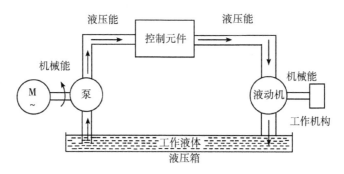

图 1-2　液压传动系统中液压装置之间的关系及能量转换

1.2.2　液压传动系统图示的方法

液压系统可用结构原理图和图形符号图表示。

1. 结构原理图

结构原理图近似于实物的剖面，能直观地表示元件的工作原理和功能，利于理解、接受；但其绘制较麻烦，难于实现标准化，不便用于液压系统的设计、制造、安装和拆卸维修。

2. 图形符号图

在液压系统中，凡是功能相同的元件，尽管其结构不同，均采用一种规定的符号来表示，称为元件的图形符号。这种图形符号简洁、标准、绘制方便、功能清楚、易于阅读，非常适用于分析液压系统的工作原理和元件的性能，大大简化了方案设计过程中的绘图工作。

在绘制和阅读图形符号图时应注意以下几点：

① 符号图只表示元件的职能作用和彼此的连接关系，不表示元件的具体结构和参数，也不表示具体安装位置；

② 符号若无特别说明，均表示元件处于静止位置或零位置；

③ 符号在系统图中的布置，除有方向性元件符号（如液压箱、仪表等）或规定以外，均可根据具体情况，水平或垂直绘制；

④ 凡标准未列入的图形符号，可根据标准的原则和所列图例的规律性进行派生，当无法直接引用及派生时，或者有必要特别说明某一元件的结构和工作原理时，允许局部采用结构简图表示。

1.2.3　液压传动的优缺点

液压传动和其他传动相比较，有以下主要优点。

① 液压传动可以输出大的推力或大转矩，可实现低速大吨位运动，这是其他传动方式所不能比的突出优点。

② 液压传动能很方便地实现无级调速。调速范围大，且可在系统运行过程中调速。

③ 在相同功率条件下，液压传动装置体积小、重量轻、结构紧凑。液压元件之间可采用管道连接或采用集成式连接，其布局、安装有很大的灵活性，可以构成用其它传动方式难以组成的复杂系统。

④ 液压传动能使执行元件的运动十分均匀稳定，可使运动部件换向时无换向冲击。而且由于其反应速度快，故可实现频繁换向。

⑤ 操作简单，调整控制方便，易于实现自动化。特别是和机、电联合使用，能方便地实现复杂的自动工作循环。

⑥ 液压系统便于实现过载保护，使用安全、可靠。由于各液压元件中的运动件均在油液中工作，能自行润滑，故元件的使用寿命长。

⑦ 液压元件易于实现系列化、标准化和通用化，便于设计、制造、维修和推广使用。

液压传动的主要缺点如下。

① 油的泄漏和液体的可压缩性会影响执行元件运动的准确性，故无法保证严格的传动比。

② 对油温的变化比较敏感，不宜在很高或很低的温度条件下工作。

③ 能量损失（泄漏损失、溢流损失、节流损失、摩擦损失等）较大，传动效率较低，也不适宜作远距离传动。

④ 系统出现故障时，不易查找原因。

综上所述，液压传动的优点是主要的、突出的，它的缺点随着生产技术水平的提高正在被逐步克服。因此，液压传动在现代生产中有着广阔的应用前景。

1.3 液压传动的发展及其在矿山机械中的应用

1.3.1 液压传动的发展概况

液压传动相对于机械传动来说，是一门新技术。从 18 世纪末英国制成世界上第一台水压机至今，液压传动技术已有二百多年的历史。但由于当时技术条件的限制，液压传动并没有得到发展。近代液压传动是由 19 世纪崛起并蓬勃发展的石油工业推动起来的，最早实践成功的液压传动装置是舰艇上的炮塔转位器。第二次世界大战期间，在一些兵器上使用了功率大、反应快、动作准的液压传动和控制装置，大大提高了兵器的性能，也促进了液压技术的发展。战后，液压技术迅速转向民用，并随着各种标准的不断制定和完善，各种元件的标准化、系列化、通用化在机械制造、工程机械、矿山机械、农业机械、汽车制造等行业中推广。20 世纪 60 年代后，原子能技术、空间技术、计算机技术（微电子技术）等的发展再次将液压技术推向前进，使它在国民经济各方面都得到了应用。现在液压传动技术已成为衡量一个国家工业水平的重要标志之一。

我国的液压工业开始于 20 世纪 50 年代，液压元件最初只应用于机床和锻压设备，后来才用到农业、矿山和工程机械上。自 1964 年从国外引进部分液压元件生产技术，同时自行设计液压产品以来，经过 20 多年的艰苦探索和发展，特别是 20 世纪 80 年代初期引进美国、日本、德国的先进技术和设备，使我国的液压技术水平有了很大的提高。目前，我国的液压元件生产已从低压到高压形成系列，并生产出许多新型的元件，如插装式锥阀、电液比例阀、电液伺服阀、电液数字控制阀等。这些液压元件在各种机械设备上得到了广泛使用。

当前，液压技术在实现高压、高速、大功率、高效率、低噪声、经久耐用、高度集成化等各项要求中都得到了重大发展，在完善比例控制、伺服控制、数字控制等技术上也有许多新成就。特别是近年来液压与微电子、计算机技术相结合，使液压技术进入了一个新的发展阶段，使未来的液压技术变得更为机械电子一体化、模块化、智能化和网络化。

1.3.2 液压传动在煤矿机械中的应用

从 20 世纪 40 年代起，液压传动技术就应用于煤矿机械。1945 年，德国制造了第一台液压传动的截煤机，实现了牵引速度的无级调速和过载保护；之后，美国、英国、前苏联等国家都在采煤机中应用了液压传动。1954 年，英国研制成功了自移式液压支架，实现了综合机械化采煤技术，从而扩大了液压传动在煤矿机械中的应用。到 20 世纪 60 年代初，多数采煤机都采用了液压传动。

由于液压传动容易实现往复运动，并且可保持恒定的输出力和力矩，因此，采煤机的滚筒调高，液压支架升降、推移、防滑、防倒和调架等都唯一地采用了液压传动。

此外，在掘进机、钻机、挖掘机、提升机以及洗选设备等其他煤矿机械中，也正日益广泛地采用液压传动，并且出现了一些全液压传动的煤矿机械设备。

我国煤矿机械中应用液压技术起步较晚，但发展十分迅速。1964 年开始制造具有液压牵引的采煤机，同时还开始了液压支架的研制工作。自 1968 年开始，我国已能批量生产液压调高和液压牵引采煤机。1974 年以来，我国开始成套生产液压支架。随着液压技术在我国的快速发展，我国自行设计制造的煤矿机械，都普遍采用了液压传动。

随着液压技术和微电子技术的结合，液压技术已走向智能化阶段，在微型计算机或微处理器的控制下，进一步拓宽了它的应用领域。无人采煤工作的出现，喷浆机器人的研制成功，都是液压技术和微电子技术相结合的结果。可以预见，在今后的煤矿机械设备中，液压技术会得到更加广泛的应用。

思 考 题

1. 何谓液压传动？液压传动的工作原理是怎样的？
2. 液压传动的工作特性有哪些？其基本技术参数是什么？
3. 液压传动系统的组成及各组成部分的作用如何？
4. 液压传动有哪些优缺点？
5. 绘制液压系统图时为何采用图形符号来表示？

第2章

液压流体力学基础

2.1　工作液体（液压油）

液压传动最常用的工作液体是液压油，此外，还有乳化型传动液和合成型传动液等。液体不仅传递能量，还能起润滑、冷却和防锈的作用。因此，有必要对工作液体的性质进行研究。

2.1.1　液体的主要物理性质

1. 液体的密度与重度
单位体积内包含的液体质量，称为液体的密度。用 ρ 表示，单位 kg/m³。即

$$\rho = \frac{M}{V} \tag{2-1}$$

单位体积内包含的液体重量，称为液体的重度。用 γ 表示，单位为 N/m³。即

$$\gamma = \frac{G}{V} \tag{2-2}$$

密度和重度的关系为

$$\gamma = \rho g \tag{2-3}$$

式中：M——液体的质量，kg；

　　　G——液体的重量，N；

　　　V——液体的体积，m³；

　　　g——重力加速度，m/s²。

由于液体的体积是随着温度的上升而增加并随着压力的增大而减少，故密度随着温度的上升和压力的减小而略减小，反之则略增加。我国采用 20℃、1 个标准大气压力下液体的密度为标准密度，用 ρ_{20} 表示。一般在理论计算时取矿物油的密度 $\rho = 900$ kg/m³。

2. 液体的可压缩性
液体是可以被压缩的，设液体初始的体积为 V，当压力增大 Δp 时，体积会缩小 ΔV，

则该液体的体积压缩系数 k 为

$$k = -\frac{1}{\Delta p}\frac{\Delta V}{V} \qquad (2-4)$$

压缩系数 k 定义为单位压力所引起的液体单位体积的变化。由于压力增大时液体的体积减小，则式（2-4）的右边须加负号，以使 k 为正值。

另一种常用于描述液体可压缩性的指标是体积弹性模数，其定义为 $1/k$，用 K 表示，K 值越大，表示越不容易被压缩。即

$$K = \frac{1}{k} = -\frac{\Delta p}{\Delta V}V \qquad (2-5)$$

在实际应用中，常用 K 值说明液体抵抗压缩能力的大小。常温下，液压油的体积弹性模数为 $(1.4 \sim 2.0) \times 10^3$ MPa，数值很大，故一般可认为油液是不可压缩的。

3. 液体的黏性

在日常生活中，我们都能体会到液体有黏性。将杯中的水倒干净非常容易，但如果要将杯中的油液倒干净则不像倒水那么简单了，这是因为油液的黏性比水的黏性大。

液体在外力作用下流动时，分子间的内聚力会阻碍分子间的相对运动而产生一种内摩擦力。这一特性称为液体的黏性。黏性的大小用黏度表示，黏性是液体重要的物理特性，也是选择液压油的主要依据。

黏性使流动液体内部各液层间的速度不等。如图 2-1 所示，两平行平板间充满液体，下平板不动，而上平板以速度 u_0 向右平动。由于黏性，紧贴于下平板的液体层速度为零，紧贴于上平板的液体层速度为 u_0，而中间各液体层的速度按线性分布。这表明，不同速度流层相互制约而存在内摩擦力。

实验测定指出，液体流动时相邻液层间的内摩擦力 F 与液层间的接触面积 A 和液层间的相对运动速度 du 成正比，而与液层间的距离 dy 成反比，即

$$F = \mu A \frac{du}{dy} \qquad (2-6)$$

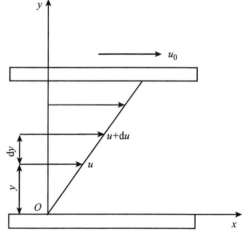

图 2-1　液体黏性示意图

式中：μ——比例常数，称为黏性系数或黏度；

du/dy——速度梯度。

如以 τ 表示切应力，则内摩擦力对液层单位面积上的切应力为

$$\tau = \frac{F}{A} = \mu \frac{du}{dy} \qquad (2-7)$$

这就是牛顿液体的内摩擦定律。在流体力学中，把黏性系数不随速度梯度变化而发生变化的液体称为牛顿液体，反之称为非牛顿液体。除高黏度或含有特殊添加剂的油液外，一般

液压油均可视为牛顿液体。

黏度是衡量流体黏性的指标。常用的黏度有动力黏度、运动黏度和相对黏度。

1）动力黏度

动力黏度可由式（2-7）导出。即

$$\mu = \tau \frac{\mathrm{d}y}{\mathrm{d}u} \qquad (2-8)$$

由此可知，动力黏度的物理意义是：液体在单位速度梯度下流动时，液层间单位面积上产生的内摩擦力。动力黏度又称绝对黏度。动力黏度 μ 的单位为 Pa·s（帕秒）。

2）运动黏度

在相同温度下，动力黏度 μ 与液体密度 ρ 之比做运动黏度 ν，即

$$\nu = \frac{\mu}{\rho} \qquad (2-9)$$

运动黏度没有明确的物理意义。因在理论分析和计算中常遇到 μ 与 ρ 的比值，为方便起见，用 ν 表示。其单位中有长度和时间的量纲，故称为运动黏度。运动黏度 ν 的单位为 m^2/s，应用时为计算方便，常用 mm^2/s 为 ν 的单位，又称 cSt（厘斯），且有 $1\ m^2/s = 10^6\ cSt$。

工程中常用运动黏度 ν 作为液体黏度的标记。液压油的牌号就是用液压油在 40℃时的运动黏度的平均值来表示的。如 46 号液压油（或机械油）是指在 40℃时的运动黏度的平均值为 46 cSt。

3）相对黏度

相对黏度又称条件黏度。根据测量条件不同，各国采用的相对黏度的单位也不同。我国、德国等采用恩氏黏度$°E_t$，美国采用赛氏黏度 SSU，英国采用雷氏黏度 R。

恩氏黏度用恩氏黏度计测定。其方法是：将 200 mL 温度为 t（以℃为单位）的被测液体装入黏度计的容器中，经其底部直径为 2.8 mm 的小孔流出，测出液体流尽所需时间 t_1，再测出 200 mm 温度为 20℃的蒸馏水在同一黏度计中流尽所需时间 t_2。这两个时间的比值即为被测液体在温度 t 下的恩氏黏度，即

$$°E_t = \frac{t_1}{t_2} \qquad (2-10)$$

工业上常用 20℃、40℃、100℃作为测定恩氏黏度的标准温度，其相应恩氏黏度分别用$°E_{20}$，$°E_{40}$，$°E_{100}$表示。

工程中常采用先测出液体的相对黏度，再根据关系式换算出动力黏度或运动黏度的方法。恩氏黏度和运动黏度的换算关系式为

$$\nu = \left(7.31\ °E_t - \frac{6.31}{°E_t} \right) \qquad (2-11)$$

式中：ν——t 温度下的运动黏度，cSt。

4）液体黏度与液体压力和温度的关系

（1）黏度和温度的关系

液体的黏度对温度的变化极为敏感，温度升高，液体的黏度下降，这个性质称为液体的

黏温特性。

不同种类的液压油有不同的黏温特性。黏温特性较好的液压油，黏度随温度的变化较小，因而温度变化对液压系统性能的影响较小。

（2）黏度和压力的关系

液体所受的压力增大时，其分子间的距离减小，内聚力增大，黏度亦随之增大。

一般的液压系统中，当压力小于 32 MPa 时，压力对黏度的影响不大，可忽略不计；当压力较高或压力变化较大时，黏度的变化则不容忽视。

液体的黏性是液压系统工作介质最重要的性质。适当的黏度有利于改善润滑性能和减少泄漏，但黏度过大会造成过大的压力与能量损失。黏温特性是液压介质选用的重要指标，好的黏温特性有利于保持液压系统工作过程中性能的稳定性。

4. 其他性质

液压油还有一些其他物理、化学性质，如抗燃性、抗凝性、抗氧化性、抗泡沫性、抗乳化性、防锈性、润滑性、导热性、相容性以及纯净性等，这些性质都对液压系统工作性能有重要影响。

对于不同品种的液压油，这些性质的指标也有所不同，具体可以查看相关的油类产品手册。

2.1.2 液压油的类型

液压油品种很多，主要分为三大类：石油型、乳化型、合成型，见表 2-1。

液压系统工作介质的名称由代号和后面的数字组成。

代号中 L 表示产品的总分类号"润滑剂和有关产品"，H 表示液压系统用的工作介质，数字表示该工作介质的某个黏度等级。

1. 石油型液压油

石油型液压油的主要品种见表 2-1。该类介质润滑性及防锈性好，黏度等级范围较宽，因而在液压系统中应用很广。据统计目前有 90% 以上的液压系统采用石油型液压油作为工作介质。但其主要缺点是可燃，在一些高危易燃易爆的工作场合为安全起见应使用乳化液或合成液。

2. 乳化液

乳化型液压油有两类：一类是少量油（5%～10%）分散在大量水中，称为水包油乳化液；另一类是水分散在大量的油（60%）中，称为油包水乳化液。乳化型液压油具有价格便宜、抗燃等优点，但它的润滑性差，腐蚀性大，适用温度范围窄，一般用于水压机、矿山机械和液压支架等场合。

3. 合成液

合成型液压油是由多种磷酸酯和添加剂用化学方法合成的，具有抗燃性好、润滑性好和凝固点低等优点，但价格较贵，有毒性。一般用于防火要求较高的场合，如钢铁厂、火力发电厂和飞机等的液压设备中。

表 2-1　液压系统工作介质分类（GB/T 11118.1—1994）

分类	名　称	代号	组成和特性	应　用
石油型	精制矿物油	L—HH	无抗氧剂	循环液压油，低压液压系统
	普通液压油	L—HL	HH油，改善其防锈和抗氧性	一般液压系统
	抗磨液压油	L—HM	HL油，改善其抗氧性	低、中、高压液压系统，特别适合于有防磨要求带叶片泵的各级液压系统。采煤机与掘进机的液压系统均使用
	低温液压油	L—HV	HM油，改善其黏温特性	能在－40℃～－20℃的低温环境中工作，用于户外工作的工程机械和船用设备的液压系统
	高黏度指数液压油	L—HR	HL油，改善其黏温特性	黏温特性优于L—HV油，用于数控机床液压系统和伺服系统
	液压导轨油	L—HG	HM油，具有黏滑特性	适用于导轨和液压系统共用一种油品的机床，对导轨有良好的润滑性和防爬性
	其他液压油		加入多种添加剂	适用于高品质的专用液压系统
乳化型	水包油乳化型	L—HFAE	需要难燃液的场合	系统压力不高于7 MPa，适用于液压支架及用液量特别大的液压系统
	油包水乳化型	L—HFB		性能接近液压油，使用液温不得高于65℃
合成型	水－乙二醇液	L—HFC		系统压力低于14 MPa，工作温度为－20℃～50℃，适用于飞机液压系统
	磷酸酯液	L—HFDR		适用于冶金设备、汽轮机等高温、高压系统和大型民航客机的液压系统

2.1.3　液压系统对液压油的基本要求

在采掘机械液压系统中，工作液体的温度变化较大（40℃～80℃），工作压力一般在 12～25 MPa，有的甚至在 32 MPa 以上（如液压支架中），而且井下环境污染严重，因此，对工作液体有如下要求。

① 有较好的黏温特性。工作液体在较大的温度变化范围内黏度变化尽量小，以保持液压传动系统工作的稳定性。

② 有良好的抗磨性能（即润滑性能）。抗磨性是指减少液压元件零部件磨损的能力。工作液体的润滑性愈好，油膜强度愈高，其抗磨性就愈好。采掘机械液压系统压力高，载荷大，并且还受冲击载荷，必须采用抗磨性好的液压油。

③ 抗氧化性好。工作液体抵抗空气中氧化作用的能力，称为抗氧化性。工作液体被氧化后黏度会发生变化，酸值要增加，从而使系统工作性能变差。工作液体温度越高，越易被氧化，所以采掘机械中规定液压系统温度不超过70℃，短期不超过80℃。

④ 良好的防锈性。矿物油与水接触时，延缓金属锈蚀过程的能力称为矿物油的防锈性。采掘机械工作环境潮湿，并且冷却喷雾系统的水容易进入油箱，所以必须使工作液体具有良好的防锈性。

⑤ 良好的抗乳化性。以矿物油为工作介质的液压系统，当系统内进入水后，在液压元件的剧烈搅动下，就与工作液体形成乳化液，使工作液体变质，产生腐蚀性沉淀物，从而降低其润滑性、防锈性和工作寿命。矿物油与水接触时，抵抗它们生成乳化液的能力称为抗乳

化性。

⑥ 抗泡沫性能好。工作液体中混入空气，对液压系统工作性能影响很坏。气体会使系统动态性能变坏，产生气穴、气蚀现象。抗泡沫性就是指当液体内混入气体时，液体内不易生成微小的气泡或泡沫；即使生成了微小的气泡或泡沫，它也会迅速长大成大气泡而升出液面自行破灭。

⑦ 经济性好。液压系统中工作液体的经济性是一个基本指标，在选用时既要符合性能要求，又要考虑价格。如在采煤工作面液压支架中的工作液体，由于其使用量极大，一般只能采用比较廉价的乳化液作为工作液体。

上述各项，根据液压系统的实际情况，应突出某些方面，重点保证，兼顾其他。

2.1.4　液压油的选用原则

黏度是工作介质最重要的使用性能指标。它的选择是否合理，对液压系统的正常工作、运动平稳性、工作可靠性与灵敏性、系统效率、功率损耗、气蚀现象、温升和磨损等都有显著影响。选用时，要根据具体情况或系统要求选择合适的黏度和适当的工作液品种，一般通常按以下几方面进行选用。

1. 按工作机械的不同要求选用

精密机械与一般机械对黏度要求不同。为了避免温度升高而引起机件变形，影响工作精度，精密机械宜采用较低黏度的工作液。机床液压伺服系统中，为保证伺服机构动作灵敏性，也宜采用黏度较低的工作液。对于工程、矿山等大功率机械，则应选用黏度较高的工作液。

2. 按液压泵的类型选用

液压泵是液压系统的重要元件，在系统中它的运动速度、压力和温升都较高，工作时间又长，因而对黏度要求较严格，所以选择黏度时应先考虑液压泵。否则，泵磨损快，容积效率降低，甚至可能破坏泵的吸液条件。在一般情况下，可将液压泵所要求的工作液的黏度作为选择工作液的基准。

3. 按液压系统工作压力选用

通常，当工作压力较高时，宜选用黏度较高的工作液，以免系统泄漏过多，效率过低；工作压力较低时，宜选用黏度较低的工作液。

4. 考虑液压系统的环境温度

矿物油的黏度受温度的影响很大。当环境温度高时，宜采用黏度较高的液体；当环境温度较低时，宜采用黏度较低的液体。

5. 考虑液压系统的运动速度

速度高，液体流速高，液压损失大，泄漏少，采用黏度低的工作液；反之亦然。

6. 综合经济分析

选择工作介质时，还要通盘考虑价格和使用寿命等成本问题。正确、合理地选用液压介质是保证液压系统正常、高效率工作的前提。

2.2　液体静力学基础

液体静力学是研究液体处于静止状态的力学规律和这些规律在工程实际中的具体应用。静止液体是指液体内部各质点之间没有相对运动，液体整体完全可以像刚体一样做各种运动。

2.2.1　静压力及其特性

作用在液体上的力有两种类型：一种是质量力，另一种是表面力。质量力作用在液体所有质点上，它的大小与质量成正比，属于这种力的有重力、惯性力等。单位质量液体受到的质量力称为单位质量力，在数值上等于重力加速度。表面力作用于所研究液体的表面上，如法向力、切向力。

液体的静压力是指液体处于静止状态下单位面积上所受到的法向作用力，用 p 表示，在物理学中称为压强，在工程实际中习惯上称为压力。

液体内某质点处微小面积 ΔA 上作用有法向力 ΔF，则该点的压力定义为

$$p = \lim_{\Delta A \to 0} \frac{\Delta F}{\Delta A} \qquad (2-12)$$

法向力 F 均匀地作用在面积 A 上，则压力表示为

$$p = \frac{F}{A} \qquad (2-13)$$

液体静压力具有下述两个重要特性。

① 液体静压力垂直于承压表面，其方向与该面的内法线方向一致。

② 静止液体中，任何一点所受到的各方向的静压力都相等。如果在某一方向上压力不相等，液体就会流动，这就违背了液体静止的条件。

2.2.2　静力学基本方程

由图 2-2 所示静止液体压力分布规律得知，密度为 ρ 的液体在容器内处于静止状态，求任意深度 h 处的压力。可取垂直小液柱作为研究体，截面积为 ΔS，高为 h。液柱顶面受外加压力 p_0 作用，液柱所受重力 $W = \rho g h \Delta S$，由于液柱处于平衡状态，在垂直方向上列出它的静力平衡方程式为

$$p = p_0 + \rho g h \qquad (2-14)$$

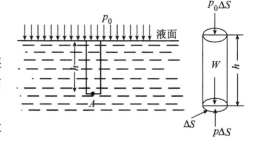

图 2-2　重力作用下的静止液体

式（2-14）即为静力学基本方程。它说明重力作用下的静止液体压力分布有如下特征。

① 静止液体内任一点的压力由两部分组成，一部分是液面上的压力 p_0，另一部分是液

体自重所引起的压力 ρgh。

② 静止液体内，由于液体自重而引起的那部分压力，随着液体深度 h 的增加而增大，即液体内的压力与液体深度成正比。

③ 离液面深度相同处各点的压力均相等，压力相等的点组成的面叫等压面。

2.2.3　压力的表示方法及其单位

压力的表示方法有两种，一种是以绝对真空（零压力）为基准所表示的压力，称为绝对压力；另一种是以大气压力为基准所表示的压力，称为相对压力，也称为表压力。绝对压力与相对压力的关系见图 2-3。绝对压力＝大气压力＋相对压力；真空度＝大气压力－绝对压力。压力的单位为 Pa 或 N/m²，工程上用 kPa、MPa、GPa。

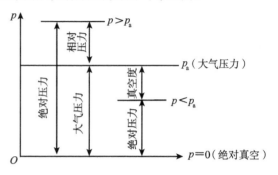

图 2-3　绝对压力与相对压力间的关系

2.2.4　帕斯卡原理

按照式 (2-14)，盛放在密封容器内的静止液体，当压力 p_0 发生变化时，只要液体仍保持静止状态不变，液体中任意一点的压力将发生同样大小的变化。也就是说，在密封容器内施加于静止液体任一点的压力将以等值传到液体中所有各点。这就是帕斯卡原理或静压传递原理，这是液压传动的一个基本原理。

2.2.5　静止液体对容器壁面上的作用力

静止液体和固体壁面相接触时，固体壁面将受到液体静压力的作用。

当承受压力的表面为平面时，液体对该平面的总作用力为液体的压力与受压面积的乘积，其方向与该平面相垂直。

当承受压力的表面为曲面时，由于压力总是垂直于承受压力的表面，所以作用在曲面上各点的力不平行但相等。作用在曲面上的液压力在某一方向上的分力等于静压力与曲面在该方向投影面积的乘积。

2.3　液体动力学基础

液体动力学的主要内容是研究液体在外力作用下流动时的运动规律及其应用，即研究液体流动时流速和压力之间的关系及变化规律（或研究液压传动两个基本参数的变化规律）。

2.3.1　基本概念

1. 理想液体和恒定流动

通常把既无黏性又不可压缩的液体称为理想液体，而把事实上既有黏性又可压缩的液体称为实际液体。

液体流动时，若液体中任何一点的压力、流速和密度都不随时间而变化，这种流动称为恒定流动；反之，则称为非恒定流动。

2. 通流截面、流量和平均流速

垂直于液流运动方向的截面称为通流截面。

单位时间内通过通流截面液体的体积量称为流量，用 q 表示，流量的常用单位为 L/min。

在实际液体流动中，由于黏性摩擦力的作用，通流截面上流速的分布规律难以确定，因此引入平均流速的概念，即认为通流截面上各点的流速均为平均流速，则通过通流截面的流量就等于平均流速乘以通流截面积。

3. 层流、紊流与雷诺数

1）层流和紊流

19 世纪末，英国物理学家雷诺首先通过实验观察了水在圆管内的流动情况，发现液体有两种流动状态：层流和紊流。层流时，液体质点沿管道作直线运动而没有横向运动，即液体作分层流动，各层间的液体互不混杂。紊流时，液体质点的运动杂乱无章，除沿管道轴线运动外，还有横向运动等复杂状态。

2）雷诺数

液体的流动状态可用雷诺数来判别。

有实验证明，液体在圆管中的流动状态不仅与管内的平均流速 v 有关，还与管道内径 d、液体的运动黏度 ν 有关。液流状态的判定式为

$$Re = \frac{vd}{\nu} \qquad\qquad (2-15)$$

式中：Re——雷诺数，无量纲。

雷诺数的物理意义：雷诺数是液流的惯性力对黏性力的无量纲比值。当雷诺数较大时，液体的惯性力起主导作用，液体处于紊流状态；当雷诺数较小时，黏性力起主导作用，液体处于层流状态。

2.3.2　连续性方程

质量守恒是自然界的客观规律，液流的连续性方程是质量守恒定律在流体力学中的一种表达形式。

在一般情况下，可认为液体是不可压缩的。当液体在管道内作稳定流动时，根据质量守恒定律，管内液体的质量不会增多也不会减少，所以在单位时间内流过每一通流截面的液体质量必然相等。

如图 2-4 所示，管道内的两个通流面积分别为 S_1、S_2，液流的平均流速分别为 v_1、v_2，液体的密度为 ρ，则有 $\rho v_1 S_1 = \rho v_2 S_2 =$ 常量，即 $v_1 S_1 = v_2 S_2 =$ 常量。这就是液流的流量连续性方程，它说明在恒定流

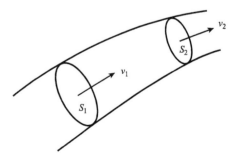

图 2-4　液流连续性原理

动的情况下，当不考虑流体的可压缩性时，流过管道各个通流断面的流量相等，因而流体的平均流速与过流断面面积成反比，即当流量一定时，管子细的地方流速大，管子粗的地方流速小。

2.3.3 伯努利方程（能量方程）

伯努利方程是能量守恒定律在流体力学中的一种表达形式。

1. 理想液体的伯努利方程

在图 2-5 所示恒定流动的理性液体中任取两个截面 A_1、A_2，它们与基准水平面的距离分别为 z_1、z_2，断面流速分别为 v_1、v_2，现压力分别为 p_1、p_2。根据能量守恒定律，有

$$z_1 + \frac{p_1}{\gamma} + \frac{v_1^2}{2g} = z_2 + \frac{p_2}{\gamma} + \frac{v_2^2}{2g} \qquad (2-16)$$

因为两个截面是任意选取的，因此式（2-16）可改写为

$$z + \frac{p}{\gamma} + \frac{v^2}{2g} = 常量$$

以上两式即为理想液体的伯努利方程，其物理意义是：在密封管道内恒定流动的理想液体具有三种形式的能量，即压力能、位能和动能。在流动过程中，三种能量可以相互转化，但各个通流截面上三种能量之和为常数。

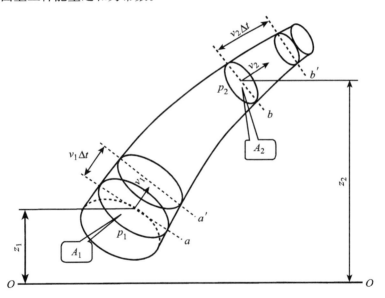

图 2-5 伯努利方程推导示意图

2. 实际液体的伯努利方程

由于实际液体存在着黏性，在管道内流动时受到摩擦会产生能量损失，因此，当液体流动时，液流的总能量或总比能在不断减少。

在引进能量损失 h_w 和动能修正系数 α 后，实际液体的伯努利方程为

$$z_1 + \frac{p_1}{\gamma} + \frac{\alpha_1 v_1^2}{2g} = z_2 + \frac{p_2}{\gamma} + \frac{\alpha_2 v_2^2}{2g} + h_w \qquad (2-17)$$

伯努利方程揭示了液体流动过程中的能量变化规律,因此它是流体力学中一个非常重要的基本方程。伯努利方程不仅是进行液压系统分析的理论基础,而且还可用来对多种液压问题进行研究和计算。

2.4 管道内液体的压力损失

实际液体在管道中流动时,因其具有粘性而产生摩擦力,故有能量损失。另外,液体在流动时会因管道尺寸或形状变化而产生撞击和出现漩涡,也会造成能量损失。在液压管路中能量损失表现为液体的压力损失,这样的压力损失可分为沿程压力损失和局部压力损失两种类型。

2.4.1 沿程压力损失

液体在等截面直管中流动时因黏性摩擦而产生的压力损失,称为沿程压力损失。根据流体力学理论推导,沿程压力损失可按下计算式为

$$\Delta p_f = \lambda \frac{l}{d} \frac{1}{2} \rho v^2 \qquad (2-18)$$

式中:Δp_f——沿程压力损失,Pa;

  l——管道长度,m;

  d——管道内径,m;

  ρ——液体密度,kg/m³;

  v——液体平均流速,m/s;

  λ——沿程阻力系数,其大小与液流的流动状态和雷诺数的大小有关,λ值可查阅液压传动手册。

2.4.2 局部压力损失

液体流经管道的弯头、三通、阀门以及过滤网等局部装置时,会使液流的方向和大小发生剧烈的变化,形成漩涡、脱流,液体质点产生相互撞击而造成能量损失。这种能量损失称为局部压力损失。由于其流动状况极为复杂,影响因素较多,局部压力损失值不易从理论上进行分析计算。因此,一般是先用实验来确定局部压力损失的阻力系数,再按公式计算局部压力损失值。局部压力损失 Δp_j 的计算公式为

$$\Delta p_j = \xi \frac{1}{2} \rho v^2 \qquad (2-19)$$

式中:Δp_j——局部压力损失,Pa;

  ξ——局部阻力系数,由实验求得,各种局部结构的 ξ 值可查有关手册;

ρ——液体密度，kg/m^3；

v——液体平均流速，m/s。

2.4.3 管路系统的总压力损失

整个管路系统的总压力损失应为所有沿程压力损失和所有局部压力损失之和，即

$$\sum \Delta p = \sum \Delta p_f + \sum \Delta p_j \qquad (2-20)$$

在液压传动系统中，绝大多数压力损失转变为热能，造成系统温度增高，泄漏增大，影响系统的工作性能。从计算压力损失的公式可以看出，减小流速、缩短管道长度、减少管道截面突变、提高管道内壁的加工质量等，都可使压力损失减小。其中流速的影响最大，故液体在管路中的流速不应过高。但流速太低，也会使管路和阀类元件的尺寸加大，并使成本增高，因此要综合考虑，确定液体在管道中的流速。

2.5 孔 口 流 量

在液压传动中经常利用小孔和间隙来控制压力和流量，以达到调压和调速的目的。讨论小孔的流量计算，了解其影响因素，对于合理设计液压系统，正确分析液压元件和系统的工作性能是很有必要的。

流体力学中按结构形式把小孔分为三种：当小孔的长径比 $L/d \leqslant 0.5$ 时，称其为薄壁小孔；当 $L/d > 4$ 时，称其为细长孔；当 $0.5 < L/d \leqslant 4$ 时，称其为短孔。

2.5.1 薄壁小孔的流量

孔口形式如图 2-6 所示。液体流过小孔即开始收缩，到 $c-c$ 截面处最小，然后又开始扩散，在收缩、扩散时存在压力损失。

下面利用伯努利方程求得小孔处的流速 v，继而求得流量 q。

选择小孔轴线为基准，1-1 处为上游截面，$c-c$ 处为下游截面，取 $\alpha_1 = 1$、$\alpha_2 = 1$，可列伯努利方程

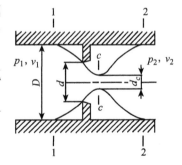

图 2-6 薄壁小孔通流示意图

$$\frac{p_1}{\gamma} + \frac{v_1^2}{2g} = \frac{p_c}{\gamma} + \frac{v_c^2}{2g} + h_w$$

$$h_w = \xi \frac{v_c^2}{2g}$$

式中：p_1、v_1——1-1 截面处的压力和流速；

　　　p_c、v_c——$c-c$ 截面处的压力和流速；

　　　h_w——单位重量液体流过两截面之间时的能量损失。

由于 $D \geqslant d$，v_1 远小于 v_c，所以式中 $v_1^2/2g$ 可忽略不计，经整理得

$$v_c = \frac{1}{\sqrt{1+\xi}}\sqrt{\frac{2}{\rho}(p_1 - p_c)} = C_v\sqrt{\frac{2}{\rho}\Delta p} \qquad (2-21)$$

式中：C_v——流速系数，$C_v = \dfrac{1}{\sqrt{1+\xi}}$；

$\quad\quad \Delta p$——小孔前后压差，$\Delta p = p_1 - p_c$。

由式（2-21）可得通过薄壁小孔的流量公式为

$$q = v_c A_c = C_v C_c A\sqrt{\frac{2}{v}\Delta p} = C_q A\sqrt{\frac{2}{v}\Delta p} \qquad (2-22)$$

式中：C_q——流量系数，$C_q = C_v C_c$，当液流为完全收缩（$D/d > 7$），C_q 为 $0.60 \sim 0.62$；当为不完全收缩时，C_q 为 $0.7 \sim 0.8$；

$\quad\quad C_c$——收缩系数，$C_c = A_c/A$；

$\quad\quad A_c$——收缩完成处的断面积；

$\quad\quad A$——过流小孔断面积。

流经薄壁小孔时，孔短且孔口一般为刃口形，其摩擦作用很小，所以通过的流量受温度和黏度变化的影响很小，流量稳定，常用于液流速度调节要求较高的调速阀中。薄壁孔加工比较困难，实际应用较多的是短孔。

2.5.2　短孔的流量

液体流经短孔时的流量计算公式与式（2-22）相同，但其流量系数不同（一般为 $C_q = 0.82$），Δp 的指数稍大于 $1/2$。

2.5.3　细长孔的流量

流经细长小孔的液流，由于其黏性作用而流动不畅，一般都是呈层流状态，与液流在等径直管中流动相当，其各参数之间的关系可用沿程压力损失的计算公式 $\Delta p_f = \lambda \dfrac{l}{d}\dfrac{1}{2}\rho v^2$ 表达。将式中 λ、v 等用相应的参数代入，经推导可得到液体流经细长孔的流量计算公式。即

$$q = \frac{\pi d^4}{128\mu l}\Delta p \qquad (2-23)$$

由式（2-23）可知细长小孔和油液的黏度有关，当油温度变化时，油的黏度变化，因而流量也随之发生变化。由此可见油液流经细长小孔的流量受油温的影响比较大。

各种孔口的流量压力特性，可综合归纳为一个通用公式，即

$$q = kA\Delta p^m \qquad (2-24)$$

式中：k——由孔的形状、尺寸和液体性质决定的系数，对细长孔 $k = d^2/(32\mu l)$；对薄壁孔

$\quad\quad k = C_q\sqrt{\dfrac{2}{\rho}}$。

$\quad\quad m$——由孔的长径比决定的指数，薄壁孔 $m = 0.5$；细长孔 $m = 1$；短孔 $m = 0.5 \sim 1$。

小孔流量通用公式常作为分析小孔的流量压力特性之用。由式（2-24）可见，不论是

哪种小孔，其通过的流量均与小孔的过流断面面积 A 成正比，改变 A 即可改变通过小孔注入液压缸或液压马达的流量，从而达到对运动部件进行调速的目的。在实际应用中，中、小功率的液压系统常用的节流阀就是利用这种原理工作的，这样的调速称为节流调速。

从式（2-24）还可看到，当小孔的过流断面面积 A 不变，而小孔两端的压力差 Δp 变化（因负载变化或其他原因造成）时，通过小孔的流量也会发生变化，从而使所控执行元件的运动速度也随之变化。因此，这种节流调速的缺点就是系统执行元件的运动速度不够准确、平稳，这也是它不能保证传动比准确的原因之一。

2.6 液压冲击和气穴现象

2.6.1 液压冲击

在液压系统中，由于某种原因引起液体压力在瞬间急剧升高，形成很高的压力峰值，这种现象称为液压冲击。

1. 液压冲击产生的原因

① 流动液体突然停止产生的液压冲击。如图 2-7 所示，当阀门开启时，管内液体以流速 v 流动。阀门突然关闭时，首先是紧靠阀门的液体停止运动，其动能在极短的时间内转化为较高的压力能，引起后面的液体被挤压，压力也急剧升高，从而引起液压冲击现象。

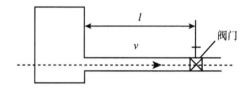

图 2-7 流动液体突然停止引起的液压冲击

② 运动部件制动时所产生的液压冲击。如图 2-8 所示，活塞以一定的速度向左移动。当换向阀突然关闭时，油液被封死在油缸两腔及管道中。由于运动部件的惯性作用，活塞不能立即停止运动，将继续向左运动使左腔内油液受到挤压，压力急剧上升达到某一峰值，产生液压冲击。当运动部件的动能全部转化为油液的压力能时，活塞将停止向左运动。

③ 液压元件动作不灵敏产生的液压冲击。如液压系统中压力突然升高时、溢流阀不能迅速打开溢流阀口，或限压式变量泵不能及时自动减少输出流量时，都会导致液压冲击。

2. 液压冲击的危害

液压冲击会引起噪音与振动，严重时会损坏液压元件和密封装置等，有时还会使某些液压元件（如压力继电器、顺序阀）产生误动作，影响系统的正常工作。

3. 减小液压冲击的措施

减小液压冲击的措施主要有以下几点。

① 限制管中液流的流速和运动部件的速度，减少冲击波的强度。

② 开启阀门的速度要慢。

③ 采用吸收液压冲击的能量装置如蓄能器、橡胶软管等。

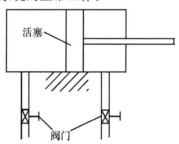

图 2-8 运动部件制动引起的液压冲击

④ 在出现有液压冲击的地方，安装限制压力的安全阀。

2.6.2 气穴现象

一定温度下，压力降低到某一值时，过饱和的空气将从油液中分离出来形成气泡，这一压力值称为该温度下的空气分离压。

液压油在某温度下的压力低于某一值时，油液本身迅速汽化，产生大量蒸气气泡，这时的压力称为液压油在该温度下的饱和蒸气压。

流动液体中某一点处绝对压力低于空气分离压而产生气泡的现象称为气穴现象，又称空穴现象。如果液体中的压力进一步降低到饱和蒸气压时，液体将迅速气化，产生大量蒸气气泡，使气穴现象更加严重。当附在金属表面上的气泡破灭时，它所产生的局部高温和高压会使金属剥落，致使表面粗糙，或出现海绵状的小洞穴。节流口下游部位常发生这种腐蚀的痕迹，这种因气穴现象而产生的零件剥落和腐蚀称为气蚀。

气穴多发生在阀口和液压泵的进口处。由于阀口的通道狭窄，液流的速度增大，压力则下降，容易产生气穴；当泵的安装高度过高，吸油管直径太小，吸油管阻力太大或泵的转速过高，都会造成进口处真空度过大，而产生气穴。

气穴现象发生时，产生大量气泡，使液流不通畅，使液压泵输出流量和压力急剧波动，系统无法稳定地工作。气蚀严重时使泵的机件腐蚀，并使液压装置产生噪声和振动，降低液压元件的寿命。

减小气穴现象的措施如下。

① 减少流经节流口前后的压力差，一般希望节流口前后压力比<3.5。

② 正确设计液压泵结构参数。适当加大吸油管内径，使管内液体的流速不致过高；降低液压泵的吸油高度，尽可能减少吸油管路中的压力损失。

③ 提高零件的抗气蚀能力。增加零件机械强度，降低零件表面的粗糙度，采用抗腐蚀能力强的金属材料（如铸铁和青铜等）。

④ 提高管道的密封性能，防止空气的渗入。

思 考 题

1. 工作液体的作用如何？工作液体有哪些类型？
2. 什么是油液的黏性和黏度？油液的牌号与黏度有何关系？
3. 采掘机械液压传动中常用哪些类型的工作液体？
4. 试述理想液体、恒定流动、流量和平均流速的概念。
5. 液体静压力的概念及其特性是什么？
6. 液体静压力有哪几种表示方法？试画图表示其相对关系。
7. 液体在管道中有哪两种流动状态？它们有什么区别？
8. 管道中的压力损失有哪几种？各与哪些因素有关？
9. 何谓液压冲击？如何减少和避免液压冲击？
10. 何谓气穴现象？它有哪些危害？通常采取哪些措施防止气穴现象？
11. 为什么减缓阀门的关闭速度可以降低液压冲击？

12. 某液压系统压力计的读数为 0.49 MPa，这是什么压力？它的绝对压力又是多少？（液体密度 $\rho=900$ kg/m³）

13. 若通过一薄壁小孔的流量 $q=10$ L/min 时，孔前后压差为 0.2 MPa，孔的流量系数 $C_q=0.62$，油液密度 $\rho=900$ kg/m³。试求该小孔的通流面积。

14. 如图 2-9 所示的液压系统中，已知泵的流量 $q=1.5\times10^{-3}$ m³/s，液压缸无杆腔的面积 $A=8\times10^{-3}$ m²，负载 $F=3\times10^2$ N，回液腔压力近似为零，液压缸进液管直径 $d=20$ mm，总长（管的垂直高度）$H=5$ m，进液路总的局部阻力系数 $\xi=7.2$。液压介质的密度 $\rho=900$ kg/m³，工作温度下的运动黏度 $\nu=46$ mm²/s。试求：

（1）液路的压力损失；

（2）泵的供液压力。

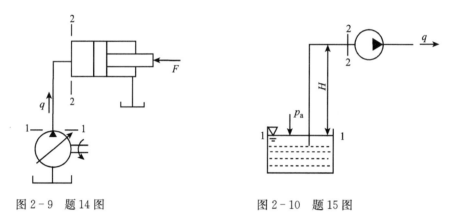

图 2-9　题 14 图　　　　　　　　　图 2-10　题 15 图

15. 如图 2-10 所示，已知液压泵的输出流量为 $q=25$ L/min，吸液管直径 $d=25$ mm，泵的吸液口距液压箱液面的高度 $H=0.4$ m。设液体的运动黏度 $\nu=20$ mm²/s，密度为 $\rho=900$ kg/m³。若仅考虑吸液管中的沿程损失，试计算液压泵吸液口处的真空度。

第3章

液压动力元件

在液压传动系统中，液压动力元件是将原动机输入的机械能转变成液体压力能输出的装置。

液压传动系统中使用的液压泵均为容积式液压泵，它是依靠周期性变化的密闭容积和配流装置来工作的。

容积式液压泵的主要形式有：齿轮泵、叶片泵和柱塞泵。

3.1 液压泵的工作原理和主要性能参数

3.1.1 液压泵工作原理

液压泵都是依靠密封容积变化的原理来进行工作的，故一般称为容积式液压泵。图 3-1 所示为单柱塞液压泵工作原理图，图中柱塞 2 装在缸体 3 中形成一个密封容积 a，柱塞在弹簧 4 的作用下始终压紧在偏心轮 1 上。原动机驱动偏心轮 1 旋转使柱塞 2 作往复运动，使密封容积 a 的大小发生周期性的交替变化。当 a 由小变大时形成部分真空，使油箱中油液在大气压作用下，经吸油管顶开单向阀 6 进入油腔 a 而实现吸油；反之，当 a 由大变小时，a 腔中吸满的油液将顶开单向阀 5 流入系统而实现压油。这样液压泵就将原动机输入的机械能转换成液体的压力能，原动机驱动偏心轮不断旋转，液压泵就不断地吸油和压油。

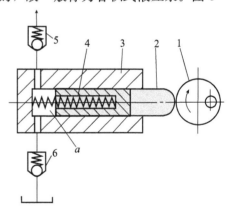

图 3-1 液压泵工作原理图
1—偏心轮；2—柱塞；3—缸体；
4—弹簧；5，6—单向阀

单柱塞液压泵具有一切容积式液压泵的基本特点。根据以上分析，在液压传动中，保证液压泵正常工作的基本条件如下。

① 具有若干个密封且可以周期性变化的工作容积。液压泵的吸油和压油过程是依靠工作容积的变化来实现的。液压泵的输出流量与此工作容积的变化量和单位时间内的变化次数成正比。与其他因素无关。这是容积式液压泵的一个重要特性。

② 油箱内液体的绝对压力必须恒等于或大于大气压力。这是容积式液压泵能够吸入油液的外部条件。因此，为保证液压泵正常吸油，在液压泵工作过程中油箱必须与大气相通，或采用封闭的充压油箱。

③ 具有相应的配流装置。泵在吸油时密封可变的工作容积必须与油箱相通，排油口关闭；在压油时密封可变的工作容积与排油口相通，而与油箱不通，由吸油到压油或由压油到吸油的转换称为配流。图 3-1 中分别由单向阀 5、6 来实现，阀 5 和 6 称为配流装置。配流装置除阀式配流装置外还有盘式配流装置和轴式配流装置等形式，后面内容将陆续介绍。

3.1.2 液压泵主要性能参数

液压泵的主要性能参数是指泵的压力、排管和流量、功率和效率。

1. 压力

① 工作压力：液压泵实际工作时的输出压力。用符号 p 表示，单位为 Pa。其大小取决于外负载和排油管路上的压力损失，与泵的流量无关。

② 额定压力：液压泵在正常工作条件下，按试验标准规定连续运转的最高工作压力。

正常工作时不允许超过此值，超过此值即为过载，使泵的效率明显下降、寿命降低。实际上泵的额定压力是由泵本身结构和寿命决定的。通常将其标在液压泵的铭牌上。

③ 最高允许压力：在超过额定压力的条件下，按试验标准规定允许液压泵短暂运行的最高压力值。由系统中的安全阀限定。

2. 排量和流量

① 排量 V：指泵每转一周，由其密封容积几何尺寸变化计算而得的排出液体的体积。单位为 m^3/r。

排量可以调节的为变量泵，排量不可以调节的为定量泵。

液压泵的流量有理论流量、实际流量、额定流量三种。

② 理论流量 q_t：不考虑液压泵泄漏流量的条件下，单位时间内所排出的液体体积。排量和理论流量的关系，即

$$q_t = Vn \qquad (3-1)$$

③ 实际流量 q：是指泵在实际工作压力下单位时间内所排出液体的体积。

实际流量与压力有关，压力越高，泄漏越大，实际流量越小。所以实际流量、理论流量和泄漏量的关系，即

$$q = q_t - \Delta q \qquad (3-2)$$

式中：Δq——泵的泄漏流量，m^3/s。

④ 额定流量 q_n：泵在正常工作条件下，按试验标准规定（如在额定压力和额定转速下）必须保证的流量。其值标在液压泵铭牌上。

3. 功率和效率

1）液压泵的功率损失

液压泵实际工作时总是有能量损失的，主要功率损失表现为容积损失和机械损失。

① 容积损失：指液压泵在流量上的损失。用容积效率表示，等于液压泵实际流量 q 与

理论流量 q_t 的比值，即

$$\eta_v = \frac{q}{q_t} = \frac{q_t - \Delta q}{q_t} = 1 - \frac{\Delta q}{q_t} = 1 - \frac{\Delta q}{Vn} \tag{3-3}$$

所以液压泵实际输出流量为

$$q = q_t\eta_v = Vn\eta_v \tag{3-4}$$

液压泵的容积效率随工作压力的增大而减小。

② 机械损失：指液压泵在转矩上的损失。泵的实际输入转矩总是大于理论转矩，其主要原因是由于零件之间摩擦以及流动液体内摩擦造成的。机械损失用机械效率表示，等于液压泵的理论转矩与实际输入转矩的比值，用符号 η_m 表示，即

2）液压泵的功率

① 输入功率 P_i：指作用在液压泵主轴上的机械功率，即

$$P_i = T_i\omega \tag{3-5}$$

② 输出功率 P：指液压泵工作过程中实际吸、压油口间压差和输出流量的乘积，即

$$P = \Delta pq \tag{3-6}$$

③ 液压泵的总效率：指泵的实际输出功率与输入功率的比值，即

$$\eta = \frac{P}{P_i} = \frac{\Delta pq}{T_i\omega} = \frac{\Delta pq_t\eta_v}{\dfrac{T_i\omega}{\eta_m}} = \eta_v\eta_m \tag{3-7}$$

因此，液压泵的总效率等于容积效率和机械效率的乘积。

所以液压泵的输入功率也可表示为

$$P_i = \frac{\Delta pq}{\eta} \tag{3-8}$$

3.1.3 液压泵的分类

液压泵的种类很多，常见的分类方法有：按其结构原理分为齿轮泵、叶片泵、柱塞泵和螺杆泵等；按其排量可否调节分为定量泵和变量泵；按其排液方向是否可以互换分为单向泵和双向泵；按其压力大小分为低压泵、中压泵、高压泵和超高压；按其组合分为双联泵、三联泵等。

液压泵的图形符号如图 3-2 所示。

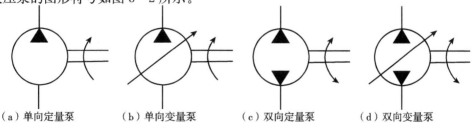

(a) 单向定量泵　　　(b) 单向变量泵　　　(c) 双向定量泵　　　(d) 双向变量泵

图 3-2　液压泵的图形符号

3.2 齿 轮 泵

齿轮泵具有结构简单、价格低廉、体积小、质量轻、工作可靠、制造容易、维护方便、自吸能力好、寿命长以及对油液污染不敏感等优点。但它的流量和压力脉动大、承受的径向力不易平衡、噪声大、排量不可调节以及容积效率较低等缺点也限制了它的应用。所以齿轮泵多用于压力不高、传递功率不大、对机构运动速度稳定性要求不高的液压系统中。如各种机械润滑系统的润滑泵、操纵控制系统的供油泵、采煤机牵引部闭式液压系统的辅助泵等常采用齿轮泵。

齿轮泵的种类较多，按轮齿啮合形式可分为外啮合齿轮泵和内啮合齿轮泵。其中应用最多的是外啮合渐开线齿形的齿轮泵。

3.2.1　外啮合齿轮泵的结构和工作原理

外啮合齿轮泵工作原理如图3-3所示，泵体2内有一对等模数、齿数渐开线齿轮1，齿轮两端面用泵端盖（图中未画出）密封。齿轮的齿顶与泵体内表面间隙以及齿轮端面与两侧端盖的间隙都很小，因此齿轮的啮合线便将齿轮进入啮合的B侧和退出啮合的A侧相互隔离，形成两个密封容积a和b。当齿轮由电动机带动按图示箭头方向旋转时，A腔轮齿逐渐退出啮合，于是密封容积a逐渐增大，形成局部真空。这样液压箱中的液体在外界大气压力的作用下经吸液管进入A腔。随着齿轮的旋转，A腔中的液体由齿谷带到B腔。由于B腔轮齿逐渐进入啮合，容积逐渐减小，所以齿间的液体被挤压出去，再经排液管排出。齿轮连续旋转，齿轮泵的A腔和B腔就将连续不断地吸液和排液。

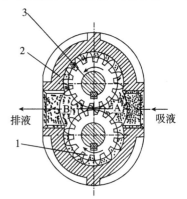

图3-3　外啮合齿轮泵的工作原理
1—齿轮；2—泵体；3—轴

在齿轮泵的工作过程中，只要两齿轮的旋转方向不变，其吸、排液腔的位置也是确定不变的。而轮齿的啮合线一直起着分隔高、低压腔的作用，因此在齿轮泵中不需要设置专门的配流机构，这是齿轮泵与其他液压泵的不同之处。所以，齿轮泵的结构较其他类型的液压泵简单。

由于齿轮泵靠轮齿的啮合来吸排液，而一对轮齿在啮合过程中每一瞬间的容积变化是不均匀的，因此瞬时流量不均匀，产生流量脉动。

3.2.2　外啮合齿轮泵存在的主要问题

外啮合齿轮泵的泄漏、困油和径向液压力不平衡是影响齿轮泵性能指标和寿命的三大问题。各种不同齿轮泵的结构特点之所以不同，皆因采用了不同结构措施来解决这三大问题所致。

1. 泄漏

齿轮泵是通过齿轮转动使密封容积变化来完成吸、排液的，所以零件相对运动表面间必定有配合间隙，排液腔的高压液体会沿着此间隙流向压力较低的吸液腔，形成内部泄漏，使容积效率降低。并且齿轮泵的工作压力愈大，泄漏愈严重，容积效率愈低。这也是限制齿轮泵工作压力提高的重要原因。

齿轮泵存在着三个可能产生泄漏的部位：一是齿轮两端面和端盖间的轴向间隙；二是泵体内孔和齿顶间的径向间隙；三是两个齿轮的齿面啮合处。其中对泄漏影响最大的是齿轮端面与端盖间的轴向间隙。由于其泄漏面积大、泄漏途径短，泄漏量约占总泄漏量的 75%～80%，是目前影响齿轮泵压力提高的主要原因。径向间隙的泄漏量较小，约占总泄漏量的 15%～20%；齿轮啮合处产生的泄漏量最小，约占总泄漏量的 4%～5%。

由上可知，要提高齿轮泵的容积效率或工作压力，主要问题是减小端面轴向间隙泄漏。因此要选择合理的结构和适当的轴向间隙。

在中高压齿轮泵中，为了改善容积效率，减小端面轴向间隙泄漏，一般都采用轴向间隙的自动补偿。常用的有浮动轴套式和弹性侧板式两种，其原理都是引入压力油使轴套或侧板紧贴齿轮端面。压力越高贴得越紧，因而可以自动补偿端面磨损和减小间隙，图 3-4（a）为采用浮动轴套的中高压齿轮泵的工作原理示意图。图中轴套 2 浮动安装，轴套左侧的空腔 A 与泵的压油腔相通，弹簧 1 使轴套 2 靠紧齿轮形成初始良好密封，工作时轴套 2 受左侧油压的作用而向右移动，将齿轮两侧压得更紧，从而自动补偿了端面间隙，提高了容积效率，这种齿轮泵的额定工作压力可达 10～16 MPa。

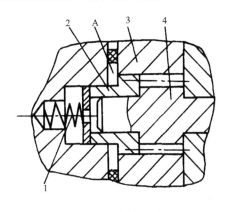 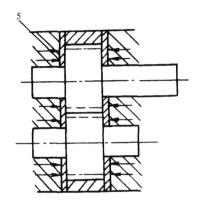

（a）浮动轴套式 （b）弹性侧板式

图 3-4 端面间隙补偿装置示意图

1—弹簧；2—套；3—泵体；4—齿轮；5—侧板

弹性侧板式间隙补偿装置如图 3-4（b）所示。它是利用泵的出口压力油引到侧板面 5 后，靠板自身的变形来补偿端面间隙的。侧板的厚度较薄，内侧面要耐磨。

2. 困油现象

为保证齿轮传动的平稳性，齿轮泵的齿轮重叠系数 ε 必须大于 1，即在前一对轮齿尚未脱离啮合时，后一对轮齿已进入啮合。在两对轮齿同时啮合时就形成了一个与吸、压油腔均不相同的独立密封容积，如图 3-5（a）所示。

该密封容积，随着齿轮旋转，先由大变小，后由小变大。当独立密封容积由大变小时，如图 3-5 (b) 所示，密封容积内的油液受挤压致使压力急剧上升，产生液压冲击，齿轮轴受到瞬时的压力冲击；同时，受挤压的油液从缝隙中流出，导致油液发热。当独立密封容积由小变大时，如图 3-5 (c) 所示，因其内无油液补充，形成局部真空，产生气穴现象，引起噪声、振动和气蚀。这种因独立密封容积大小发生变化引起的液压冲击和气穴现象称为困油现象。困油现象严重影响液压泵的使用寿命，因此必须予以消除。

消除困油现象常用的方法是在齿轮泵的前、后端盖上开设两条卸荷槽，如图 3-5 (d) 所示。使独立密封容积由大变小时，通过卸荷槽与压油腔连通，避免压力急剧上升；独立密封容积由小变大时，通过卸荷槽与吸油腔连通，避免形成真空。

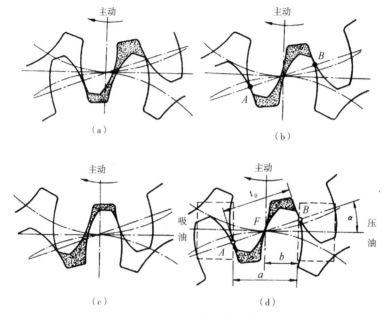

图 3-5　齿轮泵的困油现象

3. 不平衡径向力

齿轮泵工作时，排液腔的压力大于吸液腔的压力，所以齿轮齿顶圆圆周上径向液压力从排液腔至吸液腔是逐步降低的，这样使齿轮所受的径向液压力不平衡，如图 3-6 (a) 所示。该不平衡的径向液压力作用在齿轮上，使轴承受到径向负载。造成齿轮轴承的磨损，影响齿轮泵的使用寿命。

如图 3-6 (b) 所示，齿轮泵工作时，主、从动齿轮所受的径向力的合力分别为 F_1 和 F_1'，此外，两齿轮所受的啮合力分别为 F_2 和 F_2'，且大小相等，方向相反，所以从动齿轮所受合力 F_c 要大于主动齿轮所受合力 F_z。从动齿轮轴承所受的径向负载要比主动齿轮轴承大，其轴承磨损也更快。

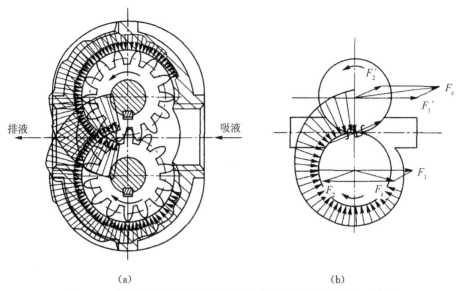

（a）　　　　　　　　　　　　（b）

图3-6　齿轮泵齿顶圆圆周径向液压力分布及齿轮径向力受力图

经验表明，齿轮上受到的径向不平衡力造成轴承磨损是影响齿轮泵寿命的主要原因。齿轮泵的工作压力越大，轴承的负荷越大，磨损越严重，齿轮泵的寿命越短。为了减小齿轮上的径向不平衡力，结构上可以采取如下措施。

① 开压力平衡槽，如图3-7所示，在齿轮泵侧盖或滑动轴承上开径向力平衡槽，采用这种办法虽然可使作用在齿轮上的径向液压力基本获得平衡，但却使齿轮泵的高、低压区更加接近，导致泄漏增加，容积效率降低。故在高压齿轮泵中很少采用这种结构。

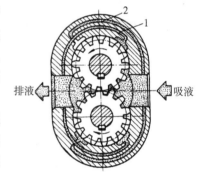

图3-7　齿轮泵径向力平衡槽

② 缩小排液口尺寸，使高压液体作用在齿轮上的面积减小，从而减小齿轮所受的径向液压力。采用这种结构的齿轮泵，吸液口尺寸较大，排液口尺寸较小（为减少吸液阻力和提高抗气蚀能力，应尽量将吸液通道的截面取得较大），因此这样的齿轮泵只能单向运转。

3.2.3　内啮合齿轮泵

内啮合齿轮泵有渐开线齿形和摆线齿形两种。其原理见图3-8，它们的工作原理也同外啮合齿轮泵一样，小齿轮为主动轮，按图示方向旋转时，轮齿退出啮合容积增大而吸油，进入啮合容积减小而压油。在渐开线齿形内啮合齿轮泵腔中，小齿轮和内齿轮之间要装一块月牙形隔板，以便把吸油腔和压油腔隔开，如图3-8（a）。摆线齿形内啮合泵又称摆线转子泵，小齿轮和内齿轮相差一齿，因而不需设置隔板，如图3-8（b）所示。

内啮合齿轮泵具有结构紧凑、体积小、运转平稳、噪声小等优点，在高转速下工作有较高的容积效率。其缺点是制造工艺较复杂，价格较贵。

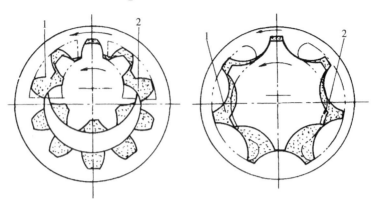

（a）渐开线内啮合齿轮泵　　　　　　（b）摆线转子泵

图 3-8　内啮合齿轮泵

1—吸油腔；2—压油腔

3.3 叶 片 泵

叶片泵具有结构紧凑、外形尺寸小、运转平稳、流量均匀、噪声小、寿命长等优点。其缺点是结构复杂、吸入性能差、对工作液体的污染比较敏感。因此，它主要用于对速度平稳性要求较高的机床、工程机械等液压系统中。在采掘机械中，叶片泵应用较少。在 ZC—60B 全液压侧卸式铲斗装载机中，使用定量叶片泵提供压力油。早期的 80 型采煤机上使用变量叶片泵。

叶片泵按其输出流量是否可调分为定量叶片泵和变量叶片泵两类。根据其转子旋转 1 周吸、排液次数的不同，可分为单作用叶片泵和双作用叶片泵。单作用叶片泵多为变量泵，工作压力较低。双作用叶片泵均为定量泵，且转子体所受的径向液压力基本平衡，压力可达 16 MPa 或更高。

3.3.1 单作用叶片泵

1. 工作原理

如图 3-9 所示，单作用叶片泵由转子 1、定子（泵体）2 和叶片 3 等主要零件组成。定子具有圆柱形内表面，和转子中心存在一偏心距 e。转子上有均布槽，矩形叶片放在转子槽内，并可在转子槽内滑动。当转子在电动机的带动下旋转时，由于离心力作用，叶片紧靠定子内表面，在转子 1、定子 2、叶片 3 和配油盘间组成若干个可变化的密封容积。转子按图示方向旋转时，右侧叶片逐渐伸出为吸油腔，左

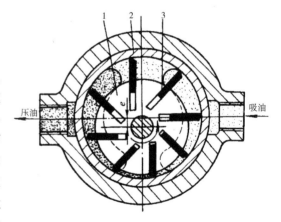

图 3-9　单作用叶片泵工作原理

1—转子；2—定子；3—叶片

侧为压油腔，吸油腔和压油腔之间为封油区。转子每转一周完成一次吸、压油，故称为单作用叶片泵。

由于单作用叶片泵的吸油腔和压油腔分布不对称，所以在转子及其轴上作用有径向不平衡力。

2. 结构特点

① 改变定子和转子之间的偏心便可改变流量。偏心反向时，吸、压油方向也相反。

② 为使叶片顶部可靠地和定子内表面相接触，排液腔一侧的叶片底部通过特殊的沟槽和排液腔相通。吸液腔一侧的叶片底部和吸液腔相通，这时的叶片仅靠离心力的作用顶紧在定子的内表面上。

③ 叶片在转子上沿半径方向安装时，转子可以正、反转运行。但有时为了叶片易于甩出，叶片一般按所受合力的方向倾斜一个角度安装，如图 3-9 所示，叶片沿转子旋转相反方向倾斜 20°左右。这样叶片不致因为有过大的侧面摩擦而卡死。但这种叶片倾斜安装的泵不能反转。

④ 单作用叶片泵转子的一侧是低压，而另一侧是高压，轴和轴承要承受较大的不平衡径向液压力作用。所以，单作用叶片泵也称为非平衡式叶片泵。它通常用在中低压系统中。

3.3.2　双作用叶片泵

1. 工作原理

如图 3-10 所示。双作用叶片泵也是由叶片 1、定子 2 和转子 3 等主要零件组成。定子与转子同心，定子内表面近似为椭圆柱形，由两段长半径 R 圆弧面、两段短半径 r 圆弧面和四段过渡曲面组成。转子上均匀分布有径向斜槽，叶片装在斜槽内，并可在槽内滑动。转子旋转时，叶片在离心力的作用下伸出，贴紧定子内表面，起密封作用。这样，在转子的外表面、定子的内表面、叶片和配流盘之间就形成了多个密封容积。当叶片由定子的小半径转到大半径处，叶片间容积逐渐增大而吸液；叶片由定

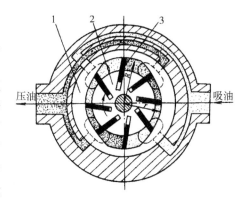

图 3-10　双作用叶片泵工作原理
1—叶片；2—定子；3—转子

子的大半径转到小半径处，叶片间容积逐渐减小而排液。转子每转 1 周，叶片在转子的径向槽内往复伸缩 2 次，即每个密封容积完成 2 次吸、排液。因此，这种液压泵叫做双作用叶片泵。

2. 结构特点

① 双作用叶片泵的两个排液腔和两个吸液腔分别对称于转子中心，转子所受的径向液压力平衡，因此，这种泵又称为平衡式叶片泵或卸荷式叶片泵。所以双作用叶片泵比单作用叶片泵能够承受较高的工作压力。

② 由于双作用叶片泵转子转 1 周吸、排液 2 次，其流量比结构尺寸相同的单作用叶片泵大 1 倍，流量脉动也比较小，所以使用广泛。

③ 双作用叶片泵由于定子位置不易改变，转子与定子同心，不能用改变偏心距的方法来改变其流量。所以，这种泵都是定量泵。

④ 在双作用叶片泵内，叶片槽一般不是径向布置，而是沿转子旋转方向前倾一个角度，通常取 $\theta=10°\sim14°$，这是为了避免叶片被卡死和减少叶片槽磨损不均匀现象。叶片倾斜安装时，叶片泵不能反转。

⑤ 根据定子内曲线的结构特点，为避免吸、排液沟通并消除困液现象，大半径圆弧段的中心角（与配流盘过渡密封区的夹角相等）应稍大于相邻叶片的夹角。

3.4 柱 塞 泵

柱塞泵是通过柱塞在缸体内做往复运动构成密封容积的变化来实现吸、压油的。与齿轮泵和叶片泵相比，柱塞泵具有柱塞和柱塞孔的圆柱面加工方便、配合精度高、密封性能好、在高压作用下仍有较高的容积效率，且寿命长、噪声小、转速高、容易实现变量等优点，因此多用在高压、大功率的液压系统中。柱塞泵的缺点是结构复杂、价格贵，对使用和维修要求较高。

柱塞泵按其柱塞排列方式的不同分为轴向柱塞泵和径向柱塞泵。每类柱塞泵又有许多不同的结构形式。在煤矿机械中，尤其是综采机械设备中，柱塞泵应用广泛。

3.4.1 径向柱塞泵

径向柱塞泵由柱塞相对于传动轴轴线径向布置而得名。根据配液方式的不同，又可分为配流轴配流径向柱塞泵和配流阀配流径向柱塞泵。

1. 配流轴配流径向柱塞泵

配流轴配流径向柱塞泵一般简称为径向柱塞泵。如图 3-11 所示，径向柱塞泵由缸体（转子）1、柱塞 2、衬套 3、定子 4 和配流轴 5 等组成。柱塞均匀布置在转子的径向孔中，与转子上的径向孔构成密封而又可以变化的空间。缸体与定子系偏心安装，配流轴 5 固定不动，缸体与配流轴之间是间隙配合。当缸体在传动轴驱动下旋转时，柱塞因离心力向外伸出，并顶靠在定子内壁上。缸体按图示箭头方向旋转时，处于水平中心线以上半周内的各柱塞继续向外伸出，柱塞底腔密封容积扩大，于是通过配流轴上的窗口 a 和轴向孔道从油箱吸

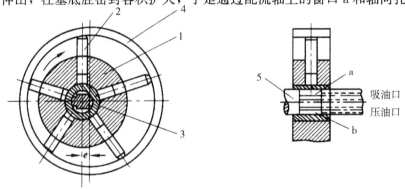

图 3-11 径向柱塞泵工作原理
1—缸体（转子）；2—柱塞；3—衬套；4—定子；5—配流轴

油；处于下半周内各柱塞受定子推压而收缩，密封容积变小，通过配流轴窗口 b 和另一轴向油道排出油液。缸体旋转一周时，每个密封容积分别吸、排油液一次。随着缸体的不断旋转，径向柱塞泵就连续地输出流量。若改变定子与缸体的偏心量，则可以改变泵的排量大小；若改变定子相对于缸体的偏心方向，就可以改变泵的吸油和压油方向。因此，这种径向柱塞泵多为双向变量泵。

径向柱塞泵径向尺寸大，结构较复杂，自吸能力差。且配油轴受到径向不平衡液压力作用，易于磨损，这些都限制了其转速和压力的提高（压力愈高，不平衡力愈大，不但会使配流轴弯曲变形，严重时会"咬死"与缸体的配合面，其工作压力大多不超过 20 MPa。）。因此，目前应用不多，有被轴向柱塞泵取代之势。

2. 阀配流径向柱塞泵

常用的阀配流式径向柱塞泵，一般为单柱塞和卧式多柱塞泵。

1）单柱塞泵

单柱塞泵是最简单的柱塞泵。液压千斤顶的手动泵就是一个单柱塞泵。它的基本结构组成是一个柱塞、一个柱塞缸和一组配流阀（两个单向阀）。主轴旋转一周时，柱塞在柱塞缸内往复一次，分别经两个单向阀吸、排一次油液。图 3-12 所示是两种常见的用于采煤机滚筒调高系统的单柱塞泵。图 3-12（a）为曲柄连杆驱动柱塞往复运动的传动结构；图 3-12（b）为偏心轴直接压迫柱塞收缩，靠弹簧使柱塞伸出而实现往复运动的结构。

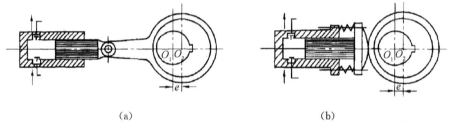

（a）　　　　　　　　　　　　　（b）

图 3-12　单柱塞泵

2）卧式柱塞泵

卧式柱塞泵相当于多个单柱塞泵（一般为 3 或 6 个）装在同一个传动轴和泵体内的组合体，每个柱塞泵交替进行吸、排液，使流量不均匀性得到改善。煤矿机械中液压支架的乳化液泵就采用该种结构形式。下面以卧式三柱塞泵为例介绍其结构和工作原理。

当传动轴为三段曲轴，分别经连杆机构驱动三个柱塞工作时，就是三柱塞泵。三柱塞泵的三段曲轴在圆周方向互成 120°分布，三个柱塞通常平行地排列。因此，曲轴旋转一周时，每个柱塞底腔依次吸、排液一次，其排量比单柱塞泵大大增加，而且输出的流量也远比单柱塞泵均匀平稳，因此，扩大了这种泵的应用范围。图 3-13 所示为 XRB 型三柱塞乳化液泵。

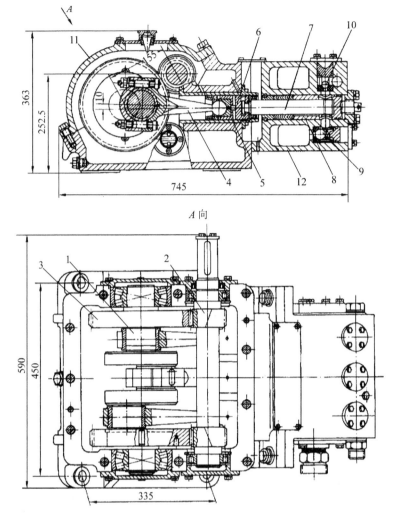

图 3-13　XRB 型三柱塞乳化液泵

1—曲轴；2—斜齿轮轴；3—斜齿轮；4—连杆；5—导向套；6—滑块；7—柱塞；
8—缸体；9—吸液阀；10—排液阀

　　该泵广泛应用在煤矿综采工作面液压支架和高档普采工作面单体液压支柱的泵站上，向液压支架和单体支柱提供高压乳化液。泵的主轴经一对斜齿轮 2、3 带动曲轴 1 转动，又经连杆 4、滑块 6 带动三个柱塞 7 在缸孔中往复运动，由吸液单向阀 9 和排液单向阀 10 吸、排乳化液。该泵最高额定压力可达 31.5 MPa，有多种规格流量，最大流量为 125 L/min。

3.4.2　轴向柱塞泵

　　轴向柱塞泵是柱塞平行于缸体轴线的多柱塞泵。这种泵具有工作压力高、效率高、转速高、径向尺寸小、惯性小而且容易实现变量等优点，所以得到广泛应用。在采掘机械中，压力高于 15 MPa 的采煤机牵引部液压系统，大都采用轴向柱塞泵。

　　轴向柱塞泵的缺点是轴向尺寸较大，轴向作用力也较大，结构较复杂。

　　轴向柱塞泵根据传动轴与缸体的位置关系分为直轴式（即斜盘式）和斜轴式两大类。

1. 轴向柱塞泵工作原理

轴向柱塞泵的结构是比较复杂的，但其基本工作原理仍然是通过柱塞在缸孔中的往复运动，使密封容积发生变化而实现吸、排油液。配流装置的类型最多见的是类似于叶片泵中的配流盘式，也有少数采用阀式配流，以获得更高的工作压力。现以图 3-14 所示的斜盘式轴向柱塞泵为例，说明其工作原理。

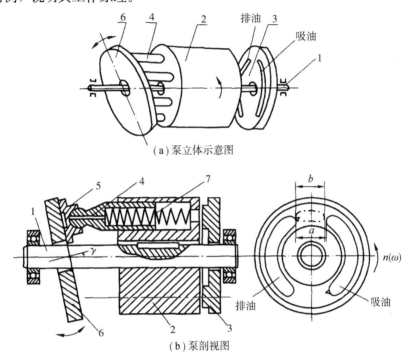

（a）泵立体示意图

（b）泵剖视图

图 3-14　斜盘式轴向柱塞泵工作原理

1—主轴；2—缸体；3—配流盘；4—柱塞；5—滑履；6—斜盘；7—弹簧

组成斜盘式轴向柱塞泵的主要零件是主轴 1 及由它带动的柱塞缸体 2、固定不动的配流盘 3、柱塞 4、滑履 5、斜盘 6 和弹簧 7 等。缸体上沿圆周均匀分布有平行于其轴线的若干个（一般为 7～11 个）柱塞孔，柱塞装入其中而形成密封空间。斜盘的倾斜角 γ 是可以调节的，柱塞在弹簧的作用下通过其头部的滑履压向斜盘。主轴带动缸体按图示方向旋转时，处在最下位置（称下死点）的柱塞将随着缸体旋转的同时向外伸出，使柱塞底腔的密封容积增大，从而经底部窗口和配流盘腰形吸油槽吸入油液，直至柱塞转到最高位置（上死点）；当柱塞随缸体继续从最高位置转到最低位置时，斜盘就迫使柱塞向缸孔回缩，使密封容积减小，油液压力升高，经配流盘另一腰形排油槽挤出。缸体旋转一周，每一柱塞都经历此过程，因此，液压泵输出的流量更趋均匀。当柱塞位于上、下死点时，为防止缸底窗口连通配流盘的吸、排油槽，配流盘两腰形槽的间隔宽度略大于缸底窗口的宽度 b，由此也存在类似叶片泵的困油与压力冲击问题。所采取的措施也是在配流盘吸、排油腰形槽的边缘开挖三角形卸荷眉槽。

显然，改变斜盘的倾角，就可改变柱塞的行程，从而改变泵的排量。当斜盘倾角 $\gamma = 0°$ 时，柱塞不再往复运动，液压泵的流量为零。若使斜盘倾角由 $+\gamma$ 变到 $-\gamma$，在缸体旋向不变的情况下，液压泵就改变了流向。所以，调节斜盘倾角的大小和方向，即可改变泵的流量和流向。故轴向柱塞泵可以做成单向变量泵、双向变量泵和定量泵。

2. 轴向柱塞泵典型结构

CY14—1B 型轴向柱塞泵是斜盘式轴向柱塞泵的典型产品之一，也是目前国内生产最多的一种轴向柱塞泵。它的额定压力为 32 MPa，根据排量大小，已成系列。该泵由主体部分和变量机构两部分组成。对于同一排量的泵其主体部分都是相同的，而变量机构则根据操作方式不同，有手动变量、伺服变量、恒功率（即压力补偿）变量和液控变量等多种类型。对应这几种变量机构的变量泵型号为 SCY14—1B、CCY14—1B、YCY14—1B 和 ZCY14—1B。此外，还有一种定量泵，其型号为 MCY14—1B。

1）主体部分

图 3 - 15 所示为带有手动变量机构的 SCY14—1B 型轴向柱塞泵，其主体部分由缸体 3、前泵体 5、传动轴 6、柱塞 7 和配流盘 4 等组成。传动轴 6 用花键连接带动缸体 3 转动，缸体的 7 个轴向柱塞孔中安装柱塞 7，每个柱塞头部装有可以活动的滑履 9。定心弹簧 2 通过内套、钢球和回程盘 10，将滑履紧紧贴在斜盘 11 上。缸体旋转时，经柱塞带动滑履在斜盘上滑动。与此同时，在吸油区间（下死点至上死点范围）滑履强拉柱塞从缸孔伸出而吸油。故该泵具有一定的自吸能力，吸油高度可达 800 mm。定心弹簧还通过外套将缸体压在配流盘 4 上，使配流平面保持密封性。缸体一端的滚子轴承用以承受斜盘对缸体的径向分力，也是传动轴的另一端支撑。油泵工作时，在排油侧各柱塞腔高压油的作用下，使滑履和缸体分别进一步压紧斜盘和配流盘，还在滑履和斜盘间以及缸体和配流盘之间形成具有一定压力的油膜，即所谓静压支撑，不仅减少了零件的磨损，而且使泵具有很高的容积效率和机械效率。

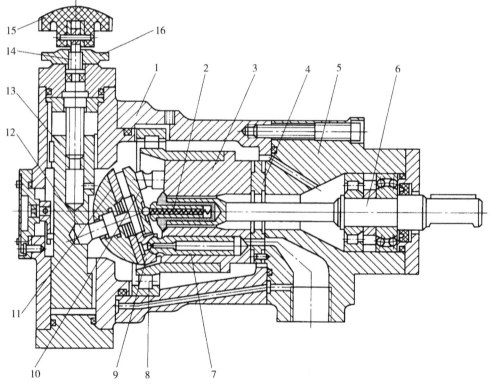

图 3 - 15　斜盘式轴向柱塞泵结构

1—泵体；2—弹簧；3—缸体；4—配流盘；5—前泵体；6—传动轴；7—柱塞；8—轴承；
9—滑履；10—回程盘；11—斜盘；12—轴销；13—变量活塞；14—丝杠；15—手轮；16—螺母

2）变量机构

通过改变斜盘倾角 γ，即可改变轴向柱塞泵的排量，从而达到改变泵输出流量的目的。用来改变斜盘倾角 γ 的机械装置称为变量机构。下面介绍常用的轴向柱塞泵手动变量和伺服变量机构的工作原理。

（1）手动变量机构

如图 3-16 所示，转动手轮 1 使丝杠 2 旋转，带动变量活塞 4 上下移动并通过销轴 5 使斜盘 6 绕其回转中心 O 摆动，从而改变倾角 γ 的大小，达到调节流量的目的。

这种变量机构结构简单，但操纵费力，且不能在工作过程中变量，仅适用于中小功率的液压泵。

（2）伺服变量机构

图 3-17（a）为轴向柱塞泵的伺服变量机构，以此机构代替图 3-15 所示轴向柱塞泵中的手动变量机构，就成为手动伺服变量泵。其工作原理为：油泵排出的高压油由通道 p 和单向阀 a 进入变量壳体的下腔

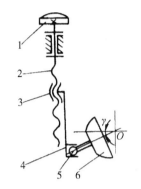

图 3-16　手动变量机构原理

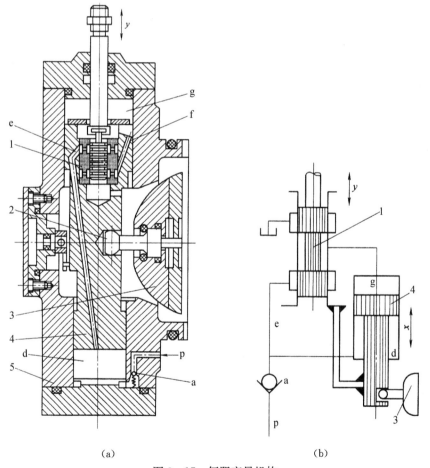

（a）　　　　　　　　　　（b）

图 3-17　伺服变量机构

1—阀芯；2—球铰；3—斜盘；4—活塞；5—壳体

d，作用在变量活塞4的下端。拉杆不动时，变量活塞的上腔 g 处于封闭状态，变量活塞保持不动。当拉杆向下移动时，推动伺服滑阀阀芯1向下移动，打开通道 e 的油口，此时，d腔的压力油流经通道 e 进入 g 腔，使变量活塞两端的压力油成为差动连接。由于变量活塞上端面积比下端大，变量活塞就向下运动，直到伺服滑阀将通道口的油口重新遮住，这时变量活塞的移动量刚好等于伺服滑阀的移动量。变量活塞向下移动时，通过销轴带动斜盘3绕钢球的中心逆时针向摆动，使倾角增大，于是泵的排量随之变大。若继续向下移动拉杆，油泵排量可以继续增大。反之，拉杆上提时，伺服滑阀就打开通道 f 的油口，使活塞上腔的油液经通道，至中间泵腔而流回油箱，于是变量活塞在 d 腔液压力作用下向上移动，并使斜盘倾角变小，排量减小，直至伺服滑阀重新将通道口挡住，其移动量也正好等于伺服滑阀的上提量。

　　伺服也称随动（跟随动作）。伺服变量机构的作用，在于使变量活塞跟随由拉杆控制的伺服滑阀动作而实现变量。操纵拉杆使滑阀移动仅需很小的力量，但变量活塞是在压力油作用下移动，因而可以产生很大的力量去推动斜盘改变倾角。所以，伺服变量机构具有力的放大作用，可以在轴向泵工作状态下调节其流量，这给实际使用带来许多方便。而手动操作的变量机构，只能在油泵卸压后才能拧动手柄调节流量。

3. 斜轴式轴向柱塞泵

　　泵传动轴中心线与缸体中心线倾斜一个角度 γ，故称斜轴式轴向柱塞泵，它是靠摆动缸体来改变夹角而变量的，又叫摆缸泵。

　　如图 3-18 所示，此种泵由主轴、连杆、缸体、柱塞、配流盘等主要零件组成。主轴中心线与缸体中心线斜交，连杆的一端通过球铰和主轴的传动盘相连，另一端通过球铰与柱塞相连，柱塞沿圆周方向均布于缸体上的柱塞孔中，依靠液压力和弹簧力（图上未画出）使缸体贴紧配流盘，配流原理和工作特性与斜盘式泵相同。

　　当主轴旋转时，连杆的侧面和柱塞的内壁接触，拨动缸体转动，同时带动柱塞做往复运动，通过配流盘吸排液。配流盘与回转缸体的端面之间形成油膜接触，保持静压平衡。中心连杆仅起定心作用。

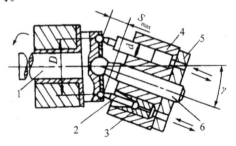

图 3-18　斜轴式轴向柱塞泵工作原理
1—主轴；2—连杆；3—柱塞；
4—缸体；5—配流盘；6—销轴

　　斜轴式轴向柱塞泵与斜盘式泵相比较有如下优点。

　　① 由于连杆轴线和柱塞轴线夹角很小（2°左右），大大减少了柱塞与缸孔间的侧向力，改善了磨损情况，因而允许缸体有较大的摆角。而在一些特殊结构中（将连杆和柱塞一体化），摆角可扩大到40°，从而可用较小的结构尺寸获得较大的排量范围。

　　② 结构坚固，主轴传动盘、连杆和柱塞之间采用铰接，相当牢靠，没有滑履这样的薄弱环节，因而耐冲击，工作可靠、寿命长。

　　③ 抗污染能力比斜盘式好。

　　其主要缺点是：柱塞、连杆、配流盘（采用球面时）加工难度大；依靠摆动缸体实现变量，所以外形尺寸和质量也较大，结构也较复杂。

由于斜轴式柱塞泵的显著优点，所以在采煤机液压系统中使用相当多，如 MXA－300型和 MG 系列等采煤机上都使用这种泵。

思　考　题

1. 液压泵的基本工作原理是什么？简述常用液压泵的类型。

2. 解释下列名词：单向泵、双向泵、定量泵、变量泵、单作用泵、双作用泵、排量、流量。

3. 简述容积式液压泵的基本工作条件。

4. 液压泵有哪几种配流方式？请各举一例说明。

5. 何谓困油现象？齿轮泵的困油现象是怎样形成的？有何危害？如何消除？

6. 外啮合齿轮泵哪些地方存在泄漏？有哪些补偿措施？

7. 齿轮泵中减小径向不平衡力的措施有哪些？

8. 简述单、双作用叶片泵的工作原理。

9. 简述斜盘式轴向柱塞泵的工作原理和伺服变量机构的变量原理。

10. 简要说明径向柱塞泵的工作原理和结构特点。

11. 已知液压泵的输出压力 $p＝10$ MPa，泵的排量 $V＝100$ mL/r，转速 $n＝1\ 450$ r/min，容积效率 $\eta_V＝0.95$，总效率 $\eta＝0.9$。计算：

① 该泵的实际流量 q；

② 驱动该泵的电动机功率。

12. 某液压泵额定压力 $p＝20$ MPa，额定流量 $q＝20$ L/min，容积效率 $\eta_V＝0.95$。求该液压泵的理论流量 q_t 和泄漏量 Δq。

第4章

液压执行元件

液压执行元件是将液压泵所提供的液压能转变为机械能的能量转换装置。它驱动机构作直线往复或旋转（或摆动）运动，其输入为压力和流量，输出为力和速度、或转矩和转速。执行元件有液压马达和液压缸两种类型。

4.1 液压马达

4.1.1 液压马达的特点和主要技术参数

1. 特点

从能量转换的观点来看，液压泵与液压马达是可逆工作的液压元件。向任何一种液压泵输入工作液体，都可使其变成液压马达工况；反之，当液压马达的主轴由外力矩驱动旋转时，也可变为液压泵工况。因为它们具有同样的基本结构要素——密闭而又可以周期性变化的容积和相应的配油机构。

但是，由于液压马达和液压泵的工作条件不同，对它们的性能要求也不一样，所以同类型液压马达和液压泵之间，仍存在如下差别。

① 液压马达应能够正、反转，因而要求其内部结构对称；而液压泵通常都是单向旋转的，结构上无此限制。

② 液压马达的转速范围需要足够大，特别是对它的最低稳定转速有一定的要求；而液压泵都是在高速下稳定工作，其转速基本不变。因此，为了保证马达在低速运转时的良好润滑状态，通常都采用滚动轴承或静压滑动轴承，而不采用动压滑动轴承。

③ 液压马达不必具备自吸能力，但需要一定的初始密封性，以提供必要的起动转矩；而液压泵通常必须具备自吸能力。

由于上述差别，马达与泵虽结构相似，但不能可逆工作。

2. 类型

液压马达按其结构类型分为：齿轮式、叶片式、柱塞式和螺杆式。

按液压马达的额定转速分为：高速马达和低速马达。

一般认为额定转速＞500r/min属于高速液压马达，其基本结构形式有：齿轮式、螺杆式、叶片式和轴向柱塞式等。它们的主要特点是：转速较高、转动惯量小，便于起动和制动，调节（调速及换向）灵敏度高。输出转矩不大，所以又称为高速小转矩液压马达。

额定转速＜500r/min 属于低速液压马达。其基本结构形式有：径向柱塞式。低速液压马达的主要特点是：排量大、体积大、转速低（有时可达每分钟几转甚至零点几转），所以可直接与工作机构连接，不需要减速装置，使传动机构大为简化。通常低速液压马达输出转矩较大（可达几千 N·m 到几万 N·m），所以又称为低速大转矩马达。

各种液压马达的图形符号如图 4-1 所示。

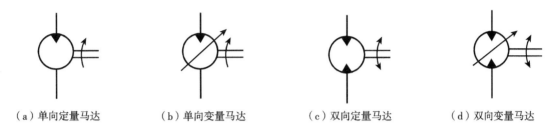

（a）单向定量马达　　　　（b）单向变量马达　　　　（c）双向定量马达　　　　（d）双向变量马达

图 4-1　液压马达的图形符号

3. 液压马达的主要技术参数

1）排量 V_M

液压马达的排量是指在不考虑液体在马达内的泄漏时推动其主轴每转一周所需的工作液体体积。马达排量的大小只取决于马达本身的工作原理和结构尺寸，与工作条件和转速无关。

2）输入流量 q_M 和容积效率 η_{vM}

进入马达进液口的液体流量称为输入流量。由于马达内部各运动副之间存在间隙，不可避免地会出现泄漏现象，造成马达的容积损失。设马达的泄漏流量为 q'_M，则真正推动马达做功的流量为 $q_M - q'_M$，所以马达的容积效率为

$$\eta_{vM} = \frac{q_M - q'_M}{q_M} \tag{4-1}$$

3）马达的输出转速 n_M

已知马达的排量 V_M、容积效率 η_{vM} 及输入流量 q_M 后，则马达的输出转速 n_M 应为

$$n_M = \frac{q_M \eta_{vM}}{V_M} \tag{4-2}$$

由式（4-2）可以看出，通过改变输入流量 q_M 或调节马达的排量 V_M 均可以改变马达的转速。排量 V_M 可以调节的马达称为变量马达，否则为定量马达。

衡量液压马达转速性能的一个重要指标是最低稳定转速，它是指液压马达在额定负载下不出现爬行现象（抖动或时转时停）的最低转速。液压马达结构形式不同，最低稳定转速也不同。一般越小越好，这样能扩大马达的变速范围。

4）马达的输出扭矩 T_M

由于液压马达工作时不可避免地存在各种摩擦，实际输出的转矩 T_M 必然小于理论转矩 T_t 故液压马达的机械效率为

$$\eta_{\mathrm{m}} = \frac{T_{\mathrm{M}}}{T_{\mathrm{t}}} \qquad (4-3)$$

所以实际输出转矩为

$$T_{\mathrm{M}} = \frac{\Delta p_{\mathrm{M}} V_{\mathrm{M}}}{2\pi} \eta_{\mathrm{mM}} \qquad (4-4)$$

式中：Δp_{M}——马达进、出油口压力差；

　　　η_{mM}——马达机械效率；

　　　V_{M}——马达排量。

5）马达的输出功率 P_{M} 和总效率 η_{M}

$$P_{\mathrm{M}} = T_{\mathrm{M}} \cdot 2\pi n \qquad (4-5)$$

液压马达的总效率 η_{M} 为

$$\eta_{\mathrm{M}} = \eta_{\mathrm{vM}} \eta_{\mathrm{mM}} \qquad (4-6)$$

4.1.2　高速小扭矩液压马达

高速小扭矩马达的基本结构形式有：齿轮式、螺杆式、叶片式和轴向柱塞式等类型，在此仅以叶片式马达为代表加以介绍。

1. 叶片式马达工作原理

叶片式马达在结构上也可以分为双作用式和单作用式两种。但因双作用式叶片马达应用较广，故只对其工作原理加以介绍。如图 4-2 所示，当压力油液通入液压马达压油腔时，由于叶片 1、5 的受力面积小于叶片 3、7，因而产生一个以转子轴线为中心的力矩，总力矩之和便使转子按图示方向旋转，输出 T 和 n。当改变液体输入方向时，则马达反向旋转。

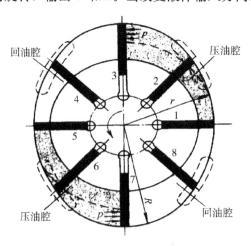

图 4-2　双作用式叶片马达工作原理

2. 双作用式叶片马达结构特点

图 4-3 所示为一双作用式叶片马达的结构。该马达的转速范围为 $100\sim200$ r/min，最大输出转矩为 70 N·m，工作压力为 6 MPa。

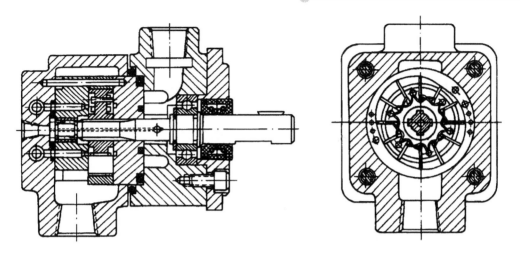

图 4-3 双作用式叶片马达结构示意图

与双作用叶片泵相比，该马达在结构上有以下几个特点。

①为了使叶片始终与定子表面贴紧以保证马达具有足够的初始密封性和启动转矩，每个叶片底部都装有弹簧，由它把叶片顶紧在定子的内表面上。

②为适应马达正、反转的要求，叶片在转子中均为径向安装。

③为保证马达正、反转时，叶片槽底部都与压力液体相通以增加初始密封性，在马达壳体上安装有两个并联的单向阀，分别与马达的进、排油腔相通。

双作用叶片马达具有体积小、转动惯量小、输出转矩均匀等优点，因此动作灵敏，适于高频、快速的换向传动系统。但由于其容积效率低，和齿轮马达一样，也不适于低速大转矩的工作要求。

4.1.3 摆线马达

如向图 3-8（b）所示的摆线转子泵输入压力油，它即以马达工况运转，成为摆线转子马达。但这时马达的内、外转子仍以同方向旋转，排量较小，因而输出的转矩不大。若将这种马达的内齿圈（即外转子）固定不动，同时相应地改变配流方式，则可大大增加其排量，从而成为一种中速中转矩马达。现以应用在 MG—300W 及 AM—500 型等采煤机液压牵引部上的 BM 系列摆线马达为例，说明其结构特点和工作原理。

1. BM 系列摆线马达的基本结构

摆线马达分轴式配流和端面配流两种，BM 系列摆线马达为端面配流，其结构如图 4-4 所示。

转子 1 上具有 Z_1（$Z_1=8$）个短幅外摆线齿形的轮齿，与具有 Z_2（$Z_2=9$）个圆弧形齿的内齿圈（定子）2 相啮合，形成 Z_2 个密封空间，如图 4-8 所示。

在固定不动的辅助配流板 3 上有 Z_2 个孔（图 4-5），分别与上述各密封空间相对应。固定不动的补偿盘 4 上也有 Z_2 个孔（图 4-6），其位置与辅助配流板相对应，但各孔恒与回液腔 T 连通。

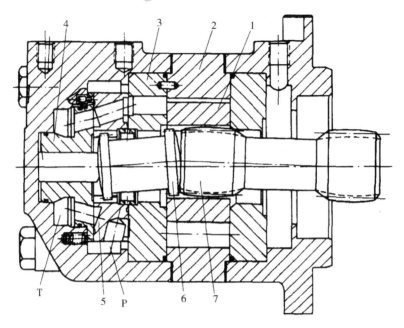

图 4-4　BM 系列摆线马达结构

1—转子；2—内齿圈（定子）；3—辅助配流板；4—补偿盘；5—配流盘；

6—短花键联轴节；7—花键主轴

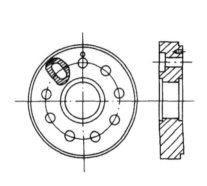

图 4-5　辅助配流板结构

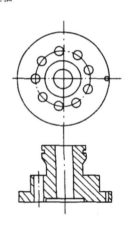

图 4-6　补偿盘结构

配流盘 5 上有两组孔道 P 和 T（图 4-7），每组各有 Z_1 条孔道。P 组孔道直接与进液腔连通，T 组孔道则经补偿盘与回液腔连通（图 4-4）。配流盘用短花键联轴节 6 与转子连接，并与转子同步转动。于是，其上的孔道 P、T 便轮流与辅助配流板及补偿盘上的孔道通断，实现对马达的配流。

2. BM 系列马达的配流原理

如图 4-8 所示，图中虚线孔是与各密封空间相对应的辅助配流板上的孔，而进液孔和回液孔分别由配

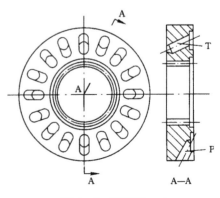

图 4-7　配流盘

流盘上的 P 孔和 T 孔表示。图示位置密封空间 1 位于过渡区，进、回液配流孔与虚线孔隔断，这时密封空间 6、7、8、9 与进液孔接通，密封空间 2、3、4、5 则与回液孔接通，于是转子在高压液体作用下，将按使进液密封空间容积增大的方向自转。由于与其相啮合的定子固定不动，故转子在绕自身轴线 O_1 低速自转的同时，其中心 O_1 还绕定子中心 O_2 高速反向公转（这种马达也称行星转子式摆线马达）。随着转子自转的同时，各密封空间将依次与进、回液孔 P 和 T 接通。与 P 孔接通的顺序为：6、7、8、9→7、8、9、1→8、9、1、2→…→6、7、8、9。显然，转子公转一周（每个密封空间完成一次进、回液工作循环），它自转过一个齿。所以转子公转 Z_1 转时，才自转一周，其公转与自转的速比为

$$i = \frac{Z_1}{1}$$

图 4-8 中的花键轴 7 将转子的自转运动输出，以驱动工作机构。如果改变马达的进、回液方向，则马达输出轴的旋转方向也改变。

根据以上分析可知，摆线液压马达是一种双向定量液压马达。

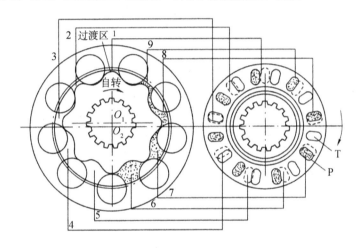

图 4-8　BM 系列摆线马达配流原理

4.1.4　内曲线多作用径向柱塞马达

内曲线多作用式径向柱塞马达（简称内曲线马达）是一种低速大转矩马达，目前它在我国工程机械、矿山机械和起重运输机械等部门中得到广泛应用。

如图 4-9 所示，内曲线马达主要由定子 1、转子 2、柱塞组 3 和配流轴 4 等主要部件组成。定子的内壁是由若干段均匀分布的且形状完全相同的曲面形成，定子曲面亦称为导轨。每一相同形状的曲面又可分为对称的两边，一边为进油区段（即工作区段），另一边为回油区段（即非工作区段）。柱塞组通常包含柱塞、横梁和滚轮等若干零件。在转子 2 上，沿径向均布有 Z 个柱塞孔，每个孔的底部有一配流窗口，与配流轴上的配流口相通。柱塞装在转子的上有 $2X$ 个均匀分布的配流窗口，其中有 X 个窗口与进油口相通，另外 X 个窗口与回油口相通。这 $2X$ 个配流窗口的位置分别与 X 个导轨曲面的工作区段和非工作区段的位置严格对应。

来自液压泵的高压油首先进入配流轴，经配流窗口进入位于工作区段的各柱塞孔中，使相应的柱塞伸出并以滚轮顶在定子曲面（即导轨）上（如图 4-9 中 d、h 柱塞）。在滚轮与曲面的接触点上，曲面就会给柱塞组一个反作用力 N，其方向垂直于导轨曲面，并通过滚轮中心。反力 N 可分解为径向力 P 和切向力 T。径向力 P 与作用在柱塞底部的液压力相平衡，而切向力丁则通过柱塞组作用于转子而产生转矩，使转子转动。柱塞在外伸的同时随缸体一起旋转，当柱塞（如图中柱塞 c）到达曲面的凹顶点（即外死点）时，柱塞底部的油孔被配流轴封闭，与高低压腔都不通，但此时仍有其他柱塞位于进油区段工作，使转子转动，所以当该柱塞超过曲面的凹顶点进入回油区段时，柱塞孔便与配流轴的回油口相通。在定子曲面的作用下，柱塞（如图中柱塞 b、f）向内收缩，把油从回油窗口排出。当柱塞运动到内死点（如图中柱塞 e）时，柱塞底部油孔也被配流轴封闭，与高低压腔都不相通。

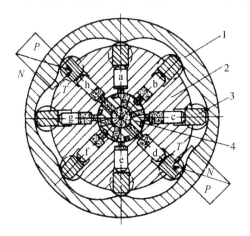

图 4-9　内曲线马达工作原理
1—定子；2—转子（缸体）；3—柱塞组；4—配流轴

柱塞每经过一个曲面，就往复运动一次，进油与回油交换一次。当有 X 段曲面时，每个柱塞要往复运动 X 次，故 X 称为马达的作用次数，图 4-9 所示为六作用内曲线马达。

当马达的进、出油换向时，马达将反转。这种马达既有轴转结构，也有壳转结构。

4.2　液　压　缸

液压缸是液压系统中的执行元件，其作用是将液体的压力能转变为运动部件的机械能，带动工作机构实现直线往复运动或摆动。液压缸结构简单、工作可靠、制造容易，可以直接驱动工作机构，传动平稳，反应快，在液压系统中应用十分广泛。特别是应用液压传动的采掘机械中，几乎都有液压缸。例如井下综采工作面的液压支架，它的立柱和各种千斤顶都是液压缸。

4.2.1　常用液压缸的类型及特点

液压缸按作用方式可分为单作用液压缸和双作用液压缸两大类。单作用液压缸只能靠液压力推动活塞向一个方向运动，回程则靠自重或外力（如弹簧力等）实现。双作用液压缸可利用液压力推动活塞实现两个方向的运动。由此可见，单作用液压缸只有一根油管，而双作用液压缸则有两根油管相连接。故双作用液压缸应用更为广泛。

液压缸按结构形式可分为活塞式液压缸、柱塞式液压缸和摆动式液压缸，活塞缸和柱塞缸用以实现直线运动，输出推力和速度；摆动缸用以实现小于360°的往复摆动，输出转矩和角速度。

1. 活塞式液压缸

根据其使用要求不同可分为双杆式和单杆式两种结构。每一种结构根据安装方式不同又分为缸筒固定式和活塞杆固定式两种。

1）双杆活塞缸

活塞两端都有一根直径相等的活塞杆伸出。如图4-10（a）所示为缸筒固定式的双杆活塞缸。其进、出油口布置在缸筒两端，活塞通过活塞杆带动工作台移动，当活塞的有效行程为 l 时，整个工作台的运动范围为 $3l$，所以机床占地面积大，一般适用于小型机床。

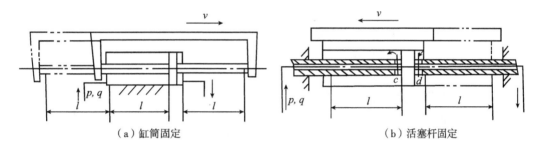

（a）缸筒固定　　　　　　　　　（b）活塞杆固定

图4-10　双杆活塞缸

当工作台行程要求较长时，可采用图4-10（b）所示的活塞杆固定的形式，这时，缸体与工作台相连，活塞杆通过支架固定在机床上，动力由缸体传出。这种安装形式中，工作台的移动范围只等于液压缸有效行程 l 的两倍（$2l$），因此占地面积小。

双杆式活塞缸的推力与速度的计算式为

$$F = Ap = \frac{\pi}{4}(D^2 - d^2)p \tag{4-7}$$

$$v = \frac{q}{A} = \frac{4q}{\pi(D^2 - d^2)} \tag{4-8}$$

式中：A——液压缸有效工作面积；

　　　F——液压缸的推力；

　　　v——活塞（或缸体）的运动速度；

　　　p——进油压力；

　　　q——进入液压缸的流量；

　　　D——液压缸内径；

　　　d——活塞杆直径。

2）单杆活塞缸

由于单杆活塞缸左右两腔的有效工作面积不等，当向缸两腔分别供油，且 p、q 相同时，活塞（或缸体）两个方向产生的推力和速度不相等。

（1）无杆腔进油，有杆腔回油时

如图 4-11（a）所示，活塞向右运动，则液压缸产生的推力 F_1 和速度 v_1 为

$$F_1 = pA_1 = \frac{\pi}{4}D^2p \tag{4-9}$$

$$v_1 = \frac{q}{A_1} = \frac{4q}{\pi D^2} \tag{4-10}$$

（2）有杆腔进油，无杆腔回油时

如图 4-11（b）所示，活塞向左运动，则液压缸产生的推力 F_2 和速度 v_2 为

$$F_2 = pA_2 = \frac{\pi}{4}(D^2 - d^2)p \tag{4-11}$$

$$v_2 = \frac{q}{A_2} = \frac{4q}{\pi(D^2 - d^2)} \tag{4-12}$$

式中：A_1——液压缸无杆腔有效工作面积；

A_2——液压缸有杆腔有效工作面积。

比较上面公式可知：$v_1 < v_2$，$F_1 > F_2$。即无杆腔进压力油工作时，推力大、速度低，有杆腔进压力油工作时，推力小、速度高。

因此，单杆活塞缸常用于一个方向有较大负载但运行速度较低，而另一方向空载快速退回的设备。例如，各种金属切削机床、压力机、注塑机、起重机的液压系统常用单杆活塞缸。

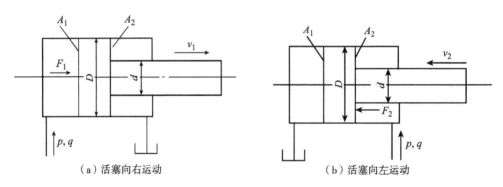

图 4-11 单杆活塞缸

（3）两腔同时进压力油时

单杆活塞缸左右两腔同时通入压力油时，如图 4-12 所示，由于无杆腔工作面积大于有杆腔工作面积，活塞向右的推力大于向左的推力，故其向右运动。液压缸的这种连接方式称为差动连接。采用差动连接的液压缸称为差动液压缸。

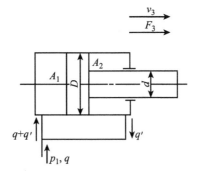

图 4-12　单杆活塞缸的差动连接

差动连接时，液压缸产生的推力 F_3 和速度 v_3 为

$$F_3 = p(A_1 - A_2) = \frac{\pi}{4} d^2 p \tag{4-13}$$

$$v_3 = \frac{q}{A_1 - A_2} = \frac{4q}{\pi d^2} \tag{4-14}$$

比较式（4-8）、式（4-12）可知 $F_l > F_3$；比较式（4-9）、式（4-13）可知 $v_1 < v_3$。说明单杆活塞缸差动连接时能使运动部件获得较高的速度和较小的推力。

因此，单杆活塞缸还常用在需要实现"快进（差动连接）→工进（无杆腔进油）→快退（有杆腔进油）"工作循环的组合机床等设备的液压系统中。

如果要求 $v_2 = v_3$，可得：$d = 0.707D$。

2. 柱塞缸

由于活塞式液压缸内孔加工精度要求很高，当缸体较长时加工困难，因而常采用柱塞缸。如图 4-13（a）所示，柱塞缸由缸筒 1、柱塞 2、导向套 3、密封圈 4 和压盖 5 等零件组成。其柱塞 2 和缸筒 1 不直接接触，运动时由缸盖上的导向套来导向，因此缸筒内壁只需要粗加工，而柱塞为外圆表面容易加工，故加工工艺性好。它特别适用于行程较长的场合，如龙门刨床。此外，常应用于液压升降机、自卸卡车、叉车和轧机平衡系统。为了实现工作台的双向运动，柱塞缸常成对使用，如图 4-13（b）所示。

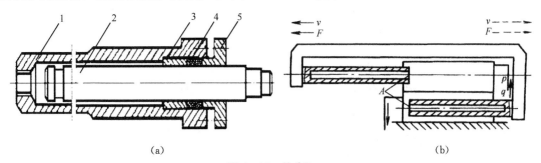

(a)　　　　　　　　　　　　　　　　　(b)

图 4-13　柱塞缸

1—缸筒；2—柱塞；3—导向套；4—密封圈；5—压盖

3. 摆动缸

摆动式液压缸又称为摆动式液压马达，其输出运动为摆动运动，输出参数为转矩和角速

度。摆动缸如图 4 - 14 所示，其主要由缸筒 1、叶片轴 2、定位块 3 和叶片 4 等组成。

图 4 - 14（a）为单叶片式摆动缸，其摆动角度可达 300°。图 4 - 14（b）为双叶片式摆动缸，其摆角最大可达 150°，它的理论输出转矩是单叶片式的两倍，在同等输入流量下的角速度则是单叶片式的一半。

摆动式液压缸的主要特点是结构紧凑，但加工制造比较复杂。在机床上，可用于回转夹具、送料装置、间歇进刀机构等；在液压挖掘机、装载机上，可用于铲斗的回转机构。

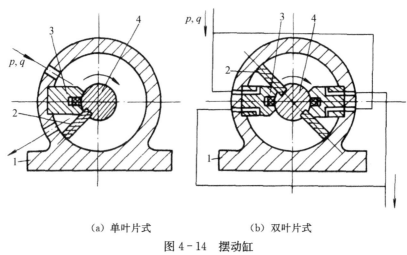

(a) 单叶片式   (b) 双叶片式

图 4 - 14 摆动缸

1—缸体；2—叶片；3—定子块；4—摆动轴

4. 其他液压缸

1）伸缩液压缸（多级缸）

伸缩液压缸又称为多级缸。是由两个或多个活塞缸套装而成，前一级缸的活塞杆是后一级缸的缸筒。伸出时，可以获得很长的工作行程，缩回时可保持很小的结构尺寸。

当液压缸的伸出行程很大，而收缩后的纵向尺寸不容许很大时，就要采用双伸缩液压缸。图 4 - 15 所示为用作厚煤层液压支架立柱的双作用双伸缩液压缸。它主要由一级缸、二级缸、活柱、大小导向套、底阀和大小活塞等组成。当压力液体从油口 A 进入缸体底部时，就推动二级缸并带动活柱一起伸出，这时大活塞右侧的低压油液经一、二级缸间的间隙由油口 B 流回油箱，直至二级缸大活塞右端靠上大导向套为止，完成二级缸（即第一级活塞）的外伸动作。此后，因进入缸底的工作液压力进一步升高，将底阀（单向阀）开启，压力液体就从底阀进入活柱小活塞的底腔，推动活柱外伸。这时，小活塞右腔的回液经活柱的径向孔和轴向孔，最后由活柱上的油口 C 流回油箱。活柱收缩时的液流方向则相反：压力液从油口 B、C 进入，回液从油口 A 流回油箱。这时，二级缸先收缩（因大活塞有效面积大），当其大活塞接触到一级缸缸体底部时，缸底的凸块将底阀顶开，使小活塞底腔的回液经底阀、一级缸缸底，从油口 A 流回油箱。

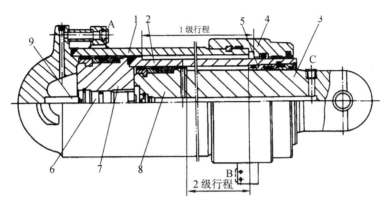

图 4-15 伸缩液压缸

1——级缸；2—二级缸；3—活柱；4—大导向套；5—小导向套；
6—底阀；7—大活塞；8—小活塞；9—凸块

2）齿条式液压缸

齿条式液压缸是一种带齿条—齿轮传动的组合液压缸，它可以将活塞的往复直线运动转变为齿轮的回转运动，这种回转运动大都应用在工作机构的回摆运动上。如某些部分断面掘进机的工作机构左右摆动装置和短壁工作面采煤机工作机构摇臂的回转运动都是由齿条式液压缸实现的。

图 4-16 所示为齿条式液压缸的示意图。它由缸体、带齿条活塞杆的双头活塞、齿轮、轴及两端调节螺钉等组成，也是双作用液压缸。当活塞作往复运动时，通过齿条带动齿轮和轴作正、反向回转运动。拧动两端的调节螺钉，可以调节活塞的行程，从而改变输出轴回摆角度的大小。

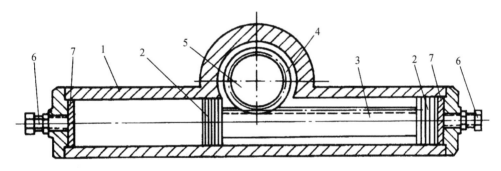

图 4-16 齿条式液压缸

1—缸体；2—活塞；3—齿条活塞杆；4—齿轮；
5—轴；6—调节螺钉；7—挡块

3）增压缸

增压缸也称增压器，如图 4-17 所示。图 4-17（a）所示为单作用增压缸，只能在一次行程中输出高压液体。为了克服这一缺点，可采用双作用增压缸，如图 4-17（b）所示，由两个高压端连续向系统供油。在液压系统不增加高压能源的情况下，采用增压缸可以获得比液压系统能源压力高得多的油液压力。

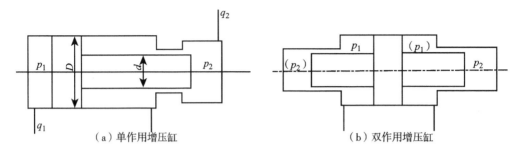

（a）单作用增压缸　　　　　　　　（b）双作用增压缸

图 4-17　增压缸

$$p_2 = p_1 \frac{D^2}{d^2} = Kp_1$$

4.2.2　液压缸的典型结构

图 4-18 所示为单杆活塞缸结构图。液压缸的结构包括缸筒与缸盖组件、活塞与活塞杆组件、密封装置、缓冲装置和排气装置等五大基本部分。

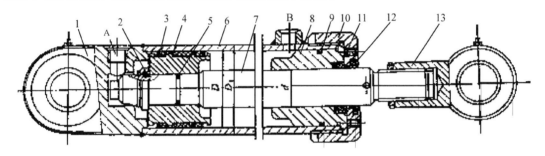

图 4-18　单杆活塞缸结构图

1—缸底；2—卡键；3，5，9，11—密封圈；4—活塞；6—缸筒；7—活塞杆；
8—导向套；10—缸盖；12—防尘圈；13—耳轴

1. 缸筒与缸盖

缸筒与缸盖的连接方式主要有法兰连接、半环连接和螺纹连接等，如图 4-19 所示。

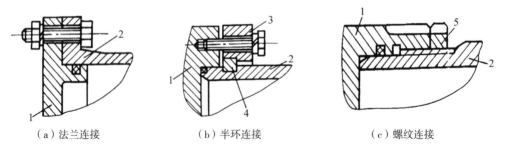

（a）法兰连接　　　　　　（b）半环连接　　　　　　（c）螺纹连接

图 4-19　缸筒与缸盖的连接结构

1—缸盖；2—缸筒；3—压板；4—半环；5—防松螺母

在设计过程中，采用何种连接方式主要取决于液压缸的工作压力、缸筒的材料和具体工作条件。当工作压力 $p < 10$ MPa 时使用铸铁缸筒，多用如图 4-19（a）所示的法兰连接，

这种结构易于加工和装拆，但外形尺寸大；当 $p < 20$ MPa 时缸筒使用无缝钢管；$p >$ 20 MPa时缸筒使用铸钢或锻钢。缸筒与缸盖的连接方式常用如图 4-19（b）、图 4-19（c）所示的半环连接和螺纹连接。采用半环连接装拆方便，但缸筒壁部因开了环形槽而削弱了强度，为此有时要加厚缸壁；采用螺纹连接时，缸筒端部结构复杂，外径加工时要求保证内外径同心，装拆时要使用专用工具，但外形尺寸和质量均较小，常用于无缝钢管或铸钢制造的缸筒上。

2. 活塞与活塞杆

活塞与活塞杆的连接方式常见的有螺纹连接和卡键连接，如图 4-20（a）、（b）所示。螺纹连接常用于单杆活塞缸的活塞与活塞杆的连接。采用螺纹连接时，活塞可用各种锁紧螺母紧固在活塞杆的连接部位，其优点是连接稳固，缺点是螺纹加工和装配较麻烦。在高压大负载的场合，特别是振动较大的情况下，常采用卡键连接结构，这种连接方式可以使活塞在活塞杆上浮动，使活塞和缸体不易卡住，它比螺纹连接更好，但结构较复杂。在小直径的液压缸中，也有将活塞和活塞杆做成一个整体的结构形式。

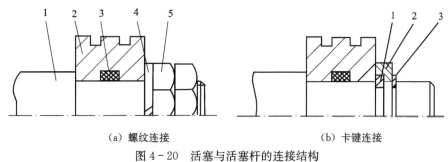

（a）螺纹连接　　　　　（b）卡键连接

图 4-20　活塞与活塞杆的连接结构

1—活塞杆；2—活塞；3—密封圈；4—弹簧圈；5—螺母　　1—卡键；2—套环；3—弹簧卡圈

3. 密封装置

液压缸的密封装置用来防止液压系统油液的内外泄漏（液压缸一般不允许外泄漏，其内泄漏也应尽可能小）和防止外界杂质侵入。密封装置设计的好坏对液压缸的工作性能和效率有直接的影响。一般要求密封装置有良好的密封性能，摩擦阻力小，制造简单，拆装方便，成本低且寿命长。液压缸的密封主要指活塞与缸筒、活塞杆与端盖间的动密封和缸筒与端盖间的静密封。

常见的密封方法有间隙密封及用"O"形、"Y"形、"V"形及组合式密封圈密封。密封件的结构及选用方法详见第 6 章。

4. 缓冲装置

当液压缸驱动的工作部件质量较大、运动速度较高、或换向平稳性要求较高时，应在液压缸中设置缓冲装置。以避免活塞在运动到液压缸行程终端时与缸盖发生机械碰撞，从而产生很大的冲击和噪声，严重影响机械精度。但在煤矿机械中使用的液压缸一般运动速度较低，因而不做详细介绍。

5. 排气装置

液压系统在工作时往往会混入空气，使系统工作不稳定，产生振动、噪声及工作部件爬行和前冲等现象，严重时会使系统不能正常工作，因此设计液压缸时必须考虑排除空气。

在液压系统安装或长时间停止工作后又重新启动时，必须把液压系统中的空气排出去。对于要求不高的液压缸往往不设专门的排气装置，而是将油口布置在缸筒两端的最高处，这样也能使空气随油液排往油箱，再从油面逸出；对于速度稳定性要求较高的液压缸或大型液压缸，常在液压缸两侧面的最高位置处（该处往往是空气聚集的地方）设置专门的排气装置，如排气塞、排气阀等。如图 4-21 所示为两种排气塞。当松开排气塞螺钉后，让液压缸全行程空载往复运动若干次，带有气泡的油液就会被排出。然后再拧紧排气塞螺钉，液压缸便可正常工作。

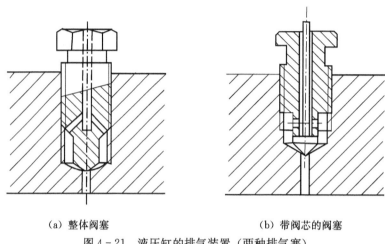

（a）整体阀塞   （b）带阀芯的阀塞

图 4-21   液压缸的排气装置（两种排气塞）

思 考 题

1. 什么是液压马达？
2. 液压马达与液压泵有何异同？
3. 什么是液压马达的排量？它与液压泵的流量、系统的压力是否有关？
4. 如何改变液压马达的输出转速？如何实现马达的反转？
5. 马达的输出转矩与哪些参数有关？
6. 叶片泵与叶片马达的主要结构区别是什么？
7. 内曲线马达是怎样工作的？
8. 简述 BM 系列摆线马达的结构和工作原理。
9. 试述液压缸在液压传动中的功用，常用的液压缸有哪些类型。
10. 何谓单作用液压缸和双作用液压缸？
11. 以双作用单活塞杆液压缸为例，推导活塞杆往复运动的力和速度计算式。
12. 何谓液压缸的差动连接？差动连接液压缸有何特点？
13. 以单杆活塞式液压缸为例，说明液压缸的一般结构形式。
14. 图 4-22 为两个结构相同相互串联的液压缸，无杆腔的面积 $A_1 = 100 \times 10^{-4} \text{m}^2$，有杆腔的面积 $A_2 = 80 \times 10^{-4} \text{m}^2$，缸 1 的输入压力 $p_1 = 0.9 \text{ MPa}$，输入流量 $q = 12 \text{ L/min}$，不计摩擦损失和泄漏，求：

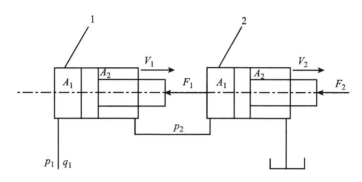

图 4-22　题 14 图

① 两缸承受相同负载（$F_1=F_2$）时，该负载的数值及两缸的运动速度；

② 缸 2 的输入压力是缸 1 的一半（$p_1=p_2$）时，两缸各能承受多少负载？

③ 缸 1 不承受负载（$F_1=0$）时，缸 2 能承受多少负载？

15. 液压马达的排量 $V=10$ mL/r，入口压力 $p_1=10$ MPa，出口压力 $p_2=0.5$ MPa，容积效率 $\eta_v=0.95$，机械效率 $\eta_m=0.85$，若输入流量 $q=50$ L/min，求马达的转速 n、转矩 T、输入功率 P_i 和输出功率 P_M 各为多少？

16. 一柱塞缸的柱塞固定，缸筒运动，压力油从空心柱塞中通人，压力为 p，流量为 q，缸筒内径为 D，柱塞外径为 d，柱塞内孔直径为 d_0，试求缸所产生的推力和运动速度。

17. 某一差动液压缸，求在① $v_{快进}=v_{快退}$，② $v_{快进}=2v_{快退}$ 两种条件下活塞面积 A 和活塞杆面积 d 之比。

18. 有一液压泵与液压马达组成的闭式回路，液压泵输出油压 $p=10$ MPa，其机械效率 $\eta_m=0.95$，容积效率 $\eta_v=0.9$，排量 $V=10$ mL/r；液压马达的机械效率 $\eta_m=0.95$，容积效率 $\eta_v=0.9$，排量 $V=10$ mL/r。若液压泵的转速为 1 500 r/h 时，试求：

① 电动机的功率；

② 液压泵的输出功率；

③ 液压马达的输出转矩；

④ 液压马达的输出功率；

⑤ 液压马达的输出转速。

第5章

液压控制元件

液压控制阀（简称液压阀）是液压系统中的控制元件，它可以控制和调节系统中工作液体的压力、流量和方向，以满足对执行机构（如液压缸和液压马达）所提出的压力、速度和换向的要求，从而使执行机构实现预期的动作。

5.1　概　　述

一个液压系统中使用的液压控制阀很多，它们的具体作用和名称可能各不相同，但按照它们在系统中所起的作用可分为三大类。

① 压力控制阀。用于控制工作液体的压力，以实现对执行机构的力或力矩的要求。这类阀主要有溢流阀、安全阀、减压阀、卸荷阀、顺序阀和压力继电器等。

② 流量控制阀。用于控制和调节系统的流量，从而改变执行机构的运动速度。流量控制阀主要有节流阀、调速阀和分流阀等。

③ 方向控制阀。用于控制和改变系统中工作液体的流动方向，以实现执行机构运动方向的转换。方向控制阀主要有单向阀、换向阀等。

各类液压控制虽然形式不同，控制的功能各有所异，但存在着共性：结构上，所有的阀都由阀体、阀芯和驱使阀芯动作的元、部件（如弹簧、电磁铁）组成；原理上，所有阀的阀口大小、进、出油口间的压差及流过阀的流量之间的关系都符合孔口流量公式，仅是各种阀控制的参数各不相同而已，且所有阀均通过控制阀体和阀芯的相对运动而实现控制目的。

各种液压阀的阀口数量因阀而异，其功能一般可分为5种，分别用字母表示。具体说明如下。

① 压力油口（P），指的是进入压力油的油口，但有些阀（如减压阀、顺序阀）的出油口也是压力油口。

② 回油口（O或T），是低压油口。阀内的低压油从此流出，流向下一个元件或油箱。

③ 泄油口（L），也是低压油口。阀体中泄漏到空腔中的低压油经它回到油箱。

④ 工作油口，一般指方向阀的A、B油口，由它连接执行元件。

⑤ 控制油口（K），使控制阀动作的外接控制压力油由此进入。

液压传动系统对液压控制阀的基本要求为：

① 动作灵敏、使用可靠，工作时冲击和振动要小，使用寿命长；

② 油液通过液压阀时压力损失要小，密封性能好，内泄漏要小，无外泄漏；

③ 结构简单紧凑、安装、维护、调整方便，通用性好。

5.2 方向控制阀

方向控制阀主要用来通断油路或改变油液流动的方向，从而控制液压执行元件的起动或停止，改变其运动方向。

方向控制阀的主要类型有单向阀和换向阀。

5.2.1 单向阀

主要作用：控制油液单向流动而反向截止。

性能要求：动作灵敏，正向流动阻力损失小，反向时密封性能好。

结构组成：阀芯、阀体和弹簧。

类型：普通单向阀和液控单向阀。

1. 普通单向阀

图 5-1 为普通单向阀的结构原理和图形符号。它主要由阀体 1、阀芯 2、弹簧 3 等零件组成。当工作液体正向流动时，液体推开阀芯自由通过；而当反向流动时，液体压力将阀芯紧压在阀座上，液体不能通过。单向阀中的弹簧主要用来克服阀芯的重量和摩擦力，使单向阀工作灵敏可靠，因此所用弹簧很软，弹簧力也很小，以免油液流动时产生较大的压力降。所以一般单向阀的开启压力都不大（0.035~0.05 MPa），当通过其额定流量时的压力损失不应超过 0.1~0.3 MPa，若将单向阀中的弹簧换成较大刚度的弹簧时，可将其置于回油路中作背压阀使用，此时阀的开启压力约为 0.2~0.6 MPa。单向阀的阀芯有两种：球形和锥形。锥阀密封性好，工作可靠，一般用于中、高压大流量的系统中。而球阀密封性差，适用于低压小流量的场合。

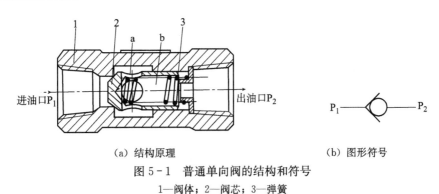

（a）结构原理　　　　　　　　　（b）图形符号

图 5-1　普通单向阀的结构和符号

1—阀体；2—阀芯；3—弹簧

2. 液控单向阀

图 5-2 为液控单向阀的结构原理图和图形符号。与普通单向阀相比，液控单向阀在结构上增加了控制活塞和一个控制油口 K。活塞右腔 a 直接与 P_1 口连通的结构，称为内泄式；若是单独引回油箱的，则称为外泄式。液控单向阀的特点是在必要时允许液体反向流动。

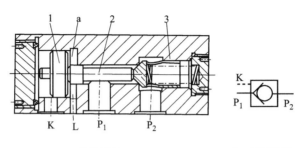

（a）结构原理　　　　　　　　（b）图形符号

图 5-2　液控单向阀的结构和符号

1—活塞；2—顶杆；3—阀芯

当控制油口不接通压力液体时，油液由 P_1 口进入，向右推开阀芯，而从 P_2 口流出，这与普通单向阀是一样的。如果控制油口接通压力液体，则控制活塞在此压力液体的作用下向右移动，活塞杆将阀芯顶开，使进出油口连通，液体即可反向通过。泄油口的作用是保证活塞动作灵活，不致因泄漏的油液而影响活塞的运动。

液控单向阀常用于执行元件的闭锁回路中。在实际中往往使用两个液控单向阀构成组合阀，称为双向液压锁（简称液压锁）。液压锁可以在液压泵停止工作以后，仍使液压缸或其他执行元件长时间地停在某一位置。图 5-3（a）所示为液压锁的结构图。在液压支架、采煤机的调高机构及许多工程机械中常常采用液压锁来闭锁执行元件。

图 5-3（b）所示的锁紧回路工作原理为：当 A、B 分别接通进、回油路时，由 A 进入的压力液体一路经左边的液控单向阀到液压缸左腔，推动活塞向右移动；与此同时，另一路（图中虚线）通向右边液控单向阀的控制口，将单向阀阀口开启，使液压缸右腔的油反向地流经此阀而回油箱。一旦 A 口停止供液，两液控单向阀均关闭，液压缸活塞左、右腔油液即被封闭，活塞则锁定在所需位置。当 A、B 互易进、回油路时，则以类似的过程使活塞向左移动。

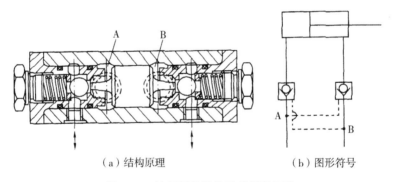

（a）结构原理　　　　　　　　（b）图形符号

图 5-3　液压锁的结构及其锁紧回路

5.2.2　换向阀

换向阀的作用是利用阀芯对阀体的相对运动，使油路接通、关断或变换油流的方向，从而实现液压执行元件及其驱动机构的启动、停止或变换运动方向。

液压系统对换向阀性能的主要要求为：

① 油液流经换向阀时压力损失要小；

② 互不相通的油口间的泄漏要小；

③ 换向要平稳、迅速且可靠。

换向阀的应用很广，种类也很多。根据阀芯相对于阀体的运动方式，一般可分为转阀式换向阀和滑阀式换向阀两种。转阀式换向阀（又称转阀）是靠转动阀芯，以改变它与阀体的相对位置来改变油液流动的方向。

滑阀式换向阀是目前应用最普遍的一种换向阀（又称滑阀）。它是靠阀芯在阀体内的直线往复运动来改变阀芯在阀体内的相对位置以改变油流方向的。

按照改变阀芯位置的操作方式不同，换向阀又可分为手动、机动、电磁动、液动和电液动换向阀。

按照换向阀阀芯工作位置数目的不同可将换向阀分为：二位、三位、多位换向阀。

按照换向阀阀体上主油路进、出油口数目不同可将换向阀分为：二通、三通、四通、五通换向阀。

1. 换向阀的工作原理

1）工作原理

图5-4所示为一滑阀式换向阀的工作原理图。在阀芯处于图示位置时，液压缸两腔不通压力油液，液压缸停止运动。当阀芯1左移一定距离时，阀体上的油口P和A连通，B和T连通。压力油从P口进入，经A流入液压缸左腔，其活塞右移，右腔油液经B、T流回油箱。反之，当阀芯右移时，阀体上的油口P、B连通，A和T连通。压力油从P口进入，经B流入液压缸右腔，左腔油液经A、T流回油箱，其活塞左移。

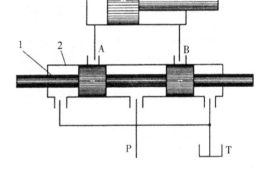

图5-4　换向阀工作原理

1—阀芯；2—阀体

2）图形符号

一个换向阀完整的符号包括工作位置数、通路数、在各个位置上各油口的连通关系、操纵方式、复位方式和定位方式等。换向阀图形符号的表示方法如下。

① 工作位置数：用方框表示，有几个方框就表示几“位”。

② 通路数及各油口的连通关系：通路数即油口数目，为每个方框内箭头或"⊤"、"⊥"符号与方框的交点数。方框内箭头表示该位置上液路处于连通状态，但箭头方向不一定表示液体的实际流向；方框内的"⊤"、"⊥"符号表示此通路被阀芯封闭，即该液路不通。

图5-5为换向阀常用位和通路符号图。

③ 操纵方式、复位方式和定位方式：用方框外侧的符号表示。图5-6为换向阀常用操纵方式符号图。

④ 常态位：换向阀有两个或两个以上的工作位置，其中一个是常态位，即阀芯未受到外部作用时所处的位置。三位阀的中间格及二位阀侧面画有弹簧的方框为其常态位。在绘制液压系统图时，液路一般应连接在换向阀的常态位上。

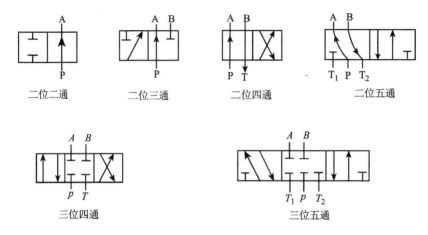

图5-5　换向阀的位和通路符号

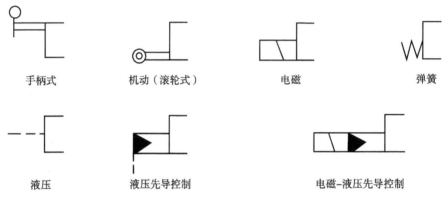

图5-6　换向阀常用操纵方式符号

2. 几种常见的换向阀

1) 手动换向阀

手动换向阀的工作原理是利用手动杠杆改变阀芯位置实现换向。图5-7为转动式换向阀（简称转阀）的工作原理图，该阀由阀体1、阀芯2和使阀芯转动的操纵手柄3组成，在图示位置，通口P和A相通、B和T相通；当操纵手柄转换到"止"位置时，通口P、A、B和T均不相通；当操纵手柄转换到另一位置时，则通口P和B相通，A和T相通。图5-7（b）为其图形符号。

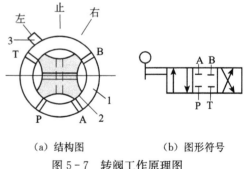

(a) 结构图　　　　(b) 图形符号

图5-7　转阀工作原理图

1—阀体；2—阀芯；3—手柄

手动滑阀一般有二位三通、二位四通、三位四通和三位五通等多种类型。图5-8所示为三位四通手动换向滑阀及图形符号。图5-8（a）所示为自动复位式换向滑阀结构，放松手柄1时，右端的弹簧3能够自动将阀芯2恢复到中间位置，图5-8（b）为其图形符号；而图5-8（c）为弹簧钢球定位式换向滑阀结构的局部图，利用钢球和弹簧可使阀芯在三个位置上实现定位，图5-8（d）为其图形符号。

当扳动手柄1使阀芯2移向右侧位置时，P和A连通，B和T连通；而当扳动手柄使阀芯位于左边位置时，则P和B连通，A则通过环形油槽a及阀芯的中心孔与T接通，实现执行元件的换向。

手动换向滑阀常用于采掘机械和工程机械的行走机构中。

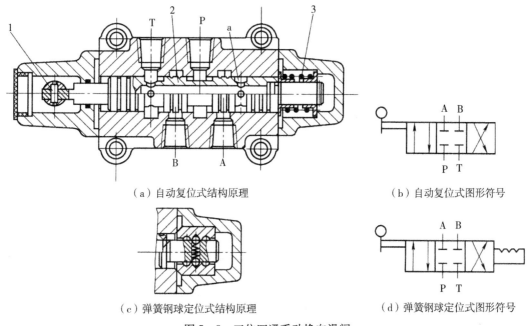

（a）自动复位式结构原理　　　　　　　　　　（b）自动复位式图形符号

（c）弹簧钢球定位式结构原理　　　　　　　　（d）弹簧钢球定位式图形符号

图5-8　三位四通手动换向滑阀

1—手柄；2—阀芯；3—弹簧

2）机动换向阀（行程阀）

机动换向阀又称行程阀。它是依靠安装在工作台上的挡块或凸轮迫使阀芯移动而改变工作位置，从而使油液换向。机动换向阀通常是二位阀，用弹簧复位，有两通、三通、四通和五通等几种。其中二位二通阀又分为常开型和常闭型两种。

图5-9（a）为二位三通机动换向阀结构原理图。图示位置阀芯2在弹簧3作用下处于左端位置使P与A相通，液口B被堵死。当挡铁压迫滚轮1使阀芯2右移到右端位置时，使液口P与B相通，液口A被堵死，图5-9（b）为其图形符号。

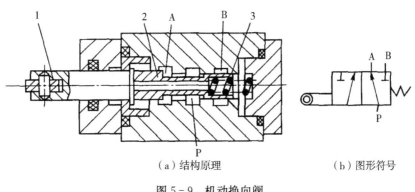

（a）结构原理　　　　　　　　　　（b）图形符号

图5-9　机动换向阀

1—滚轮；2—阀芯；3—弹簧

机动换向阀结构简单，动作可靠，换向位置精度高。常用于控制运动部件的行程，或快、慢速度的转换。其缺点是必须安装在运动部件附近，一般油管较长。

3）电磁换向阀

电磁换向阀是利用电磁铁的吸力控制阀芯改变工作位置，实现换向。

电磁换向阀操作方便，便于布局，有利于提高设备的自动化程度。是电气系统与液压系统的信号转换元件。它的电气信号由液压设备上的按钮开关、限位开关、行程开关或其他电气元件发出，来控制电磁铁的通电与断电，从而方便地实现各种操作及自动控制。由于电磁铁吸力有限（<70 N），故常用于流量小于 63 L/min 的液压系统。

如图 5-10（a）所示为二位三通电磁换向阀的结构。在图示位置，即当电磁铁断电时，阀芯 2 在弹簧 3 的作用下推向左端，使液口 P 与 A 相通，液口 B 被断开；当电磁铁通电时，衔铁通过推杆 1 将阀芯 2 推向右端，使液口 P 与 B 相通，液口 A 被断开。当电磁铁断电时，弹簧 3 推动阀芯复位。图 5-10（b）为其图形符号。

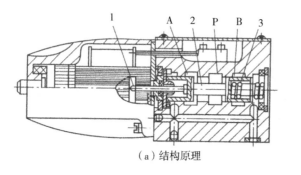
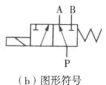

（a）结构原理　　　　　　　　　　　（b）图形符号

图 5-10　二位三通电磁换向阀
1—推杆；2—阀芯；3—弹簧

图 5-11 所示为三位四通电磁换向阀的结构原理图和图形符号。阀的两端各有一个电磁铁和一个对中弹簧，阀芯在常态位时，两端电磁铁均断电处于中位，使液口 P、A、B 和 T 互不相通。当右端电磁铁通电吸合时，衔铁通过推杆将阀芯推至左端，使液口 P 与 B 相通，A 与 T 相通。当左端电磁铁通电吸合时，衔铁通过推杆将阀芯推至右端，使液口 P 与 A 相通，B 与 T 相通。

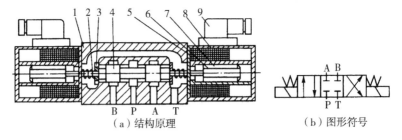

（a）结构原理　　　　　　　　　　（b）图形符号

图 5-11　三位四通电磁换向阀
1—阀体；2—弹簧；3—弹簧座；4—阀芯；5—线圈；6—衔铁；7—隔套；8—壳体；9—插头组件

4）液动换向阀

液动换向阀是利用控制油路中的压力液体来推动阀芯而实现换向的。图 5-12（a）是三位四通液动换向阀的结构原理图。当其两端控制口 K_1、K_2 均不通入压力液时，阀芯在对中弹簧作用下处于中位（图示位置）；当 K_1 口通入压力液，K_2 口接油箱时，阀芯右移，阀左位工作，P 口与 A 口连通，B 口与 T 口连通；当 K_2 口通入压力液，K_1 口接油箱时，阀芯左移，阀右位工作，P 口与 B 口连通，A 口与 T 口连通，液流换向。图 5-12（b）为其图形符号。

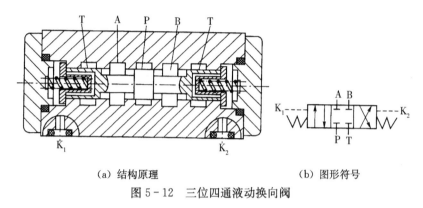

（a）结构原理　　　　　　　　　　（b）图形符号

图 5-12　三位四通液动换向阀

5）电液换向阀

在大中型液压设备中，当通过阀的流量较大时，作用在滑阀上的摩擦力和液动力较大，此时电磁换向阀的电磁铁推力相对地太小，需要用电液换向阀来代替电磁换向阀。

电液换向阀由大规格（大通径、大流量）的液动换向阀和小规格的电磁阀组合而成。其中电磁阀起先导控制作用（称先导阀），用来改变控制液流的方向；液动换向阀则控制主油路换向（称主阀）。

电液换向阀的结构原理如图 5-13（a）所示。上面是电磁阀（先导阀），下面是液动阀（主阀）。其工作原理可用详细符号加以说明，如图 5-13（b）所示。当先导电磁阀的两端电磁铁都断电时，先导阀和主阀阀芯均处于中位，主油路中，A、B、P、T 油口均不相通。当左侧电磁铁通电时，先导阀左位工作，控制油由 K 经先导阀到主阀芯左端油腔，操纵主阀芯右移，使主阀也切换至左位工作，主阀芯右端油腔回液经先导阀及泄油口 L 流回油箱。此时的主油路油口 P 与 A 相通，B 与 T 相通。同理，当先导阀右电磁铁通电时，主油路油口换接，P 与 B 相通，A 与 T 相通，实现了液流换向。图 5-13（c）为电液换向阀的简化符号。

若在液动换向阀的两端盖处加调节螺钉，则可调节液动换向阀阀芯移动的行程和各主阀口的开度，从而改变通过主阀的流量，对执行元件起粗略的速度调节作用。

电液换向阀的先导电磁阀必须采用 Y 型机能和 P 型机能（主阀采用液压对中，结构复杂）的三位四通换向阀，才能保证电磁阀在中位时主阀芯恢复中位。

电液换向阀的优点是利用较小的电磁力使大流量系统换向，而且换向平稳，故多用于大流量系统。

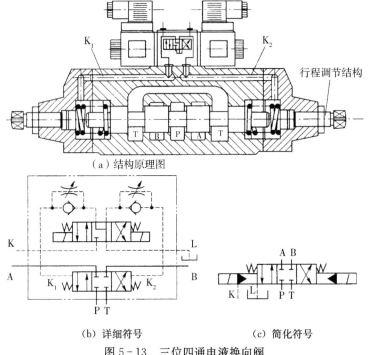

（a）结构原理图

（b）详细符号　　　　　　　（c）简化符号

图 5-13　三位四通电液换向阀

6）三位换向阀的中位机能

三位换向阀中位时各油口的连通方式称为它的中位机能。中位机能不同的同规格阀，其阀体通用，但阀芯台肩的结构尺寸不同，内部通油情况不同。

表 5-1 中列出了三位换向阀五种常用中位机能的结构简图和中位符号。结构简图中为四通阀，若将阀体两端的沉割槽由 T_1 和 T_2 两上回油口分别回油，四通阀即成为五通阀。此外还有 J、C、K 等多种型式中位机能的三位阀，必要时可由液压设计手册中查找。

表 5-1　三位换向阀的中位机能

代号	结构简图	中位符号	中位油口状态和特点
O			各油口全封闭，换向精度高，但有冲击，缸被锁紧，泵不卸荷，并联缸可运动
H			各油口全通，换向平稳，缸浮动，泵卸荷，其他缸不能并联使用

代号	结构简图	中位符号	中位油口状态和特点
Y		A B P T	P口封闭，A、B、T口相通，换向较平稳，缸浮动，泵不卸荷，并联缸可运动
P		A B P T	T口封闭，P、A、B口相通，换向最平稳，双杆缸浮动，单杆缸差动，泵不卸荷，并联缸可运动
M		A B P T	P、T口相通，A、B口封闭，换向精度高，但有冲击，缸被锁紧，泵卸荷，其他缸不能并联使用

三位阀中位机能不同，中位时对系统的控制性能也不相同。在分析和选择时，通常要考虑执行元件的换向精度和平稳性要求；是否需要保压或卸荷；是否需要"浮动"或可在任意位置停止等。

① 换向精度及换向平稳性：中位时通液压缸两腔的 A、B 油口均堵塞（如 O 型、M 型），换向位置精度高，但换向不平稳，有冲击。中位时 A、B、T 油口连通（如 H 型、Y 型），换向平稳，无冲击，但换向时前冲量大，换向位置精度不高。

② 系统的保压与卸荷：中位时 P 油口堵塞（如 O 型、Y 型、P 型），系统保压，液压泵能向多缸系统的其它执行元件供油。中位时 P、T 油口连通时（如 H 型、M 型），系统卸荷，可节省能量消耗，但不能与其他缸并联用。

③ "浮动"或在任意位置锁住：中位时 A、B 油口连通（如 H 型、Y 型），则卧式液压缸呈"浮动"状态，这时可利用其它机构（如齿轮—齿条机构）移动工作台，调整位置。若中位时 A、B 油口均堵塞（如 O 型、M 型），液压缸可在任意位置停止并被锁住，而不能"浮动"。

7) 多路换向阀

多路换向阀是由两个以上的换向阀为主体的组合阀（属于叠加阀），可分为整体式和片式两种。必要时，也可以将其他阀如溢流阀、单向阀等组合在一起。多路换向阀具有结构紧凑，压力损失和移动滑阀所需推力小等优点。因此多路换向阀适用于对多个执行元件进行集中控制的场合，如液压支架、露天机械、工程机械及其他行走机械上。多路换向阀也有手动、液动、气动、电磁操作等多种操作方式，其中手动多路换向阀应用较广泛。

图 5-14 所示为液压支架的 ZC 型多路操纵阀，它由结构相同的多片组成（图示为其中的一片），每片可控制支架的一组立柱或千斤顶（即液压缸）的动作。每片由四个单向阀组成两个二位三通阀（图示剖面可看到其一半），相当于一个 Y 型机能的三位四通阀。球阀 2 左侧是高压腔，右侧是低压腔，分别与总供液管 P 和回液管 O 相通。当逆时针扳动手把 9 时，顶杆 5 左移，推开阀球，同时阀垫 6 关闭顶杆右端的阀口，于是高压工作液由 P 经球阀

口和接头 10 进入液压缸的一腔，另一腔的低压工作液则由接头 4 经另一组三通阀（图示未剖出部分）顶杆的径向和轴向孔，从顶杆右端阀口流至回液管 O。

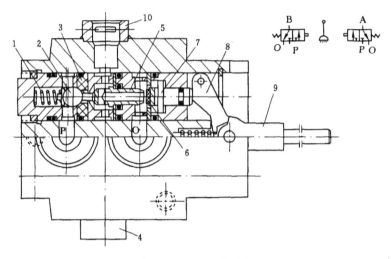

图 5 - 14　ZC 型操纵阀

1—弹簧；2—阀球；3—阀座；4，10—接头；5—顶杆；
6—阀垫；7—压杆；8—杠杆；19—手把

5.3　压力控制阀

液压传动系统中用来控制油液压力高低的阀称为压力控制阀，简称压力阀。此类阀的共同点是利用作用在阀芯上的液压力与弹簧力相平衡的原理进行工作。

压力控制阀的类型很多，常用的有：溢流阀、减压阀、顺序阀和压力继电器等。在具体的液压系统中，可根据工作需要采用不同的压力阀以满足各不相同的压力控制要求。

5.3.1　溢流阀

溢流阀的主要作用是对液压系统定压或进行安全保护。几乎所有的液压系统都要用到溢流阀，因此其性能优劣对整个液压系统的工作有很大影响。

1. 溢流阀的结构原理

常用的溢流阀按其结构形式和基本动作方式可分为直动式和先导式两类。直动式溢流阀主要用于低压系统，而先导式溢流阀则用于中、高压系统。

1）直动式溢流阀

直动式溢流阀的结构原理如图 5 - 15（a）所示，阀芯 3 在弹簧 2 的作用下处于下端位置。液体从进液口 P 进入，通过阀芯 3 上的小孔 a 进入阀芯底部，产生向上的液压推力 F。当液压力 F 小于弹簧力时，阀芯 3 不移动，阀口关闭，液口 P、T 不通。当液压力超过弹簧力时，阀芯上升，阀口开启，液口 P、T 相通，溢流阀溢流，液体从出液口 T 流回液压箱，从而保证进口压力基本恒定，系统压力不再升高。扭动螺帽 1 可改变弹簧 2 的压紧力，从而调整溢流阀的工作压力。直动式溢流阀由于采用了阀芯上设阻尼小孔的结构，因此可避免阀芯动作过快时造成的振动，提高阀的工作平稳性。但这类阀用于高压、大流量时，需设置刚度较大的弹簧，且随着流量变化，其调节后的压力波动较大，故这种阀只适用于系统压力较低、流量不大的场合。直动式溢流阀最大调整压力一般为 2.5 MPa。图 5-15（b）为直动式溢流阀图形符号。

2）先导式溢流阀

先导式溢流阀的结构原理和图形符号如图 5-16 所示。

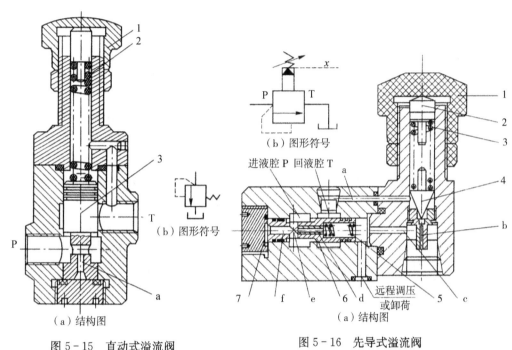

图 5-15　直动式溢流阀
1—螺帽；2—弹簧；3—阀芯

图 5-16　先导式溢流阀
1—调节螺帽；2—弹簧座；3—先导阀弹簧；4—锥阀；
5—主阀弹簧；6—主阀阀芯；7—阀座

这种阀的结构分两部分，左边是主阀部分，右边是先导阀部分。该阀的特点是利用主阀芯 6 左右两端受压表面的作用力差与弹簧力相平衡来控制阀芯的移动。压力油通过进液口进入 P 腔后，再经孔 e 和 f 进入阀芯的左腔，同时液流又经阻尼小孔 d 进入阀芯的右腔，并经 c 孔和 b 孔作用于先导调压阀锥阀 4 上，与弹簧 3 的弹簧力平衡。当系统压力较低时，锥阀 4 闭合，主阀芯 6 左右腔压力近乎相等，溢流口关闭，P、T 不通，主阀芯在弹簧 5 的作用下，处于最左端。当系统压力升高并大于先导阀阀芯右腔的压力液经锥阀 4、小孔 a、回液腔 T 流回油箱。这时由于主阀阀芯 6 的阻尼孔 d 的作用产生压力降，所以阀芯 6 右腔的压力低于左腔的压力，当阀芯左右两端压力差超过弹簧 5 的作用力时，阀芯向右推，进液腔 P 和回液腔 T 接通，实现溢流作用。

由此可以看出，先导阀起着先导控制主阀的作用。

调节螺帽 1，可通过弹簧座 2 调节调压弹簧 3 的压紧力，从而调定液压系统的压力，必要时，可更换不同刚度的弹簧来满足各种调压范围的要求，所以这种阀调节范围较大。

如果拆除远程控制口的螺堵，接上控制管路，可以对溢流阀进行远程调压或远程卸荷。

例如，当该液口通过一截止阀与液压箱连接时，只要开通截止阀，溢流阀就会开启溢流，起到低压卸荷作用。

由于该溢流阀的先导阀结构尺寸较小，所需调压弹簧刚度较小，因此压力调整比较轻便。但需要先导阀和主阀都动作后才起控制作用，因此反应不如直动式溢流阀灵敏。先导式溢流阀中主阀弹簧主要用于克服阀芯的摩擦力，弹簧刚度小。当溢流量变化引起主阀弹簧压缩量变化时，弹簧力变化较小。因此，阀的进口压力变化也较小，故先导式溢流阀调压稳定性好。因先导式溢流阀是由先导阀来控制和调节溢流压力，而由主阀来溢流，故在工作过程中振动小、噪声低、压力较稳定，它适于高压、大流量的场合。

2. 溢流阀的应用

溢流阀在液压系统中可作为溢流阀、安全阀、卸荷阀和背压阀等使用，分别起到稳压溢流、安全保护、使泵卸荷、使液压缸回油腔形成背压以及远程调压和多级调压等多种作用。

1）用作溢流阀

图 5-17 为一简单的节流调速系统。该系统采用定量泵供油，其进油路上设置节流阀 2，工作时，活塞的运动速度取决于流过节流阀 2 的流量，液压泵提供的多余油液从溢流阀 4 流回油箱，这时溢流阀是常开的。溢流阀的作用就是随时把系统中多余的油液放回油箱，保持系统压力的基本稳定。

2）用作安全阀

图 5-18 为溢流阀在变量泵系统中作为安全阀使用的情况。系统采用变量泵供油，活塞的运动速度通过调节变量泵的输出流量来保证，因而系统中无多余的流量。溢流阀是用来限定系统的最高压力，起过载保护作用，故称安全阀。系统正常工作时，阀不打开，处于常闭状态；当系统压力高于正常工作压力时，阀芯打开溢流。为保证系统正常工作，安全阀的调整压力应高于系统最高工作压力的 $10\%\sim20\%$。

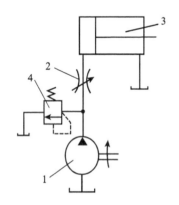 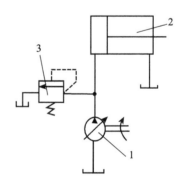

图 5-17　节流调速系统中溢流阀

1—定量泵；2—节流阀；3—液压缸；4—溢流阀

图 5-18　变量泵系统中安全阀

1—变量泵；2—液压缸；3—安全阀

3）用作卸荷阀

只有先导式溢流阀才能当卸荷阀使用。

在采用先导式溢流阀调压的定量泵系统中，当阀的外控口与油连通时，其主阀芯在进口压力很低时即可迅速抬起，使泵卸荷，以减少能量损耗。图 5-19 中，当电磁铁通电时，溢流阀外控口通油箱，因而能使泵卸荷。

4）用作背压阀

将溢流阀安设在液压缸的回液路上，可使液压缸的回液腔形成背压，提高运动部件运动的平稳性，因此这种用途的溢流阀也称背压阀，如图 5-20 所示。

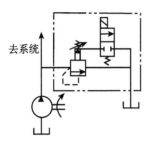

图 5-19　溢流阀用作卸荷

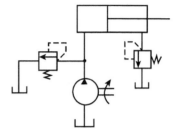

图 5-20　溢流阀提供回液背压

5）远程调压

如图 5-21 所示，当换向阀的电磁铁不通电时，其右位工作，先导式溢流阀的外控口与低压调压阀连通，当溢流阀主阀芯上腔的油压达到低压阀的调整压力时，主阀芯即可抬起溢流（其先导阀不再起调压作用），即实现远程调压。

6）多级调压回路

图 5-22 为多级调压回路。将远程调压阀 2 和 3 通过三位四通电磁换向阀与溢流阀 1 的外控口相连，可使系统获得三种压力值：当电磁换向阀处于中位时，系统压力由溢流阀 1 调定；当电磁换向阀处于左位时，系统的压力由远程调压阀 2 调定；当电磁换向阀处于右位时，系统的压力由远程调压阀 3 调定。在这种调压回路中，阀 2 和阀 3 的调定压力要小于阀 1 的调定压力，而阀 2 和阀 3 的调定压力之间没有什么一定的关系。

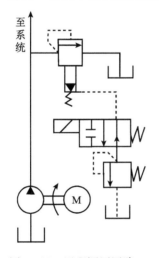

图 5-21　远程调压回路

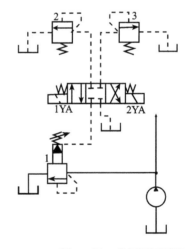

图 5-22　多级调压回路
1—先导式溢流阀；2，3—远程调压阀

5.3.2　减压阀

减压阀用于单泵供液而同时需要两种以上工作压力的传动系统中，通常在辅助回路中应用较多。减压阀的作用，是将主回路中高压工作液体的压力降为所需要的压力值，以满足系统分支液压元件的工作需要。通常要求减压阀能自动保持其输出压力值基本不变。减压阀在各种液压设备的夹紧、控制、润滑等油路中应用较多。

1. 减压阀的结构和工作原理

减压阀按所控制压力的不同，分为定压、定比和定差减压阀三种。其中，定压减压阀应用最为广泛。按结构形式和工作原理的不同，减压阀也有直动式和先导式两种。

图 5-23 所示为一先导式定压减压阀。在结构上它可以分为减压和调压两个基本部分。

减压部分由进、出油口，主阀芯和主弹簧等组成。与进油口连接的高压油路称为一次油路，而与出油口连接的低压油路称为二次油路。调压部分与先导式溢流阀的先导阀一样，也是由锥形阀芯，调压弹簧和调压螺钉等组成。

工作时，二次油路的低压液体经主阀芯侧面的轴向槽 b、底部的径向槽 c、阻尼

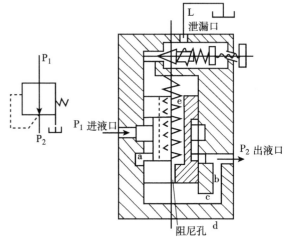

图 5-23   定压减压阀

孔 d 和通道 e 而作用在锥阀芯上。当二次油路的压力小于先导阀的调定压力时，锥阀关闭，阻尼孔 d 中无液体流动，主阀芯的上下两腔压力相等，因此主阀芯在弹簧的作用下处于最低位置。这时，主阀芯上环形槽节流口 a 的通流面积最大，因而工作液体流过时产生的压力降最小。假如一次油路压力上升或其他原因使二次油路压力升高并超过先导阀的调定压力时，则锥阀开启，部分油经泄油口 L 回油箱。这时由于阻尼孔 d 中有液体流过，便在主阀芯上下腔中产生压力差，下腔压力大于上腔压力。当此压力差足以克服主阀弹簧的弹簧力、阀芯自重和摩擦阻力之和时，便将主阀芯抬起，从而减小了环形槽 a 和出油口的过流面积，使一、二次油路中的压力降增加，从而使二次油路的压力又降下来，恢复到预先调定的压力值附近。若二次油路压力低于调定压力，则主阀芯下降，过流面积增大，使产生的压力降减小，又使二次油路的压力回升到预先调定的压力值附近。

这种阀不论一次油路的压力怎样变化都能保证二次油路的压力基本不变，故而称为定压减压阀。

2. 减压阀和溢流阀的区别

先导式减压阀与先导式溢流阀比较，有以下几点不同之处。

① 减压阀保持出口压力基本不变，而溢流阀保持进口压力基本不变。

② 在不工作时，减压阀进、出油口互通，而溢流阀进、出油口不通。

③ 为保证减压阀出口压力调定值恒定，其导阀弹簧腔需通过泄油口单独外接油箱；而溢流阀的出油口是通油箱的，所以它的导阀弹簧腔和泄漏油可通过阀体上的通道和出油口接通，不必单独外接油箱。

3. 减压阀应用举例

图 5-24 为一机床工件夹紧用的液压回路。液压泵除了向主工作液压缸提供压力油外，还经过减压阀 2、单向阀 3 向夹紧液压缸 4 供液，从而实现了单液压泵向多执行元件提供不同压力油液的目的。

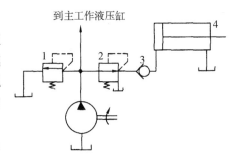

图 5-24 机床夹紧回路
1—溢流阀；2—减压阀；
3—单向阀；4—夹紧液压缸

需要注意的是，为使减压回路可靠工作，要求：

① 减压阀的最低调整压力≥0.5 MPa，最高调整压力至少应比系统压力小 0.5 MPa；

② 当减压回路中的执行元件需要调速时，调速元件应放在减压阀出口油路后面，以免减压阀泄漏（指由减压阀泄油口流回油箱的油液）时影响执行元件的速度。

5.3.3 顺序阀

顺序阀在液压系统中犹如自动开关，用来控制系统中多个执行元件的动作顺序。它以进口压力液（内控式）或外来压力液（外控式）的压力为信号，当信号压力达到调整值时，阀口开启，使所在液路自动接通。通过改变控制方式、泄液方式和二次液路的接法，顺序阀还可以构成其他功能的阀，如作背压阀、平衡阀或卸荷阀。顺序阀的结构和溢流阀相似，也有直动式和先导式之分。一般先导式阀用于压力较高的场合。

顺序阀和溢流阀的主要区别在于：溢流阀调压弹簧腔与出口（溢流口）相通，而顺序阀调压弹簧腔单独接油箱；溢流阀出口通油箱，压力近似为零，而顺序阀出口通向有压力的油路（卸荷阀除外），其压力数值由出口负载决定。

1. 顺序阀结构原理

1）直动式顺序阀

如图 5-25（a）所示为直动式顺序阀的结构图。它由螺堵 1、下阀盖 2、控制活塞 3、阀体 4、阀芯 5、弹簧 6 等零件组成。当其进液口的压力低于弹簧 6 的调定压力时，控制活塞 3 下端液流向上的推力小，阀芯 5 处于最下端位置，阀口关闭，油液不能通过顺序阀流出。当进液口液压达到弹簧调定压力时，阀芯 5 抬起，阀口开启，压力液即可从顺序阀的出口流出，进入油路工作。这种根据进液口压力来控制执行元件动作顺序的阀，称为普通顺序阀（也称为内控式顺序阀），其图形符号如图 5-25（b）所示。普通顺序阀出油口接压力油路，因此其上端弹簧处的泄油口必须接一油管通油箱。这种连接方式称为外泄。

若将下阀盖 2 相对于阀体转过 90°或 180°，将螺堵 1 拆下，在该处接控制油管并通入控制油，则阀的启闭便由外供控制油控制，这时即成为液控顺序阀，其图形符号如图 5-25（c）所示。若再将上阀盖 7 转过 180°，使泄油口处的小孔 a 与阀体上的小孔 b 连通，将泄油口用螺堵封住，并使顺序阀的出油口与油箱连通，则顺序阀就成为卸荷阀。其泄漏可由阀的出口流回油箱，这种连接方式称为内泄。卸荷阀的图形符号如图 5-25（d）所示。

直动式顺序阀设置控制活塞的目的是缩小阀芯受油压作用的面积，以便采用较软的弹簧来提高阀的压力——流量特性。直动式顺序阀的最高工作压力可达 14 MPa，其最高控制压力可达 7 MPa。顺序阀常与单向阀组合成单向顺序阀使用。

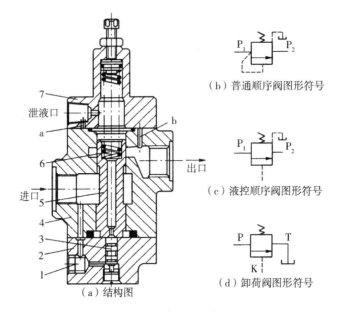

（b）普通顺序阀图形符号

（c）液控顺序阀图形符号

（d）卸荷阀图形符号

（a）结构图

图 5-25　直动式顺序阀

1—螺堵；2—下阀盖；3—控制活塞；4—阀体；5—阀芯；6—弹簧；7—上阀盖

2）先导式顺序阀

先导式顺序阀的结构原理与先导式溢流阀类似，其工作原理也基本相同。故不再赘述。先导式顺序阀与直动式顺序阀一样也有内控外泄、外控内泄和外控外泄的控制方式。如图 5-26（a）所示为先导式顺序阀的结构原理图，图 5-26（b）为内控外泄式先导顺序阀图形符号。

2. 顺序阀应用

图 5-27 为顺序阀当卸荷阀使用的回路。

当系统压力到达顺序阀 1 的整定压力时，顺序阀打开，使液压泵 2 卸荷空运转。这时，系统由蓄能器 3 供液。随着蓄能器油液的减少，系统压力降低。当系统压力低于顺序阀的整定压力时，顺序阀即关闭，液压泵继续向系统供油。

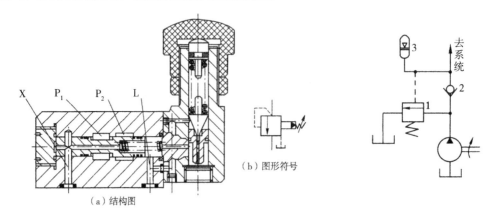

（b）图形符号

（a）结构图

图 5-26　先导式顺序阀图　　　　　　图 5-27　顺序阀应用回路

5.3.4 压力继电器

压力继电器是将油液的压力信号转换成电信号的电液控制元件。当油液压力达到压力继电器的调定压力（弹簧力）时，它发出电信号，从而控制各种电气元件（如电磁阀、电动机、时间继电器等）的动作，借以实现液压系统的自动控制和安全保护。

压力继电器广泛地应用于电液自动控制系统中。

1. 压力继电器的结构和工作原理

压力继电器按其结构类型大体可分为柱塞式、弹簧管式、膜片式和波纹管式四种。它们的工作原理基本一样。

图 5-28（a）为单柱塞式压力继电器的结构原理图。压力液从液口 P 进入，并作用于柱塞 1 的底部，当压力达到弹簧的调定值时，便克服弹簧阻力和柱塞表面摩擦力，推动柱塞上移，通过顶杆 2 触动微动开关 4 发出电信号。图 5-28（b）为压力继电器的图形符号。

压力继电器发出电信号的最低压力和最高压力间的范围称为调压范围。拧动调节螺钉 3 即可调整其工作压力。压力继电器发出电信号时的压力，称为开启压力；切断电信号时的压力称为闭合压力。

由于开启时摩擦力方向与液压力方向相反，闭合时则相同，故开启压力大于闭合压力，两者之差称为压力继电器通断调节区间。它应有一定的范围，否则，系统压力脉动时，压力继电器发出的电信号会时断时续。中压系统中使用的压力继电器调节区间一般为 0.35～0.8 MPa。

2. 压力继电器的应用

如图 5-29 所示为压力继电器用于安全保护的回路。将压力继电器 2 设置在夹紧液压缸的一端，液压泵启动后，首先将工件夹紧，此时夹紧液压缸 3 的右腔压力升高，当升高到压力继电器的调定值时，压力继电器 2 动作，发出电信号使 2YA 通电，于是切削液压缸 4 进刀切削。在加工期间，压力继电器 2 微动开关的常开触头始终闭合。若工件没有夹紧，继电器 2 断开，于是 2YA 断电，切削缸 4 立即停止进刀，从而避免工件未夹紧而出事故。

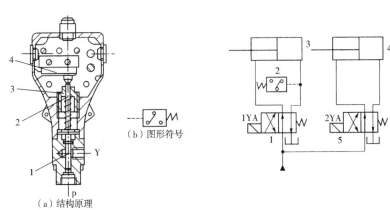

图 5-28 单柱塞式压力继电器结构原理
1—柱塞；2—顶杆；3—调节螺钉；4—微动开关

图 5-29 压力继电器应用回路
1，5—电磁阀；2—压力继电器；3，4—液压缸

5.4   流量控制阀

液压系统中用来控制液体流量的阀类称为流量控制阀。流量控制阀是依靠改变阀口通流面积的大小来调节通过阀口的流量，从而达到调节与控制执行元件（液压缸或液压马达）运动速度的目的。常用的流量控制阀主要有节流阀、调速阀、分流阀等。

5.4.1   节流阀

图 5 - 30 所示为普通节流阀。其节流口为轴向三角槽式。压力油从进油口 P_1 流入，经阀芯左端的轴向三角槽后由出油口 P_2 流出。阀芯 1 在弹簧力的作用下始终紧贴在推杆 2 的端部。旋转手轮 3，可使推杆沿轴向移动，改变节流口的通流截面积，从而调节通过阀的流量。

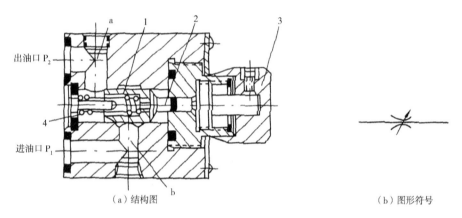

（a）结构图   （b）图形符号

图 5 - 30   节流阀

1—阀芯；2—推杆；3—手轮；4—弹簧

节流阀输出流量的平稳性与节流口的结构形式有关。节流口除轴向三角槽式之外，还有偏心式、针阀式、周向缝隙式、轴向缝隙式等。节流阀的流量特性可用小孔流量通用公式 $q = kA_T\Delta p^\varphi$ 来描述，其特性曲线如图 5 - 31 所示。由于液压缸的负载常发生变化，节流阀前后的压差 Δp 为变值，因而在阀开口面积 A_T 一定时，通过阀口的流量 q 是变化的，执行元件的运动速度也就不平稳。节流阀流量 q 随其压差而变化的关系见图 5 - 31 中曲线 1。

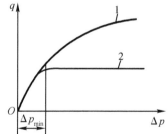

图 5 - 31   节流阀与调速阀特性曲线

节流阀结构简单，制造容易，体积小，使用方便，造价低。但负载和温度的变化对流量稳定性的影响较大，因此只适用于负载和温度变化不大或速度稳定性要求不高的液压系统。

节流阀能正常工作（不断流，且流量变化率不大于 10%）的最小流量限制值，称为节流阀的最小稳定流量。轴向三角槽式节流口的最小稳定流量为 30～50 mL/min，薄刃孔可为 15 mL/min。它影响液压缸或液压马达的最低速度值，设计和使用液压系统时应予以考虑。

5.4.2　调速阀

普通节流阀由于刚性差，当阀口通流面积一定时，通过阀口的流量受负载变化的影响，不能保持执行元件运动速度的稳定性。所以只适用于工作负载变化不大，速度稳定性要求不高的场合。

为改善节流阀的调速性能，通常对其进行压力补偿，即采取措施使节流阀前后压差在负载变化时始终保持不变。

调速阀是在普通节流阀 2 的进油口串联一个定差减压阀 1 组合而成。节流阀用来调节通过的流量，定差减压阀则自动补偿负载变化的影响，保证节流阀前后的压差为定值，以消除负载变化对流量的影响。

调速阀工作原理如图 5-32（a）所示：液压泵的出口（即调速阀的进口）压力 p_1，由溢流阀调定，基本上保持恒定。调速阀出口处的压力 p_3，由液压缸负载 F 决定。油液先经减压阀产生一次压力降，将压力降到 p_2，节流阀的出口压力 p_3 又经反馈通道 a 作用到减压阀的上腔 b，当减压阀的阀芯在弹簧力 F_S、油液压力 p_2 和 p_3 作用下处于某一平衡位置时（忽略摩擦力和液动力等），则有

$$p_2 A_1 + p_2 A_2 = p_3 A + F_S$$

式中：A、A_1 和 A_2——b 腔、c 腔和 d 腔内的液压油作用于阀芯的有效面积，且 $A = A_1 + A_2$。故

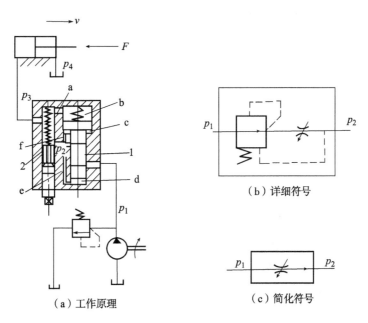

图 5-32　调速阀工作原理
1—减压阀；2—节流阀

$$p_2 - p_3 = \Delta p = \frac{F_S}{A}$$

因为弹簧刚度较低，且工作过程中减压阀阀芯位移很小，可以认为 F_S 基本保持不变。故节流阀两端压力差 $\Delta p = p_2 - p_3$ 也基本保持不变，这就保证了通过节流阀的流量稳定。

当调速阀的进、出口压差 Δp 由于某种原因发生变化时，节流阀两端的压差是如何保持不变的呢？例如当载荷 F 增大时，p_3 也增大（$p_3 = F/A$），使 p_3 通过 a 孔作用在减压阀阀芯上端的力也增加，于是阀芯下移，减压阀进油口处的缝隙增大，缝隙的降压作用减小，从而使 p_2 增大。因此保持了节流口前后的压力差 $\Delta p = p_2 - p_3$ 基本上不变。反之，如果外载荷 F 减小，则 p_3 减小，阀芯上端的油压作用力减小，于是阀芯在油腔 c 和 d 的压力油（压力为 p_2）的作用下向上移动，使减压阀进油口处的缝隙减小，增大了降压作用，使 p_2 减小，所以仍能保持节流阀进出油口的压力差 Δp 基本不变，从而使通过调速阀的流量不随外载荷的变化而变化，因而保证了执行机构的运动速度基本稳定。

因此，当压力发生变化时，由于定差减压阀的自动调节作用，节流阀前、后压差总能保持不变，从而保持流量稳定。

由图 5-31 可以看出，节流阀的流量随压力差变化较大，而调速阀在压力差大于一定数值后，流量基本上保持恒定。当压力差很小时，由于减压阀阀芯被弹簧推至最下端，减压阀阀口全开，不起稳定节流阀前后压力差的作用，故这时调速阀的性能与节流阀相同，所以调速阀正常工作时，至少要求有 0.4～0.5 MPa 以上的压力差。另外，调速阀中的定差减压阀在反向流动时不起作用，因此调速阀只能单方向使用。

5.4.3　分流阀

1. 分流阀的作用

分流阀（又称同步阀）是常见的流量控制阀之一。分流阀的作用是用来保证两个或多个执行元件在负载各不相同时也能实现同步运动。它与其他同步元件相比，具有结构简单，体积小，使用方便，成本低等优点，因此广泛被采用。

根据分流程度的不同，分流阀可分为以下两类：

①等量分流阀。它把流量向几个出油口平均分配，每一出口为人口总流量的 $1/n$。

②比例分流阀。它按一定比例向各出油口分配流量。

2. 分流阀的工作原理

图 5-33 所示分流阀，主要由两个固定节流口 a、b，阀芯 1，阀体 2，两个对中弹簧 3 等零件组成。阀芯的中部台阶把阀分为完全对称的左、右两部分。左边的油腔 6 通过阀芯上的一轴向孔 5 与阀芯右端的弹簧腔相通；右边的油腔 7 通过阀芯上的另一轴向孔 4 与阀芯左端的弹簧腔相通。当阀芯位于中间位置时，阀芯两端的台阶与阀体组成两个完全一样的可变节流口 c 和 d。压力油 p_0 进入进油口并经过两个完全相同的固定节流口 a、b，分别进入油腔 6、7，然后从可变节流口 c、d 经出油口 I 和 II 分别通往两个执行机构。如果两执行机构所承受的负载相同，则分流阀的出油口压力 p_3、p_4 相等。因为可变节流口 c、d 完全相同（阀芯处于中间位置），所以油腔 6、7 中的压力 p_1、p_2 也相等。这样两固定节流口前后的压力差 $\Delta p_1 = p_0 - p_1 = p_0 - p_2$，流量 $q_1 = q_2$，从而使两执行机构能同步运动。

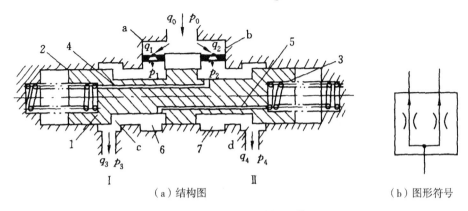

（a）结构图　　　　　　　　　　　　　　　　（b）图形符号

图 5 - 33　分流阀的结构和符号

当两执行机构所承受的载荷大小不相等时（假定出油口压力 $p_3 > p_4$），则压力差 $p_1 - p_3$ 值减小，由流量特性关系式可知，q_1 减小而 q_2 增加（注意 $q_0 = q_1 + q_2$）。流量的变化又使固定节流口 a、b 上的压降也发生变化，油腔 6 的压力 p_1 上升，油腔 7 的压力 p_2 下降。油腔 6 中的油液经阀芯上轴向孔而作用于阀芯右端。因为 $p_1 > p_2$，所以阀芯向左移动，使 c 口增大，而 d 口变小，其结果使两可变节流口上的压降也发生了变化：$\Delta p_3 = p_1 - p_3$ 减小，$\Delta p_4 = p_2 - p_4$ 升高，使 p_1 减小而 p_2 增加。当油腔 6 和 7 的压力分别减小和升高到 $p_1 = p_2$ 时，阀芯受力平衡又处于新的平衡位置。此时两固定节流口的压力降相等，所以流过的流量也相等，即两出油口 $q_1 = q_2$，从而使执行机构能适应负载的变化而保持运动的同步。

5.5　比例阀、插装阀和叠加阀

比例阀、插装阀和叠加阀都是近年获得迅速发展的液压控制阀，与普通液压阀相比，它们具有许多显著的优点。本节对这三种阀作简要介绍。

5.5.1　比例阀

比例阀为电液比例阀的简称，是一种把输入的电信号按比例地转换成力或位移，从而对油液的压力、流量等参数进行连续控制的液压阀。与普通液压阀相比，其阀芯的运动由比例电磁铁控制，使输出的压力、流量等参数与输入的电流成正比，所以可用改变输入电信号的方法对压力、流量、方向进行连续控制。

比例阀由液压阀和直流比例电磁铁两部分组成，其液压阀部分与一般液压阀差别不大，而直流比例电磁铁与一般电磁铁不同，它可得到与给定电流成比例的位移输出和吸力输出。根据用途和工作特点的不同，比例控制阀可分为比例压力阀、比例流量阀和比例方向阀三大类。

图 5 - 34 所示为先导式电磁比例溢流阀的结构和图形符号图，当输入电信号（通过线圈 2）时，比例电磁铁 1 便产生一个相应的电磁力，它通过推杆 3 和弹簧作用在先导阀阀芯 4 上，从而使先导阀的控制压力与电磁力成正例，即与输入信号电流成比例。由溢流阀主阀阀芯 6 上受力分析可知，进油口压力和控制压力、弹簧力等相平衡，因此比例溢流阀进油口压力的升降与输入信号电流的大小成比例。若输入信号电流是连续地按比例或按一定程序进行

变化，则电磁比例溢流阀所调节的系统压力也连续按比例或按一定程序进行变化。

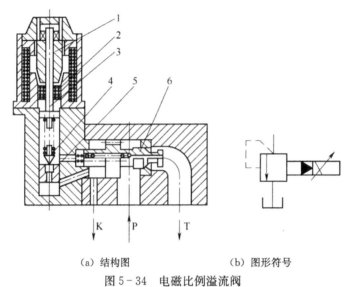

（a）结构图　　　　　（b）图形符号

图 5-34　电磁比例溢流阀

1—比例电磁铁；2—线圈；3—推杆；4—先导阀芯；5—先导阀座；6—主阀阀芯

5.5.2　插装阀

插装阀又称为逻辑阀，是一种较新型的液压元件，它的特点是通流能力大，密封性能好，动作灵敏、结构简单，因而主要用于流量较大的系统或对密封性能要求较高的系统。

图 5-35 所示为插装阀的结构及图形符号，这种阀由控制盖板1、阀套2、弹簧3、阀芯4 和阀体5 等组成。由于这种阀的插装单元在回路中主要起通断作用，故又称二通插装阀。二通插装阀的工作原理相当于一个液控单向阀。图中 A 和 B 为主油路仅有的两个工作油口，K 为控制油口（与先导阀相接）。当 K 口接回油箱时，如果阀芯受到的向上的液压力大于弹簧力，阀芯4 开启，A 与 B 相通，当 A 处油压力大于 B 处的油压力时，压力油从 A 口流向

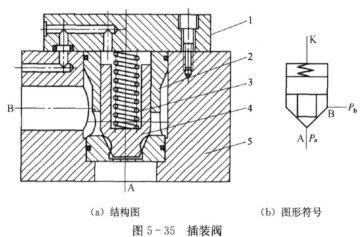

（a）结构图　　　　　（b）图形符号

图 5-35　插装阀

1—控制盖板；2—阀套；3—弹簧；4—阀芯；5—阀体

B口；反之压力油则从B流向A。当K口有压力油作用，且K口的油压力大于A和B口的油压力时，才能保证A与B之间关闭。

插装阀与各种先导阀组合，便可组成方向阀、压力阀和流量阀。并且同一阀体内可装入若干个不同机能的锥阀组件，加相应盖板和控制元件组成所需的液压回路，可使液压阀的结构很紧凑。

5.5.3 叠加阀

叠加式液压阀简称叠加阀，是在板式液压阀集成化基础上发展起来的一种新型的控制元件。每个叠加阀不仅起控制阀的作用，而且还起连接块和通道的作用。每个叠加的阀体均有上下两个安装平面和四到五个公共通道，每个叠加阀的进出油口与公共通道并联或串联，同一通径的叠加阀的上下安装面的油口相对位置与标准的板式液压阀的油口位置相一致。

叠加阀也可分为换向阀、压力阀和流量阀三种，只是方向阀中仅有单向阀类，而换向阀采用标准的板式换向阀。

图 5-36 所示为一组叠加阀的结构和图形符号，其中叠加阀1为溢流阀，它并联在P与T流通之间，叠加阀2为双向节流阀，两个单向节流阀分别串联在A、B通道上，叠加阀3为双液控单向阀，它们分别串联在A、B通道上，最上面是板式换向阀，最下面还有公共底板。

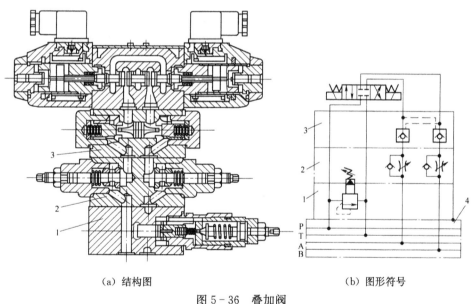

(a) 结构图　　　　　　　　　　(b) 图形符号

图 5-36 叠加阀

1—底板；2—压力表开关；3—换向阀

叠加阀组成的液压系统是将若干个叠加阀叠合在普通板式换向阀和底块之间，以长螺栓结合而成，每一组叠加阀控制一个执行元件。一个液压系统有几个执行元件，就有几组叠加阀，再通过一个公共的底板把各部分的油路连接起来，从而构成一个完整的液压系统。

由叠加阀构成的系统结构紧凑、系统设计制造周期短、外观整齐、便于改造和升级，但目前叠加阀的通径较小（一般不大于 20 mm）。

思 考 题

1. 何谓控制阀？它可分为哪几类？

2. 简述直动式和先导式溢流阀的工作原理。

3. 作为安全阀使用的溢流阀与溢流定压的溢流阀有何异同？

4. 系统正常工作时，安全阀与溢流阀各处于何种状态？

5. 减压阀的作用是什么？定压减压阀是怎样实现定压减压的？

6. 先导式溢流阀主阀芯的阻尼孔有何作用？可否加大或堵死，为什么？

7. 在液压系统中使用什么元件可以把液压信号转变为电信号？这种液—电信号的转变有何用途？

8. 节流阀的工作原理如何？为什么说用节流阀进行调速会出现速度不稳定现象？

9. 试述调速阀的工作原理。

10. 分流阀是如何实现速度同步的？

11. 何谓换向阀的"位"和"通"？何谓换向阀的常态位？如何判别？

12. 按操纵方式，换向滑阀可分为哪几种类型？

13. 按阀芯的运动形式分，换向阀可分为哪两大类？

14. 试画出三位滑阀的常见中位机能，并说出每一机能的特点。

15. 绘出溢流阀、液控单向阀、三位四通 O 型机能电磁控制阀、减压阀、节流阀和调速阀的图形符号。

16. 顺序阀和溢流阀是否可以互换使用？

17. 试比较溢流阀、减压阀、顺序阀（内控外泄式）三者之间的异同点。

18. 如图 5 - 37 所示油路中各溢流阀的调定压力分别为 $p_A = 5$ MPa，$p_B = 4$ MPa，$p_C = 2$ MPa。在外负载趋于无限大时，(a)、(b) 油路的供油压力各为多大？

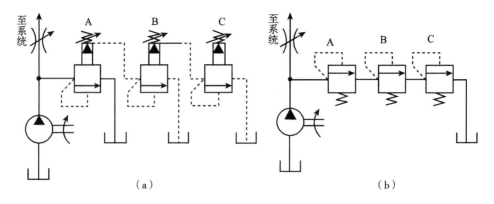

（a）   （b）

图 5 - 37   题 18 图

19. 如图 5 - 38 所示，两个减压阀的调定压力不同，当两阀串联时，出口压力决定于哪个减压阀？当两阀并联时，出口压力决定于哪个减压阀？为什么？

20. 如图 5 - 39 所示油路中，溢流阀的调整压力为 5 MPa，减压阀的调整压力为

2.5 MPa。试分析活塞运动时和碰到死挡铁后 A、B 处的压力值（主油路截止、运动时液压缸的负载为零）。

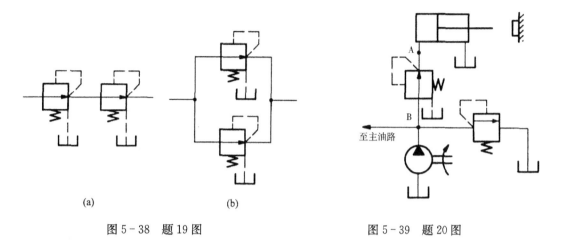

图 5-38　题 19 图　　　　　　　　　　　图 5-39　题 20 图

21. 三个溢流阀的调整压力各如图 5-40 所示。试问泵的供油压力有几级？数值各多大？

22. 如图 5-41 所示液压回路中，已知液压缸有效工作面积 $A_1=A_3=100\ \text{cm}^2$，$A_2=A_4=50\ \text{cm}^2$，当最大负载 $F_1=14\ \text{kN}$，$F_2=4.25\ \text{kN}$，背压力 $p=0.15\ \text{MPa}$，节流阀 2 的压差 $\Delta p=0.2\ \text{MPa}$ 时，问：不计管路损失，A、B、C 各点的压力是多少？阀 1、2、3 至少应选用多大的额定压力？快速进给运动速度 $v_1=200\ \text{cm/min}$，$v_2=240\ \text{cm/min}$，各阀应选用多大的流量？

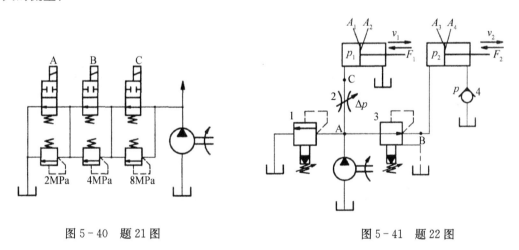

图 5-40　题 21 图　　　　　　　　　　　图 5-41　题 22 图

23. 如图 5-42 所示回路中，顺序阀的调整压力 $p_X=3\ \text{MPa}$，溢流阀的调整压力 $p_Y=5\ \text{MPa}$，问在下列情况下，A、B 点的压力等于多少？

① 液压缸运动时，负载压力 $p_L=4\ \text{MPa}$；

② 如负载压力 p_L 变为 1 MPa；

③ 当活塞运动到右端时。

24. 如图 5-43 所示回路中，顺序阀和溢流阀串联，它们的调整压力分别为 p_X 和 p_Y，当系统的外负载趋于无限大时，泵出口的压力是多少？若把两只阀的位置互换一下，泵出口处的压力是多少？

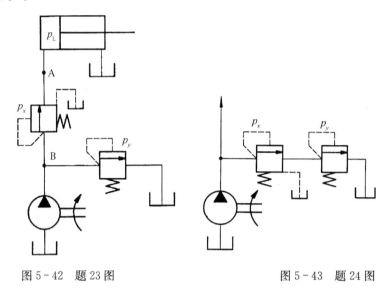

图 5-42 题 23 图   图 5-43 题 24 图

25. 节流阀的最小稳定流量有什么意义？影响最小稳定流量的因素主要有哪些？

第6章

液压辅助元件

在液压传动系统中，液压辅助元件是指那些既不直接参与能量转换，也不直接参与方向、压力、流量等控制的在液压系统中必不可少的元件或装置。主要包括蓄能器、过滤器、油箱、管件及密封装置等。从液压传动的工作原理来看，它们只是起辅助作用，但它们对液压系统的正常工作又往往起着十分重要的作用，在考虑一个液压系统时，对辅助液压元件必须给以足够的重视。其中油箱一般根据系统要求自行设计，其他辅助装置制成标准件。

6.1 油箱、油管和管接头

6.1.1 油箱

油箱的主要功用是储油和散热，此外，还有沉淀杂质和分离油液中空气的作用。

根据工作情况的不同，油箱可以单独设置（如乳化液泵站），也可以利用机器内部的空间作为油箱（如采煤机），但油箱都必须有足够的有效容积（液面高度只占油箱高度的80%时的油箱容积）。此有效容积通常要大于液压泵每分钟流量的3倍，对行走装置可取为1.5~2倍。一般低压系统取为每分钟流量的2~4倍，中高压系统取为每分钟流量的5~7倍。为使单独设置的油箱能有效地起到储油、散热、沉淀杂质和分离气泡等作用，在其结构上还有下列要求。

① 吸油管和回油管的距离应尽可能远，吸油侧和回油侧要用隔板隔开，以增加油箱内油液的循环距离，有利于油液冷却和气泡逸出，并使杂质多沉淀在回油侧，不易重新进入系统。隔板高度不低于油面到箱底高度的3/4。

② 吸油管离油箱底部的距离应不小于管径的2倍，距箱边应不小于管径的3倍，以便油液流动畅通。吸油管入口处应安装粗过滤器。

③ 回油管的管口必须浸入最低油面以下，以避免回油时将空气带入，回油管口距油箱底部的距离也不应小于管径的3倍。回油管口切成45°的斜口，以增大排油面积，回油口还应面向最近的箱壁。

④ 为避免脏物进入油箱，油箱应有箱盖，加油器应有滤油网。油箱还应有通气孔，使油面通大气压。

⑤ 为便于清洗和放油，油箱底面应有适当坡度，并有放油塞。此外，油箱侧面还应有

表示油面高度的指示器（油标）。

　　图 6-1 所示为单独设置的油箱结构简图。箱体一般采用 4 毫米左右的钢板焊接而成。箱内 1 为吸油管，4 为回油管，中间有两个隔板 7 和 9，隔板 7 用作阻挡沉淀杂物进入吸油管，隔板 9 用作阻挡泡沫进入吸油管，脏物可以从放油阀 8 放出，空气过滤器 3 设在回油管一侧的上部，兼有加油和通气的作用，6 是油面指示器，当彻底清洗油箱时可将上盖 5 卸开。

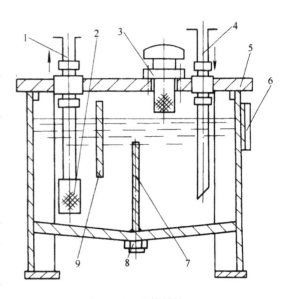

图 6-1　油箱结构
1—吸油管；2—过滤器；3—空气过滤器；4—回油管；
5—上盖；6—油面指示器；7，9—隔板；8—放油阀

　　如果将压力不高的压缩空气引入油箱中，使油箱中的压力大于外部压力，这就是所谓液压油箱（也称密闭式油箱），液压油箱中通气压力一般为 0.05 MPa 左右，这时外部空气和灰尘绝无渗入的可能，这对提高液压系统的抗污染能力、改善吸入条件都十分有益。

6.1.2　油管

　　液压传动中常用的油管可分为硬管和软管两类。

　　硬管用于连接无相对运动的液压元件，主要有冷拔无缝钢管、焊接钢管、铜管、尼龙管和硬塑料管等。在低压（≤1.6 MPa）系统中可使用焊接钢管，在高压系统中则多采用无缝钢管。钢管价格便宜，承受压力高，但装配时不能任意弯曲，所以钢管多用于对装配空间限制少和产品比较定型及大功率的传动装置中。铜管适用范围较广，其中紫铜管承受压力较低（<6.5~10 MPa），直径也较小，而黄铜管可承受较高的压力（达 25 MPa）。这两种铜管相比较，紫铜管对变形的适应性较好，在装配时可根据需要进行弯曲，比较方便；但紫铜管价格较贵。铜管的主要缺点是抗振能力差。

　　软管主要用于连接有相对运动的液压元件，在采煤机和液压支架上都可以见到这类油管。低压软管是中间夹有几层编织棉线或麻线的橡胶管，而高压软管是中间夹有几层钢丝编织层的橡胶管。常用的高压软管中的编织层多为 1~2 层。一层钢丝的软管，内径有 6~32 mm 等多种规格，可承受 6~20 MPa 的压力（口径越小耐压越高）；二层钢丝的软管，耐压可达 60 MPa。此外，还有三、四层钢丝的超高压软管，它们内径通常较小。钢丝缠绕式软管，耐压能力更高。

6.1.3　管接头

　　管接头是油管与油管、油管与液压件之间的可拆式连接件。它应具有装拆方便，连接牢固，密封可靠、外形尺寸小、通流能力大等特点。管接头的类型很多，根据被连接管的材料和油液压力，可选用不同的结构。通常可把管接头分为硬管管接头和软管管接头两大类。

1. 硬管管接头

硬管管接头可分为以下 3 种形式。

1）卡套式管接头

这种管接头的结构如图6-2（a）所示。当拧紧螺母时，卡套两端的锥面使卡套产生弹性变形夹紧油管。接头和元件之间用螺纹连接。这种接头装配方便，可用于高压系统，但是要使用高精度冷拔无缝钢管。

2）扩口式管接头

如图6-2（b）所示，装配管接头时，应先将油管端部扩口，拧紧螺母时，扩口部分被楔紧而实现密封。这种管接头适用于铜管和薄壁钢管，用于低于5 MPa的液压系统中。

3）焊接式管接头

如图6-2（c）所示，这种管接头利用紧贴的锥面实现密封。它适用于连接管壁较厚的管，可用于小于8 Mpa的液压系统中。

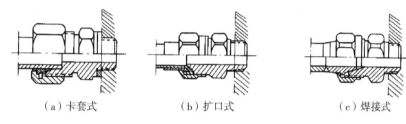

（a）卡套式　　　　　（b）扩口式　　　　　（c）焊接式

图6-2　硬管管接头

2. 软管管接头

常用的软管管接头有下述两种。

1）螺纹连接高压软管管接头

如图6-3所示，剥去外皮的带钢丝编织层的高压软管4被扣压在外套3和芯子2的中间，软管与接头是不可拆的。而接头与接头之间是通过螺纹（螺母1与另一软管接头上外螺纹图中未画出）来连接的。接头间的密封靠芯子上的锥形孔与另一软管芯子的锥形端的紧密对压而实现。

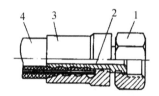

图6-3　螺纹连接软管管接头

1—螺母；2—芯子；3—外套；4—高压软管

2）快速插销连接软管管接头

这种接头的结构如图6-4所示，接头间的密封是利用芯子1上的O形圈2与接头套中的圆柱面配合来实现的，为防接头脱开，用U形卡3把芯子和接头套连接起来。这种接头的密封性好，拆装方便，所以应用广泛，液压支架上的管接头多为这种快速接头。

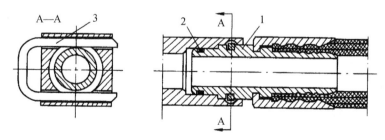

图6-4　KJ型快速软管管接头

1—芯子；2—O形圈；3—U形卡

6.2　蓄　能　器

蓄能器是液压系统中的储能元件，它可以把液压泵输出的多余压力油储存起来，当系统需要时释放出来供给系统使用。

6.2.1　蓄能器的类型与结构

蓄能器的类型主要有重力式、弹簧式和充气式三种，常用的是充气式。充气式蓄能器又可分为活塞式、气囊式和隔膜式。在此只介绍广泛应用的气囊式蓄能器。

图 6-5 所示为气囊式蓄能器示意图。它是利用气体的压缩和膨胀来储存与释放压力能。图中气囊 2 是用特殊耐油橡胶制成的，气囊固定在壳体 1 的上半部，壳体由高强度无缝钢管制造。气体和油液在蓄能器中由气囊 2 隔开；工作前充气阀 3 打开向皮囊内充入一定压力的气体（通常是氮气），蓄能器工作时充气阀关闭；气囊外部要储存的油液由限位阀 4 进入蓄能器皮囊外腔，使皮囊受压缩而储存液压能。限位阀的作用是防止油液全部排出后气囊膨胀到容器外，气囊中的充气压力一般相当于油液最低工作压力的 $60\% \sim 70\%$。这种蓄能器的优点是：油液和气体隔离，能有效地防止气体进入油液中；橡胶囊惯性小反应速度快；与其他蓄能器相比，它的尺寸小，质量轻，安装维护方便。但皮囊和壳体制造都较难。

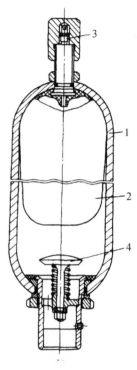

图 6-5　气囊式蓄能器
1—壳体；2—气囊；
3—充气阀；4—限位阀

6.2.2　蓄能器的功用

1. 作辅助动力源

在液压系统工作循环中，所需流量变化较大时，可采用一个蓄能器与一个较小流量的泵，在短期大流量时，由蓄能器与泵同时供油；所需流量较小时，泵将多余压力油充入蓄能器。这样可以节省能源，降低温升。

在液压系统动力源发生故障时，蓄能器可作应急能源短期使用。

2. 保压和补充泄漏

在液压系统中，当液压泵停止供油时，蓄能器可向系统提供压力油，补偿系统泄漏，使系统在一段时间内维持压力不变。

3. 缓和冲击：吸收压力脉动

蓄能器可用于吸收由于液流速度急剧变化所产生的液压冲击，使其压力幅值大大减小，以避免造成元件损坏。在液压泵出口处安装蓄能器，可吸收液压泵的脉动压力。

6.2.3　蓄能器的安装

蓄能器在液压系统中的安装位置随其功用而定，主要应注意以下几点：

① 气囊式蓄能器应垂直安装，油口向下。

② 用于吸收液压冲击和压力脉动的蓄能器应尽可能安装在振源附近。

③ 装在管路上的蓄能器须用支板或支架固定。

④ 蓄能器与液压泵之间应安装单向阀，防止液压泵停止时，蓄能器储存的压力油倒流而使泵反转；蓄能器与管路之间也应安装截止阀，供充气和检修之用。

6.3　过滤器和热交换器

6.3.1　过滤器

1. 过滤器的功用和基本要求

过滤器的功用是过滤掉油液中的杂质和沉淀物，降低液压系统中油液污染度，保证系统正常工作。因此对过滤器的基本要求如下。

① 有足够的过滤精度。

过滤精度是指过滤器能够滤过的最大球形颗粒尺寸，以直径 d（μm）作为公称尺寸，过滤精度可分为 4 级：粗过滤器（$d > 100$ μm）、普通过滤器（$d > 10$ μm）、精过滤器（$d > 5$ μm）和特精过滤器（$d > 1$ μm）。

② 有足够的过滤能力。

③ 过滤器应有一定的机械强度，不因液压力的作用而破坏。

④ 滤芯抗腐蚀性能好，并能在规定的温度下持久地工作。

⑤ 滤芯要利于清洗和更换，便于拆装和维护。

2. 过滤器的典型结构

按滤芯材料和结构形式的不同，过滤器可分为网式、线隙式、烧结式、纸芯式和磁性式等。

1）网式过滤器

如图 6-6 所示为网式过滤器的结构图。它由上盖 1、下盖 4、细钢丝网 2 和筒形骨架 3 等组成。该过滤器是用细铜丝网作为过滤材料，包在周围开有很多窗孔的塑料或金属筒形骨架上制成的。一般过滤直径为 0.08～0.18 mm 的杂质颗粒，压力损失不超过 0.01 MPa。网式过滤器结构简单，通流能力大，清洗方便，但过滤精度低。网式过滤器一般装在液压系统的吸液管路入口处，避免吸入较大的杂质，以保护液压泵。

2）线隙式过滤器

图 6-7 所示为线隙式过滤器的结构图。它由顶盖 1、壳体 2、细金属线 3 和筒形骨架 4 等组成。线隙式过滤器的滤芯是用铜或铝线缠绕在筒形骨架的外圆上制成的，利用线丝之间形成的缝隙滤除杂质。一般滤去直径为 0.03～0.1 mm 的杂质颗粒，压力损失约为 0.03～

0.06 MPa。线隙式过滤器结构简单，通流能力大，但滤芯材料强度低，不易清洗。常用于排液管路上或液压泵的吸液口处。

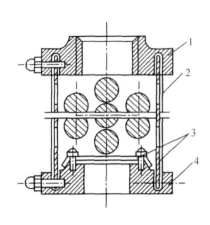

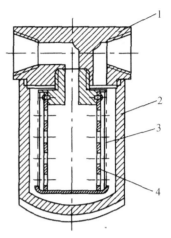

图 6-6   网式过滤器

1—上盖；2—细钢丝网；3—筒形骨架；4—下盖

图 6-7   线隙式过滤器

1—顶盖；2—壳体；3—细金属线；4—筒形骨架

3）烧结式过滤器

烧结式过滤器的滤芯是用颗粒状的青铜粉压制后烧结而成的，可做成杯状、管状、碟状和板状等，靠金属颗粒之间的间隙滤油。图 6-8 所示为烧结式过滤器的结构，油液从左侧液孔进入，经杯状滤芯过滤后，从下面油孔流出。这种过滤器能滤去直径为 0.01～0.1 mm 的杂质颗粒，压力损失约为 0.03～0.2 MPa。烧结式过滤器制造简单，过滤精度高，滤芯的强度高，抗液压冲击性能好，能在较高温度下工作，有良好的抗腐蚀性；但易堵塞，难清洗，压力损失大，使用中烧结颗粒可能会脱落。一般用于要求过滤质量较高的液压系统中（如液压绞车辅助泵排液口就使用此过滤器）。

4）纸芯式过滤器

纸芯式过滤器的滤芯是由厚度为 0.35～0.75 mm 的平纹或波纹的酚醛树脂或木浆微孔滤纸构成的，滤芯构造如图 6-9 所示。为了增大过滤面积，纸芯常制成折叠形。液体从外进入纸芯后流出，它可滤去直径为 0.01～0.02 mm 的杂质颗粒，压力损失约为 0.01～0.04 MPa。此种过滤器过滤效果好，但通流能力小，易堵塞，且堵塞后难清洗，需要经常更换纸芯。纸质过滤器广泛用于各种重要的液压回路中，如采煤机液压系统的补液回路通常都使用它。

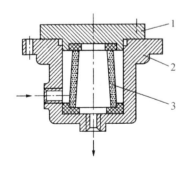

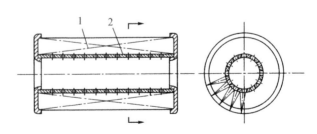

图 6-8   烧结式过滤器

1—顶盖；2—壳体；3—滤芯

图 6-9   纸芯式过滤器（滤芯）

1—纸芯；2—骨架

5）磁性式过滤器

这种过滤器的滤芯由永久磁性材料制成，用以吸附液体中的铁屑、铁粉或带磁性的磨料。磁性过滤器过滤效果好，但对其他污染物不起作用，常与其他形式的滤芯一起制成复合式过滤器，特别适用于加工钢铁件的机床液压系统。

3. 过滤器的选用及安装

1）过滤器的选用

过滤器应满足系统（或回路）的使用要求、空间要求和经济性。选用时应注意以下几点：

① 满足系统的过滤精度要求；

② 满足系统的流量要求，能在较长的时间内保持足够的通液能力；

③ 工作可靠，满足承压要求；

④ 滤芯抗腐蚀性能好，能在规定的温度下长期工作；

⑤ 滤芯清洗、更换简便。

2）过滤器的安装

过滤器在液压系统中的安装使用位置主要有以下几种。

（1）安装在吸油管路上

如图6-10所示，这种安装位置可保护液压系统中的所有元件，特别是液压泵不受杂质影响。但液压泵的吸油阻力增大，并且当过滤器堵塞时，液压泵的工作状况恶化。这种位置通常安装比较粗的过滤器。

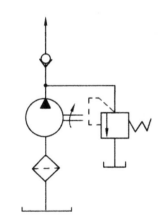

图6-10 进油口滤油

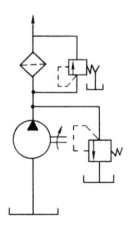

图6-11 排油口滤油

（2）安装在液压泵的排油口管路上

如图6-11所示，这种安装位置可保护除液压泵外的其他液压元件。但由于此时的过滤器在高压下工作，所以需要滤芯具有一定的强度和刚度。为避免因滤芯淤塞而使滤芯被击穿，一般在过滤器旁并联一单向阀或顺序阀作为保护，其开启压力应略低于过滤器的最大允许压差。在这个位置上通常安装的是精过滤器。

（3）安装在回油管路上

如图6-12所示，这种安装位置不能直接防止杂质进入系统各元件中，但保证流回油箱的油液是清洁的。其主要优点是它既不会在主油路造成压力降，又不承受系统的工作压力。此外，还有一些其他的安装位置，如安装在支流管路上和装在辅助液压泵的排油管路上（图 6-13）等。

过滤器安装时，应注意使液体从滤芯的外部流入，经过滤芯过滤后，从滤芯里面流出，以使杂质积存在滤芯的外面，便于清洗。此外，过滤器应安装在易于检修的位置。在使用过滤器时还应注意过滤器只能单向使用，即按规定的液流方向安装，不要将过滤器安装在液流方向变化的油路上。

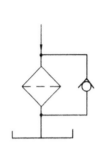

图 6-12　回油口滤油

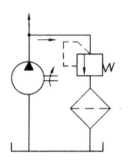

图 6-13　支路回油滤油

（4）过滤器的清洗和更换

对纸质滤芯来说不存在清洗问题，当滤芯过脏时，更换新的滤芯即可。网式和线隙式滤芯过脏时，先用溶剂脱脂，毛刷清扫，水压清洗，然后压气吹净、干燥和组装。有的也可以只是定期用机械方式清扫一次。滤芯的清洗方法可根据滤芯材料及使用状态适当选用。

6.3.2　热交换器

液压系统的工作温度一般希望保持在 30℃～50℃ 的范围内，最高不超过 70℃，最低不低于 15℃。液压系统如果依靠自然冷却仍不能使液温控制在上述范围内，就须安装冷却器；反之，若液压系统的液温过低时，就须设置加热器。冷却器和加热器统称为热交换器。

1. 冷却器

1）冷却器的作用

介质的工作温度较高时，不仅会使介质黏度降低，增加泄漏，而且能加速介质变质。当介质依靠液压箱冷却后，而液温仍超过 70℃ 时，就需采用冷却器，以降低其工作温度。

2）冷却器的类型特点

冷却器类型按冷却介质可分为风冷、水冷和氨冷等形式。按冷却器结构特点可分为风扇冷却器、蛇形管水冷却器、多管式冷却器等。煤矿机械设备多使用水冷却器。

（1）风扇冷却器

风冷是使用风扇产生的高速气流，通过散热器将液压箱的热量带走，从而降低介质温度。这种冷却方法结构简单，但冷却效果差。

（2）蛇形管水冷却器

图 6-14 所示是在液压箱内敷设蛇形管以通入循环水的蛇形管冷却器。蛇形管一般使用壁厚 1.15 mm、外径 15～25 mm 的紫铜管盘旋制成。采用这种冷却方法结构简单，散热面

积小，冷却效果一般，耗水量大。

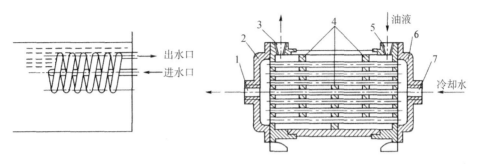

图 6-14 蛇形管水冷却器

图 6-15 多管式冷却器

1—出水口；2,6—端盖；3—出液口；4—隔板；5—进液口；7—进水口

（3）多管式冷却器

多管式冷却器如图 6-15 所示，液体从进液口 5 流入，由于隔板 4 的作用，使热的工作液体循环路线加长，最后从出液口 3 流出。冷却水从进水口 7 流入，通过多根水管后由出水口 1 流出，由水将液体中的热量带走。这种冷却器结构较复杂，但冷却效果好。

冷却器一般安装在液压系统的回液管路或低压油路上（图 6-16）。

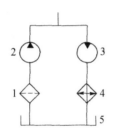

图 6-16 冷却器的安装位置

1—过滤器；2—单向泵；3—单向马达；4—冷却器；5—油箱

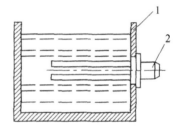

图 6-17 电加热器加热

1—液压箱；2—电加热器

2. 加热器

在严寒地区使用液压设备，开始工作时液温低，启动困难，效率也低，所以必须将油箱中的工作液体加热。对于需要液温保持稳定的液压实验设备、精密机床等液压设备要求在恒温下工作，也必须在开始工作之前，把液温提高到一定值。

加热方法如下。

① 用系统本身的液压泵加热，使其全部油液通过溢流阀或安全阀回到油箱，液压泵的驱动功率完全转化为热量，使液体升温。

② 用表面加热器加热。可以用蛇形管蒸汽加热，也可用电加热器加热。为了不使液体局部高温导致烧焦，表面加热器的表面功率密度不应大于 3 W/cm²。在油箱中设置蛇形管，用通入热水或蒸汽来加热的方法比较麻烦，效果也差，因此一般都采用电加热器加热，如图 6-17 所示。这种加热器结构简单，可根据最高和最低使用液体温度实现自动调节。电加热器的加热部分必须全部浸入液体中。最好横向水平安装在液压箱壁上，避免因蒸发使液面降

低时加热器表面露出液面。由于液体是热的不良导体，所以应注意液体的对流。加热器最好设置在液压箱回液管一侧，以便加快热量的扩散，必要时可设置搅拌装置。单个加热器的功率不宜太大，以免周围温度过高，使液体变质污染，必要时可多装几个小功率加热器。

6.4　密封装置

漏油和油液污染是液压系统时常出现的问题，密封的作用就是防止油液的泄漏（包括外部泄漏和内部泄漏）以及防止外界的脏物、灰尘和空气进入液压系统。

密封方法一般可分为两大类：接触密封和非接触密封。其中接触密封又可分为动密封和静密封。

接触密封是利用密封元件与零件的紧密接触而防止油液泄漏。动密封允许密封处有相对运动，如活塞上的密封等；静密封是指密封处无相对运动，如缸盖、泵盖和管道法兰等的接合面。

非接触密封没有专门的密封元件，它是利用相对运动零件配合表面间的微小间隙起密封作用，故又称为间隙密封。滑阀的阀芯与阀体之间、柱塞与柱塞孔之间均采用间隙密封。

常用的密封元件有 O 形密封圈、唇形密封圈及活塞环等。其中 O 形密封圈既可以用于动密封也可以用于静密封，而后两者通常用于动密封。此外，对需要静密封的场合还可以使用密封带或密封胶进行密封。

6.4.1　O 形密封圈

O 形密封圈是一种圆形断面的耐油橡胶环，如图 6-18 所示。O 形密封圈以其结构简单、体积小，密封性和自封性好，阻力小，制造使用方便等优点而被广泛使用。

O 形密封圈的工作原理如图 6-19 所示。O 形圈在密封部位安装好以后，由于 $H < d_0$（如图 6-19（b）），在密封表面与密封槽的作用下而压缩（如图 6-19（c））。当油液压力较低时，O 形圈的弹性变形力使 O 形圈与密封表面及槽底形成密封。当油液压力较高时，它被挤向一侧，并迫使 O 形圈更贴紧密封面（如图 6-19（d））。但是压力超过一定限度，O 形圈变形过大而被挤入间隙 C（如图 6-19（e）），使密封效果降低或失去密封作用。所以当压力大于 10 MPa（对动密封）或当压力大于 32 MPa（对静密封）时要加挡圈。单向受压时，在非受压侧加一挡圈（如图 6-19（f））；双向受压时，在其两侧各加一个挡圈（如图 6-19（g））。

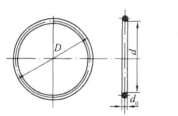

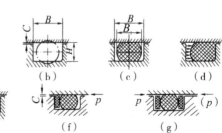

图 6-18　O 形密封圈　　　　　图 6-19　O 形密封圈的工作原理

6.4.2 唇形密封圈

唇形密封圈都具有一对与密封面接触的唇边，且唇口应向着压力高的一边，以使唇边张开增强密封性（如图 6-20 (a)）。当油液压力较低时，唇边在安装时的预压缩起密封作用；当油压较高时，油压作用在唇口上，将唇边贴紧在密封面上，起到增强密封的作用，而且压力越高贴得越紧。

这类密封圈一般都用于动密封，特别是往复运动的密封。

唇形密封圈按其断面形状可分为 Y 形、小 Y 形、U 形、V 形、L 形、J 形、鼓形和蕾形等多种类型。图 6-20 是常见唇形密封圈的断面形状。

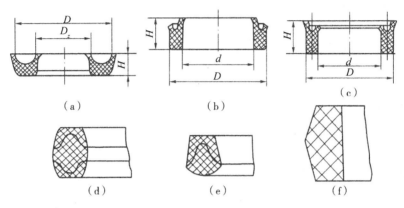

（a）　　　　　　　（b）　　　　　　　（c）

（d）　　　　　　　（e）　　　　　　　（f）

图 6-20 唇形密封圈的类型

6.4.3 其他密封装置及密封材料

活塞环也叫胀圈，是利用矩形断面金属环弹性变形的胀力压紧密封表面而实现密封的。它的特点是寿命长、阻力小、耐高温、允许较高的相对速度，但由于活塞环是有切口的，所以一个活塞上至少要安装两个，且应切口错开。

防尘圈用以刮除活塞杆上的尘土等污物，以防进入液压系统。图 6-21 为常见的一种防尘圈。

密封带适用于各种液体、气体管路的螺纹接头处的密封。其特点是操作简便，密封效果好，安装拆卸方便。使用时只要先清除螺纹部分的杂物，将密封带在螺纹部分紧紧地缠绕一两圈，然后把缠上密封带的螺纹拧在接头上即可。这种密封带是由聚四氟乙烯材料制作的，具有较好的耐油性和耐化学性，能在 $-100℃\sim+250℃$ 的范围内使用。

密封胶是一种较新的密封材料。它在干燥固化前具有流动性，可容易地充满两结合面之间的缝隙，其密封效果较好。目前密封胶在机械产品中已得到越来越广泛的应用。按其密封原理和化学成分可把密封胶分为液态密封胶和厌氧密封胶两大类。前者在一定的外加紧固力下起密封作用；而后者的密封

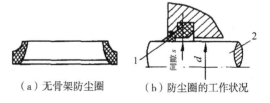

（a）无骨架防尘圈　　　（b）防尘圈的工作状况

图 6-21 防尘圈
1—防尘圈；2—活塞杆

效果不取决于紧固力，只取决于胶液固化后的内聚力，固化后把两密封结合面胶接在一起而起到密封的作用。

思 考 题

1. 为什么说辅助液压元件对系统的正常工作有着十分重要的影响？举例说明。
2. 密封装置的作用是什么？
3. 什么是间隙密封和接触密封？
4. O 形密封圈是如何工作的？
5. 活塞环是如何实现密封的？
6. 油箱在液压系统中的作用是什么？
7. 何谓油箱的有效容积？油箱的有效容积应如何确定？
8. 试说出液压系统中常用几种油管的特点。
9. 高压软管的结构是怎样的？其耐压能力与油管直径有何关系？
10. 油管和管接头有哪些类型？各适用于什么场合？
11. 过滤器的作用是什么？试画出其图形符号。
12. 常用的过滤器有哪几种类型？分别有什么特点？
13. 过滤器的常用安装位置有哪些？
14. 选用过滤器应考虑哪些要求？
15. 何谓过滤器的过滤精度？
16. 蓄能器在液压系统中的作用是什么？
17. 试述气囊蓄能器的工作原理，并画出其图形符号。
18. 为什么有的系统需要安装冷却器？油温过高有何害处？
19. 加热器的作用是什么？

第7章

液压基本回路

任何一个具体的液压系统，尽管所能实现的作用、性能和工况各不相同，但它们都是由一个或几个主回路和一些基本回路组成，构成这些系统的许多回路都有着相同的工作原理、工作特性和作用。因此，熟悉和掌握这些回路的特点，对熟练地分析液压系统是十分有用的。

7.1 液压回路与系统的基本形式

现代矿山工程机械设备的液压系统都比较复杂，但它们都可分解成若干基本回路，而且同一功能的回路可以有不同的组合方式。所以，灵活运用各种液压元件的作用、工作原理、性能以及组合成回路的功能，是掌握液压系统的基础。

7.1.1 液压基本回路

液压系统是由若干液压回路组成的。液压回路是指系统中由一些液压元件组成的并能完成某种特定控制功能的某一部分。

液压回路根据其作用的不同又可分为主回路、控制回路和其他各种形式的基本回路。

液压泵和液动机所组成的回路是液压系统的主体，称为主回路。

控制回路可根据功能的不同分为压力控制、速度控制、方向控制和其他控制回路。而每一类控制回路又包括若干具体功能的回路，例如，压力控制回路中的调压回路、卸荷回路、减压回路；速度控制回路中的节流调速回路、容积调速回路、快速运动回路；方向控制回路中的换向回路、锁紧回路等。本章将对一些相关的回路进行分析讨论。

7.1.2 液压系统的基本形式

液压系统通常根据主回路进行分类。按照执行元件的类型，将液压系统分为泵—缸系统和泵—马达系统；按照泵和执行元件的数量和组合方式，将液压系统分为单泵—单执行元件、单泵—多执行元件和多泵系统；按照工作液体在主回路中的循环方式，将液压系统分为开式和闭式系统。

1. 开式循环系统

液压泵从油箱吸油，液动机向油箱回油，即主回路不封闭的系统称为开式系统。图 7-1 所示为一最简单的液压泵—液压缸开式循环系统。电动机驱动的液压泵从油箱吸油，液压泵排出的压力油液通过三位四通换向阀进入液压缸一端的腔中，并推动活塞运动；液压缸另一腔中的低压油则经换向阀再流回油箱。液压泵排油口处的溢流阀用来稳定系统的工作压力并防止系统超载。

从上例可看出，开式循环系统有如下特点：液压泵从油箱吸油，而液压缸（或液压马达）的回油则是直接返回油箱的；执行元件的开、停和换向由换向阀控制。除此以外，开式循环系统还具有系统简单、油液散热条件好等优点。但开式循环系统所需油箱的容积较大，系统比较松散；而且油液与空气长期接触，空气容易混入。

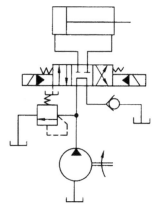

图 7-1 开式循环系统

开式循环系统多用于泵—缸系统，如各种机床和压力机的液压系统。也可用于泵—马达系统（如液压安全绞车）。

2. 闭式循环系统

图 7-2 所示为闭式循环系统。变量液压泵 1 排出的压力油直接进入液压马达 3，液压马达的回油又直接返回泵的吸油口，这样工作油液在液压泵和液压马达之间不断循环流动。为了补偿因泄漏造成的容积损失，闭式循环系统必须设置辅助液压泵 4，负责向主液压泵供油，同时置换部分已发热的油液，降低系统的温度。图中溢流阀 5 用来调节补油泵 4 的压力。

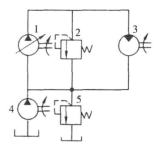

图 7-2 闭式循环系统

与开式循环系统相比，闭式循环系统有下列特点：系统结构复杂，油液的散热条件差，但油箱容积小，系统比较紧凑，系统的封闭性能好。因为回油路也具有一定的压力（背压）。所以空气和灰尘很难侵入工作液体，这样就大大地延长了液压元件和油液的使用寿命。此外，在闭式循环系统中，液压马达的转速和转向的调节一般是用双向变量泵来控制的。

闭式循环系统常用于大功率传动的行走机械中，如采煤机的液压牵引系统和其他许多工程机械的液压系统。

3. 单泵多执行元件系统

在单泵多执行元件系统中，按照执行元件与液压泵的连接关系不同，可分为并联回路、串联回路和串并联回路等三种主回路形式。

1）并联回路

液压泵排出的压力油同时进入两个以上的执行元件，而它们的回油共同流回油箱，这种回路称为并联回路，如图 7-3（a）所示。这种回路的特点是各执行元件中的油液压力均相等，都等于液压泵的调定压力；而流量可以不相等，但其流量之和应等于泵的输出流量。另一特点是各执行元件可单独操作，而且互相影响小。

并联回路中常常采用多路阀操纵各执行元件的动作。

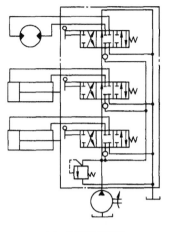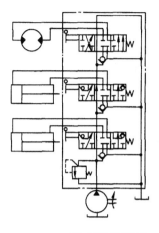

（a）并联控制回路　　　　　　　　　（b）串联控制回路

图 7-3　串联、并联回路

2）串联回路

液压泵排出的压力油进入第一个执行元件，而此元件的回油又作为下一个执行元件的进油，这种连接的油路称串联回路，如图 7-3（b）所示。串联回路的特点是：进入各执行元件的流量相等，各执行元件的压力之和等于液压泵的工作压力。

3）串、并联回路

系统中执行元件有的串联，有的并联的回路称为串、并联回路。这种回路兼有串联回路和并联回路的特点，读者可根据各回路的特点对串并联回路进行分析。

7.2　压力控制回路

压力控制回路的作用是利用各种压力控制阀来控制油液压力，以满足执行元件（液压缸和液压马达）对力或转矩的要求，或达到减压、增压、卸荷、顺序动作和保压等目的。压力控制回路的类型很多，这里只介绍三种比较常见的压力控制回路，即调压回路、减压回路和卸荷回路。

7.2.1　调压回路

图 5-17 是液压系统中常见的一种溢流阀调压回路，它通过调整溢流阀的开启压力，来控制系统压力保持定值。在这种回路中溢流阀 4 处于常开状态，节流阀 2 控制着液压缸的运动速度，随着液压缸速度的不同，溢流阀的溢流量时大时小，但系统压力基本保持恒定。

7.2.2　减压回路

在单泵液压系统中，可以利用减压阀来满足不同执行元件或控制油路对压力的不同要求。这样构成的回路叫减压回路。

图 5-24 所示的机床工件夹紧回路就是一种减压回路。在煤矿机械中也常可以见到类似

的减压回路。采煤机液压紧链装置中就使用了减压阀，借减压阀将乳化液泵站的高压乳化液变为一定压力的工作液体后再进入紧链液压缸。

7.2.3　卸荷回路

卸荷回路是指当液压系统的执行元件停止运动以后，液压泵在功率损耗接近于零的情况下以很低的压力（或零压）运转的一种回路。这种回路可使功率消耗降低，减少液压泵的磨损和系统发热。以下介绍两种常见的卸荷回路。

1. 采用换向阀的卸荷回路

图7-1所示为采用M型滑阀机能换向阀的液压泵卸荷回路。从图中可清楚地看出，当换向阀处于中位时，液压泵排出的油经换向阀直接返回油箱，达到液压泵卸荷的目的。采用H型或K型滑阀机能的换向阀也可以使液压泵卸荷。这种换向阀卸荷的方法比较简单。

2. 采用蓄能器保压并使液压泵卸荷的回路

如果在液压泵卸荷的同时，又要求系统仍保持高压，便可采用此种回路。如图7-4所示，液压泵1输出的油液经单向阀2同时进入系统和蓄能器4。当执行元件（液压缸或液压马达）停止运动时，系统压力升高，使压力继电器3动作而发出电信号，该信号使电磁阀7通电换位，于是溢流阀8开启，溢流阀起卸荷作用，液压泵输出的油液经溢流阀以低压扳回油箱液压泵卸荷。这时蓄能器使系统继续保持高压并补偿系统的泄漏。当蓄能器中的压力过低时，继电器发出信号，使电磁阀断电复位，溢流阀关闭，液压泵再向系统提供压力油。

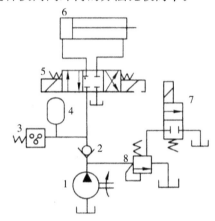

图7-4　蓄能器保压卸荷回路

7.3　速度控制回路

液压传动系统中的速度控制回路类型包括：可调节液压执行元件运动速度的调速回路，使执行元件获得快速运动的快速回路以及可实现快速与工作进给速度和两种工作进给速度之间转换的速度换接回路。

7.3.1　调速回路

调速的作用是为了满足液压执行元件对工作速度的要求。在不考虑液压油压缩性和泄漏的情况下，液压缸的运动速度为

$$v = \frac{q}{A} \qquad (7-1)$$

液压马达的转速为

$$n=\frac{q}{V_{\mathrm{M}}} \tag{7-2}$$

式中：q——输入液压执行元件的流量；

　　A——液压缸的有效面积；

　　V_{M}——液压马达的排量。

由以上两式可知，改变输入液压执行元件的流量 q 或改变液压缸的有效面积 A（或液压马达的排量 V_{M}）均可以达到改变速度的目的。但改变液压缸工作面积的方法在实际中是不现实的，因此，只能用改变进入液压执行元件的流量或用改变变量液压马达排量的方法来调速。为了改变进入液压执行元件的流量，可采用变量液压泵来供油，也可采用定量泵和流量控制阀，来改变通过流量阀的流量。用定量泵和流量阀来调速时，称为节流调速；用改变变量泵或变量液压马达的排量调速时，称为容积调速；用变量泵和流量阀来达到调速目的时，则称为容积节流调速。

1. 节流调速回路

节流调速回路的工作原理是通过改变回路中流量控制元件（节流阀和调速阀）通流截面积的大小来控制流人执行元件或自执行元件流出的流量，以调节其运动速度。根据流量阀在回路中的位置不同，分为进油节流调速、回油节流调速和旁路节流调速三种回路，如图7-5所示。前两种调速回路由于在工作中回路的供油压力不随负载变化而变化又被称为定压式节流调速回路；而旁路节流调速回路由于回路的供油压力随负载的变化而变化又被称为变压式节流调速回路。

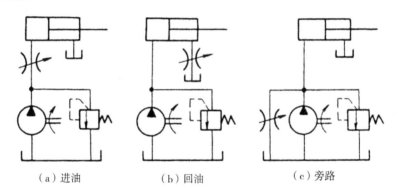

（a）进油　　　　　　（b）回油　　　　　　（c）旁路

图7-5　节流调速回路

1）进油节流调速回路

如图7-5（a）所示，节流阀串联在液压缸的进液路上，改变节流阀的通流面积，可调节进入液压缸的流量，从而改变其运动速度，定量泵多余的流量从溢流阀返回油箱。

工作过程中，溢流阀处于常开状态，所以泵的出口压力（即节流阀的进口压力）由溢流阀调定而不变，液压缸的回液压力近似为零，其工作腔（进液腔）的压力取决于负载大小，即节流阀前后的压力差取决于负载大小，根据节流阀的流量特性可知，在通流面积一定时，节流阀的流量将随负载的变化而改变，使液压缸的速度不稳定。

2）回油节流调速回路

如图7-5（b）所示，节流阀串联在液压缸的回液路上，利用节流阀调节液压缸的回液量，从而使液压缸的输入流量受到控制，以改变运动速度，定量泵的多余流量从溢流阀返回油箱。

泵的出口压力（即液压缸的进口压力）由溢流阀调定而不变。

液压缸稳定运动时，作用在活塞上的力的平衡方程式为

$$p_1 A_1 = p_2 A_2 + F$$

即

$$p_2 = \frac{A_1}{A_2} p_1 - \frac{F}{A_2} \qquad (7-3)$$

式中：p_1、p_2——液压缸的进、出口压力；

A_1、A_2——液压缸无杆腔和有杆腔的有效作用面积；

F——外负载。

由式（7-3）可知，液压缸回液压力 p_2 取决于负载 F。当 F 增大时，p_2 将减小；F 减小时，p_2 将增大。由此可知，节流阀前后的压力差（$\Delta p = p_2$）也随负载而变，使回液量变化，造成液压缸的运动速度不稳定。由于回液有背压，所以平稳性要比进口节流调速好。掘进机工作机构的升降速度通常就是由回油路节流调速回路控制的。

3）旁路节流调速回路

如图 7-5（c）所示，节流阀安装在与定量泵并联的支路上，泵的一部分流量经节流阀返回油箱。溢流阀起安全保护作用，处于常闭状态。利用节流阀仍可调节液压缸的速度。

泵的出口压力随负载而变，在能量利用上较为合理，但负载对运动速度的影响较前两种调速回路大，特别是在低速时，工作很不稳定，故调速范围小。

在节流调速系统中，液压泵的流量和压力通常按执行元件的最大速度和最大负载来选用。这样，当系统在低速、轻载下工作时，大量多余的油液从溢流阀流回油箱，白白消耗能量，使油温升高，这是节流调速的一大缺点。另外，使用节流阀调速都存在速度随负载变化的问题，严重影响工作机构运动的平稳性，为使速度稳定，可使用调速阀代替节流阀。

节流调速系统具有系统简单等优点，但由于存在着很大的溢流损失和节流损失，造成油温上升，故不适用于大功率的系统。

2. 容积调速回路

容积调速回路是通过改变液压泵或液压马达的排量来实现调速的回路。这种调速方法由于没有节流和溢流损失，因而效率高，适用于传递功率较大的矿山和工程机械。根据所采用的液压泵和液压马达的不同，容积式调速回路有三种基本形式，即变量泵—定量马达（液压缸）调速回路、定量泵—变量马达调速回路和变量泵—变量马达调速回路。

1）变量泵—定量马达（液压缸）调速回路

如图 7-6 所示为不同执行元件的变量泵系统。通过改变变量泵的排量 V（即改变液压泵的流量 q），便可以改变液压缸 3 如图 7-6（a）或液压马达 3 如图 7-6（b）的速度。溢流阀在系统中起安全保护作用。这种调速回路有下列特性：

① 若不计容积损失（液压泵的流量全部进入执行元件），则液压缸活塞的速度 v 和液压马达的转速 n_M 分别为

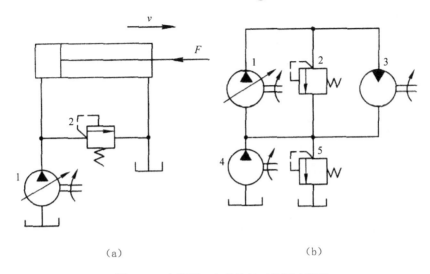

（a） （b）

图 7-6　变量泵—定量执行元件调速回路

$$v = \frac{q}{A} = \frac{nV}{A}$$

$$n_M = \frac{q}{V_M} = \frac{nV}{V_M}$$

式中：q——液压泵流量；

n——液压泵转速；

V——液压泵排量；

A——活塞有效面积；

V_M——马达排量。

由于液压泵的转速 n、活塞有效面积 A 和马达排量 V_M 在工作中都是不变的，因此，液压缸和液压马达的速度与液压泵排量 V 成正比。它们的最大速度仅取决于变量泵的最大排量；最小速度则取决于变量泵的最小排量和马达的低速稳定性能。通常，这种容积调速回路的马达调速范围（n_{Mmax}/n_{Mmin}）比较大，可达 40 左右。

② 当由安全阀确定的变量泵的最高工作压力为 p_B 时，液压缸能产生的最大推力 F_{max} 和液压马达能产生的最大转矩 T_{max} 分别为

$$F_{max} = p_B A$$

$$T_{max} = \frac{p_B V_M}{2\pi}$$

从公式中可知：不论它们的速度如何，它们各自的最大推力和最大转矩是不变的，故又称这种调速为恒推力和恒转矩调速。

③ 设系统的总效率为 1（即不计容积损失、压力损失和机械损失），则执行元件的功率就等于液压泵的输出功率（$P = pq = pnV$）。当负载一定时（即工作压力 p 为常数），执行元件的输出功率只随液压泵流量（即排量）而改变，并且呈线性关系。图 7-7 是液压马达（或液压缸）输出功率、速度及转矩（或推力）与液压泵排量的关系曲线。

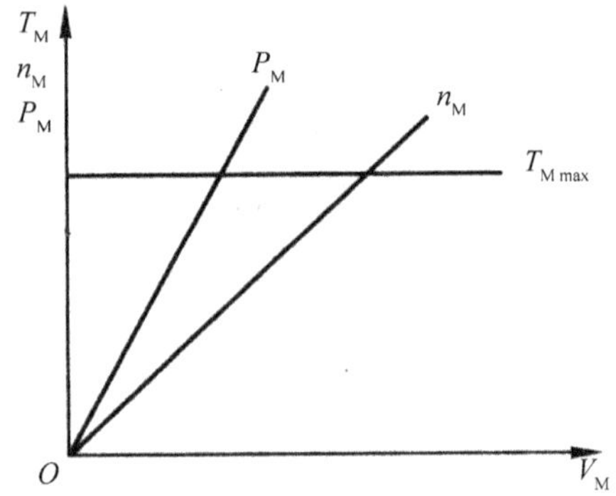

图 7-7　变量泵－定量马达调速特性曲线

2）定量泵—变量马达调速回路

这种调速回路如图 7-8 所示。定量主泵 1 的流量 q 不变，而马达 3 的排量 V_M 可以改变。安全阀 2 限定系统的最高工作压力。这种调速回路的调速特性如下。

① 由马达转速公式可知，液压马达的转速与马达的排量之间成反比关系。减小排量可使马达的转速提高；反之，则能降低马达转速。马达最大和最小排量分别决定了马达的最小和最大转速。

② 由于马达的转矩 T 与其排量 V_M 成正比，因此，对马达的最小排量要有所限制，否则会因转矩过小而拖不动负载。这也就限制了马达的最高转速，所以这种调速回路的调速范围较小，一般只有 3～4。

③ 在这种调速回路中，由于液压泵的流量 q 不变，液压泵的最高压力 p_B 不变（由安全阀调定），所以液压泵的输出功率（$P = p_B q$）也不变。若不计系统的总效率，则此功率就等于马达的输出功率且与马达的转速（排量）无关。可见马达在整个转速范围内所输出的最大功率是定值，故又称这种调速为恒功率调速。其调速回路的特性曲线如图 7-9 所示。

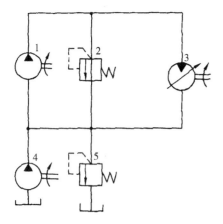

图 7-8　定量泵—变量马达调速回路

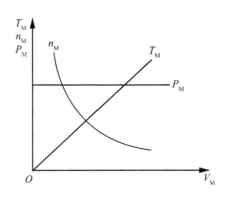

图 7-9　定量泵—变量马达调速回路特性曲线

④ 这种调速回路若要改变马达的转向，不允许马达变量机构经过零位。因为在零位时，从理论上讲马达的转速将会无限增加，而马达的转矩则等于零。因此，这种调速回路一般须用换向阀实现马达换向。

3）交量泵—变量马达调速回路

图 7-10 所示的调速系统不仅液压泵可以变量，液压马达的排量也可以改变。这就扩大了马达的调速范围。许多工作机构往往在低速时要求有较大的转矩，在高速时要求转矩较

小，这种调速回路就能满足上述要求。其调速可分为两个阶段：从低速向高速调节时，先将马达的排量调定到最大值，使马达具有较大的启动力矩。然后增大液压泵的排量，使马达转速可由零增加到 n_0（液压泵排量达最大值时的马达转速）。如果想进一步提高转速，可通过逐渐减小马达的排量来实现。这样，其调速范围就比前两种调速回路的调速范围要大，通常可达 100 左右。实际上这种调速方法就是前两种容积调速方法的组合：第一阶段的调速过程，就是变量泵—定量马达系统的调速过程，是恒转矩阶段；第二阶段的调速过程就是定量泵—变量马达系统的调速过程，是恒功率阶段。图 7-11 为变量泵—变量马达调速回路的特性曲线。同样需要指出的是，这种系统马达换向也只能借变量泵来实现。

以上三种容积调速回路中，第一种调速回路，即变量泵—定量马达调速回路，应用最为广泛。采煤机牵引部大都采用这种调速回路。

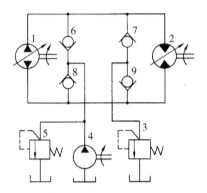

图 7-10　变量泵—变量马达调速回路
1—主泵；2—马达；3—安全阀；4—补油泵；
5—溢流阀；6，7，8，10—单向阀

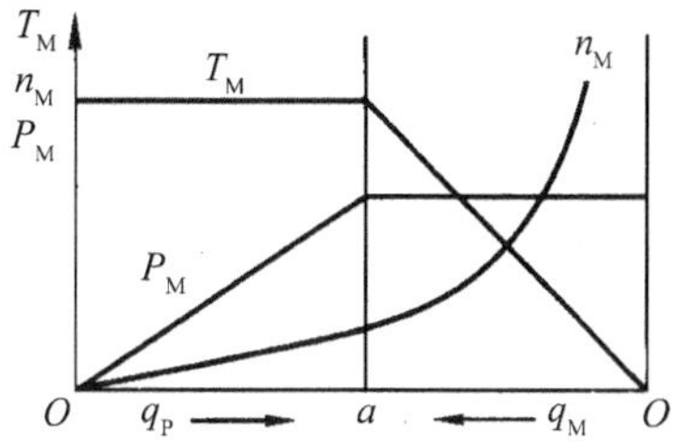

图 7-11　变量泵—变量马达调速特性曲线

7.3.2　快速运动回路（增速回路）

为了提高生产率，设备的空行程运动一般需作快速运动。常见的快速运动回路有以下三种。

1. 液压缸差动连接的快速运动回路

图 7-12 为采用单杆活塞缸差动连接实现快速运动的回路。当只有电磁铁 1YA 通电时，换向阀 3 左位工作，压力液可进入液压缸的左腔，同时，经阀 4 的左位与液压缸右腔连通，因活塞左端受力面积大，故活塞差动快速右移。此时，若 3YA 电磁铁通电，阀 4 换为右位，则压力液只能进入缸左腔，缸右腔液体经阀 4 右位、调速阀 5 回油，实现活塞慢速运动。当 2YA、3YA 同时通电时，压力液经阀 3 右位、单向阀 6、阀 4 右位进入缸右腔，缸左腔回液，活塞左移。这种快速回路简单、经济，但快、慢速的转换不够平稳。

2. 双泵供油的快速运动回路

图 7-13 为双泵供液的快速运动回路。液压泵 1 为高

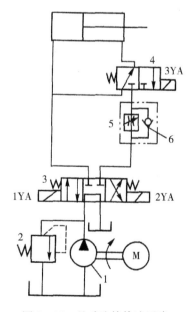

图 7-12　差动连接快速回路
1—泵；2—溢流阀；3，4—电磁换向阀；
5—调速阀；6—单向阀

压小流量泵，其流量应略大于最大工进速度所需要的流量，其工作压力由溢流阀 5 调定。泵 2 为低压大流量泵（两泵的流量也可相等），其流量与泵 1 流量之和应等于液压系统快速运动所需要的流量，其工作压力应低于液控顺序阀 3 的调定压力，阀 3 关闭，泵 2 输出的液体经单向阀 4 与泵 1 输出的液体汇集在一起进入液压缸，从而实现快速运动。当系统工作进给承受负载时，系统压力升高至大于阀 3 的调定压力，阀 3 打开，单向阀 4 关闭，泵 2 的液流经阀 3 流回液压箱，泵 2 处于卸荷状态。此时系统仅由小泵 1 供液，实现慢速工作进给，其工作压力由阀 5 调节。

这种快速回路功率利用合理，效率较高，缺点是回路较复杂，成本较高。常用在快慢速差值较大的组合机床、注塑机等设备的液压系统中。

3. 采用蓄能器的快速运动回路

图 7-14 为采用蓄能器 4 与液压泵 1 协同工作实现快速运动的回路。它适用于在短时间内需要大流量的液压系统中。当换向阀 5 处于中位，液压缸不工作时，液压泵 1 经单向阀 2 向蓄能器 4 充液。当蓄能器内的液压达到液控顺序阀 3 的调定压力时，阀 3 被打开，使液压泵卸荷。当换向阀 5 处于左位或右位，液压缸工作时，液压泵 1 和蓄能器 4 同时向液压缸供液，使其实现快速运动。这种快速回路可用较小流量的泵获得较高的运动速度。其缺点是蓄能器充液时，液压缸须停止工作，在时间上有些浪费。

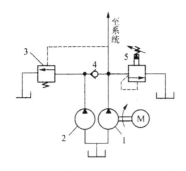

图 7-13　双泵供液的快速运动回路

1，2—双联泵；3—卸荷阀（液控顺序阀）；
4—单向阀；5—溢流阀

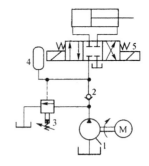

图 7-14　采用蓄能器的快速运动回路

1—泵；2—单向阀；3—液控顺序阀；
4—蓄能器；5—换向阀

7.3.3　速度转换回路

机械设备工作部件在实现自动工作循环过程中，往往需要进行速度的转换。例如，快速转变为慢速工作，或两种慢速之间的转换等。这种实现速度转换的回路，应能保证速度的转换平稳、可靠，不出现前冲现象。

1. 快慢速转换回路

1）用电磁换向阀的快慢速转换回路

图 7-15 是利用二位二通电磁阀与调速阀并联实现快、慢速转换的回路。当图中电磁铁 1YA、3YA 同时通电时，压力液经阀 3 左位、阀 4 左位进入液压缸左腔，缸右腔回液，工作部件实现快进；当运动部件上的挡铁碰到行程开关使 3YA 电磁铁断电时，阀 4 液路断开，调速阀 5 接入液路。压力液经阀 3 左位后，经调速阀 5 进入缸左腔，缸右腔回液，工作部件以阀 5 调节的速度实现工作进给。

这种速度转换回路，速度换接快，行程调节比较灵活，电磁阀可安装在液压站的阀板上，便于实现自动控制，应用很广泛。其缺点是平稳性较差。

2）用行程阀的快慢速转换回路

图7-16是用单向行程调速阀进行快慢速转换的回路。当电磁铁1YA断电时，压力液经阀3右位进入液压缸左腔，缸右腔液经行程阀5回液，工作部件实现快速运动。当工作部件上的挡铁压下行程阀时，其回液路被切断，缸右腔工作液只能经调速阀6流回液压箱，从而转变为慢速运动。

这种回路中行程阀的阀口是逐渐关闭（或开启）的，速度的换接比较平稳，比采用电气元件动作更可靠。其缺点是，行程阀必须安装在运动部件附近，有时管路接得很长，压力损失较大。因此多用于大批量生产用的专用液压系统中。

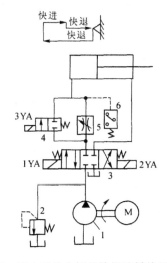
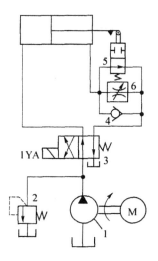

图7-15　用电磁换向阀的快慢速转换回路
1—泵；2—溢流阀；3，4—电磁换向阀；
5—调速阀；6—压力继电器

图7-16　用行程阀的快慢速转换回路
1—泵；2—溢流阀；3—换向阀；4—单向阀；
5—行程阀；6—调速阀

2. 两种慢速的转换回路

1）两调速阀串联的慢速转换回路

图7-17为由调速阀3、4串联组成的慢速转换回路。当电磁铁1YA通电时，压力液经阀2左位、调速阀3和阀5左位进入液压缸左腔，缸右腔回液，运动部件得到由阀3调节的第一种慢速运动。当电磁铁1YA、3YA同时通电时，压力液须经阀2左位后，经调速阀3、4进入液压缸左腔，缸右腔回液。由于调速阀4的开口比调速阀3的开口小，因而运动部件得到由阀调节的第二种更慢的运动速度，实现快慢的转换。

在这种回路中，调速阀4的开口必须比调速阀3的开口小，否则调速阀4将不起作用。这种回路常用于组合机床中实现二次进给的液路中。

2）两调速阀并联的慢速转换回路

如图7-18（a）是由调速阀4、5并联的慢速转换回路。当电磁铁1YA通电时，压力油经阀3左位后，经调速阀4进入液压缸左腔，缸右腔回液，工作部件得到由阀4调节的第一种慢速，这时阀5不起作用；当电磁铁1YA、3YA同时通电时，压力油液经阀3左位后，经调速阀 5 进入液压缸左腔，缸右腔回液，工作部件得到由阀 5 调节的第二种慢速运动，这时阀 4 不起作用。

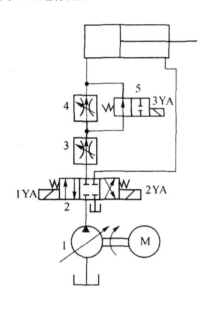

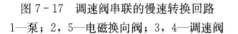

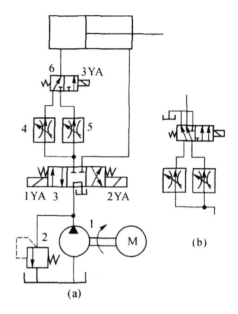

图 7-17　调速阀串联的慢速转换回路　　　图 7-18　调速阀并联的慢速转换回路

1—泵；2，5—电磁换向阀；3，4—调速阀　　1—泵；2—溢流阀；3，6—换向阀；4，5—调速阀

　　这种回路当一个调速阀工作时，另一个调速阀液路被封死，其减压阀口全开。当电磁换向阀换位，其出液口与液路接通的瞬时，压力突然减小，减压阀口来不及关小，瞬时流量增加，会使工作部件出现前冲现象。

　　如果将二位三通换向阀换成二位五通换向阀，并按图 7-18（b）所示接法连接。当其中一个调速阀工作时，另一个调速阀仍有液体流过，且它的阀口前后保持一定的压差，其内部减压阀开口较小，换向阀换位使其接入液路工作时，出口压力不会突然减小，因而可克服工作部件的前冲现象，使速度换接平稳。但这种回路有一定的能量损失。

7.4　方向控制回路

　　方向控制回路的作用是控制液压系统中液流的通、断及流向，以实现液压马达或液压缸的启动、停止和换向。

7.4.1　换向回路

　　开式系统通常用换向阀来进行换向，图 7-1 所示为采用电磁换向阀的换向回路，系统中执行元件的动作由操作人员直接操纵该阀来控制。

　　闭式系统常使用双向变量泵（如斜盘泵、斜轴泵等）使执行元件换向，如图 7-10 所示。换向时，只要交换液压泵的进出油口，即原进油口变为排油口，而原排油口变为进油口，就可使执行元件换向。大部分采煤机液压牵引的换向，都是使用双向变量泵实现的。

7.4.2 定向回路

定向回路又称整流回路，在这种回路中，液压泵（如齿轮泵）不论转向如何，都能保证回路吸油管路永为吸油管路，而排油管路也永为排油管路。定向回路常用于辅助补油回路中，电动机转向改变时，也不会影响其向主回路补油。

图 7-19 为一定向回路。图中假设液压泵的上端为吸油口，下端为排油口，则油箱中的油液将经过单向阀 1 而吸入液压泵，液压泵排出的压力油只能推开单向阀 3 进入主系统。当电动机的转向改变时，液压泵（如齿轮泵）的进出油口互换。此时，油箱中的油液经单向阀 2 而吸入液压泵，液压泵排出的压力油则推开单向阀 4 进入主系统。这就保证了无论液压泵的吸排油口怎样变换，此油路都能向主系统正常补油。

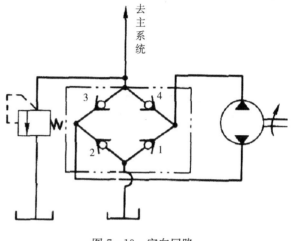

图 7-19 定向回路

思 考 题

1. 什么叫主回路？开式回路和闭式回路各有什么特点？
2. 节流调速有几种基本形式？为什么说节流调速不适合于传递大功率的系统？
3. 容积调速有何优点？试分析三种基本容积调速回路的特性。
4. 换向阀锁紧回路中，换向阀可采用哪几种形式的滑阀机能？
5. 定向回路是如何保证进出油口不变的？
6. 调压回路的作用是什么？
7. 在液压系统中，当工作部件停止运动以后，使泵卸荷有什么好处？举例说明几种常用的卸荷方法。
8. 减压回路通常使用在什么场合？
9. 如何调节执行元件的运动速度？常用的调速方法有哪些？
10. 在液压系统中为什么要设快速运动回路？执行元件实现快速运动的方法有哪些？
11. 图 7-20 中各缸完全相同，负载 $F_A > F_B$。已知节流阀能调节缸速并不计压力损失。试判断图 7-20（a）和图 7-20（b）中，哪一个缸先动？哪一个缸速度快？说明原因。

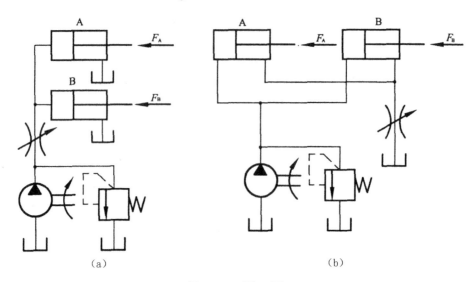

(a)   (b)

图 7-20   题 11 图

12. 如图 7-21 所示回路中，活塞在其往返运动中受到的阻力 F 大小相等，方向与运动方向相反，试比较：

① 活塞向左和向右的运动速度哪个大？

② 活塞向左和向右运动时的速度刚性哪个大？

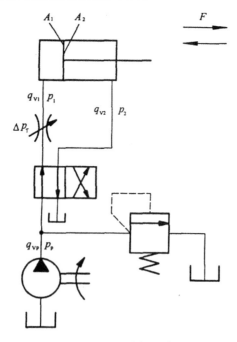

图 7-21   题 12 图

第8章

液压系统的使用维护

液压传动系统的正确使用和维护，是保证采掘机械设备正常工作的重要环节。正确的使用维护包括：正确的使用、必要的维护保养、对故障的分析处理以及定期维修等。

8.1 液压系统的操作和维护

在生产中使用的液压设备，必须建立有关使用和维护方面的制度，以保证液压系统正常的工作。

8.1.1 液压系统使用注意事项

① 操作者必须熟悉液压元件控制机构的操作要领，熟悉各液压元件所需控制的相应的执行元件和调节旋钮的转动方向与压力、流量大小变化的关系等，严格防止调节错误造成事故。

② 工作中应随时注意油位高度和温升，一般油液的工作温度在30℃～60℃较合理，最高不超过60℃，异常升温时，应停车检查。

③ 经常保持液压油清洁，加油和补油时要经过过滤，油箱面应密封，设立空气滤清器与油箱液面相通。

④ 使用中应注意滤油器的工作情况，滤芯应定期清理或更换。

⑤ 液压油要定期检查和更换，对于新使用的液压设备，使用3个月左右即应清洗油箱，更换新油。以后应按设备说明书的要求每隔半年或一年进行清洗和换油一次。在高温、高湿、高粉尘地方连续运转工作的，需要缩短换油周期。

⑥ 设备若长期不用，应将各调节旋钮全部放松，防止弹簧产生永久变形而影响元件的性能。

8.1.2 液压设备的维护保养

为了使液压设备长期保持要求的工作精度和避免某些重大故障的发生，经常性的维护保养是十分重要的。

① 日常检查。日常检查是减少液压系统故障最重要的环节，主要是操作者在使用中经常通过目视、耳听及手触等比较简单的方法，在泵启动前、启动后和停止运转前检查油量、

油温、油质、压力、泄漏、噪声、振动等情况。出现不正常现象应停机检查原因，及时排除。对重要的设备应填写"日检修卡片"。

② 定期检查。为保证液压系统正常工作提高其寿命与可靠性，必须进行定期检查，以便早日发现潜在故障，及时地进行修复或排除。

定期检查的内容包括，调查日常检查中发现而又未及时排除的异常现象，潜在的故障预兆，并查明原因给予排除。对规定必须定期维修的基础部件，应认真检查加以保养，对需要维修的部位，必要时分解检修。定期检查的时间一般与滤油器检修间隔时间相同，约 3 个月。

③ 综合检查。综合检查大约每年一次，其主要内容是检查液压装置的各元件和部件，判断其性能和寿命，并对产生故障进行检修或更换元件。

8.2　液压系统和元件的检修

液压传动系统的元件加工精度高，装配要求严，液压系统的工作油液要求干净。因此对系统和元件的检修，均要求在专门的清洁场所进行，对于在煤矿井下特别是在工作面，是绝对不允许就地检修的。

在检修过程中的拆装顺序和修理工艺须严格按规定进行，对任何环节的疏忽，都可能给元件或系统带来事故隐患。按照检修顺序，应遵守以下各条规定。

8.2.1　拆卸

① 拆卸管道必须事先标记好顺序，以免装配时混淆；拆卸时，应当先卸掉管内压力，以免油液喷溅；卸下的管道先用清洗油液清洗，然后在空气中风干，并将管口用洁净绸布或塑料布包扎或者用干净塞堵好，以防止异物进入。

② 拆卸的元件或辅件之孔口，均应加盖，以防异物进入或划伤加工表面；卸下的较小零件如螺栓、密封件等，应分类保存，不可丢失。

③ 油箱要用盖板覆盖，防止落入灰尘；放出的油液应装入干净油桶，如再使用，须用带过滤器的滤油车注入油箱。

8.2.2　元件解体、检修

必须解体修复的元件，应按以下要求进行。

① 必须首先透彻了解元件的结构和装配关系，熟悉拆卸顺序和方法；准备适宜的工具。

② 对那些配合要求严格、必须对号入座的零件，如柱塞泵的柱塞和叶片泵的叶片等，应在拆卸前作出对号标记。

③ 要轻拆轻放。卸下的零件经仔细清洗（不可用棉丝或带纤维的布清洗，应用泡沫塑料或新的绸布清洗）后分别安置，不得丢失和碰伤。对于一时不再组装的零件，应涂防锈油，装入木箱保管。

④ 对主要零件要测量磨耗、变形和硬度等。检测后凡可修理复用的要细心修复；不能

修复的，一般需更换整个元件。更换的元件，其型号规格必须相符，不可随意替用。

8.2.3　重新组装

零件经检测、修复或更换后，即可重新组装成元件。组装时应注意以下事项。

① 彻底清除零件上的锈迹、毛刺及污物。

② 组装前涂上工作油。

③ 对滑阀等滑动件，不可强行装入。应根据配合要求，用手边转边推轻轻装入阀体。

④ 紧固螺栓时，应按对角顺序均匀拧紧。

8.3　液压系统的常见故障及产生原因

液压传动系统出现故障，不像一般机械传动容易发现。利用计算机等现代科学手段查找和分析液压传动系统的故障，已在一些行业部门取得长足的进展，但大都应用于大型或固定式的设备中。因此，对于采掘机械液压传动故障的分析、查找和处理，主要依靠既具有扎实的液压传动基础知识，又具有丰富的检修和操作实际经验的人员进行。

液压传动系统中各种元件和辅件都可能产生故障，形式多种多样，这里仅介绍部分最常见的故障及其原因分析。

8.3.1　液压系统压力不足或完全无压力

产生这类故障的可能原因及排除方法有以下几个方面。

首先应检查液压泵是否有流量。若无油液输出，则可能是由于液压泵的转向不对，零件磨损严重或损坏，吸油回路阻力过大（如过滤器被堵塞或油液黏度太大等）或漏气，致使泵不能排出油液。此外，电动机功率不足也可使泵输出的油液压力过低。

如果液压泵有油液输出，则应检查各段回路的元件或管道，以便找出使油液短路或泄漏的部位。其中，溢流阀主阀芯或先导锥阀可能因脏物存在或锈蚀而卡死在开口位置，或因弹簧折断失去作用，或因阻尼小孔被脏物所堵等，使液压泵输出的油液立即在低压下经溢流阀回油箱；在压力回路中的某些控制阀，由于污物或其他原因使阀芯卡住处于回油位置，使压力回路与低压回路短接。另外，也可能是由于管接头松动或处于压力回路中某些阀的内泄漏严重，或者执行元件的密封损坏，产生严重内泄漏造成。

8.3.2　工作机构速度不够或完全不动

发生这类故障的主要原因是液压泵输出流量不够或完全无流量输出；系统泄漏过多，进入执行元件的流量不足；溢流阀调定的压力过低，克服不了工作机构的负载阻力等。具体的可能原因如下。

① 液压泵的转向不对或吸液量不足。吸油管路阻力过大，油箱的液面太低，吸油管漏气，油箱液面不通大气或液面压力低于大气压力，油液黏度太大或油温过低，电动机转速过低，辅助泵供液不足等，都会使液压泵的吸油量不足，造成输出流量不够。

② 液压泵内泄漏严重。主要是零件磨损，密封间隙（尤其是平面间隙）变大，使排油腔与吸油腔连通短路。

③ 溢流阀或位于压力回路的其他控制阀的阀芯被脏物或锈蚀卡住在进、回液口的连通位置，使压力油流回低压回路。

④ 处于压力回路的管接头和各种阀的泄漏，特别是执行元件内的密封装置损坏，内泄漏严重。

8.3.3　噪声和振动

噪声和振动往往同时出现，不仅恶化了劳动条件，而且振动会使管接头松脱甚至断裂。产生噪声和振动的主要原因是油液中混进较多的空气；液压泵流量脉动较大或脉动频率接近元件或管路的固有频率，因而引起共振；此外，管道固定不牢也易引起振动。造成这些故障的可能原因如下。

① 当吸液管路中有气体存在时，将产生严重的噪声和振动。这一方面的原因可能是由于泵的吸液高度太大，吸油管路太细而阻力大，泵的转速太高，油箱不通大气或液面压力太低，或补油泵供液不足，油液黏度大或吸油过滤器堵塞等，使液压泵吸液腔不能吸满油液，造成局部真空，使溶解在油液中的空气分离出来，产生气蚀而引起噪声。另一方面，可能是由于吸油管密封不严，油箱液面太低，吸油滤网部分外露，以致液压泵在吸油的同时吸入大量空气并进入系统。

② 泵和马达的质量不好。如困油现象未能很好消除、柱塞或叶片卡死等，都将引起振动和噪声。

③ 其他原因。如电动机与液压泵安装不同心或联轴器松动，也会引起泵的振动；管道细长、弯头较多又未一一固定，管路中流速太高，也都会引起管道振动。

8.3.4　油温过高

油温过高，可能有以下一些原因。

① 泄漏比较严重。液压泵压力调得过高，运动零件磨损使密封间隙增大，密封元件损坏，所用油液黏度过低等，都会使泄漏增加。

② 系统无卸荷回路，当不需要压力油时，大量高压油液仍长时间不必要地经溢流阀溢流。

③ 错用了黏度太大的油液，引起液压损失过大。

④ 散热不良。油箱储油量太少，使油液循环太快；周围环境气温高、空气流通不畅等都是导致散热不良的原因。

除以上这些常见的故障外，须特别指出的是，液压传动系统在使用中发出的故障，据统计 70%～80% 是由于油液污染所引起。污染的油液危及众多液压元件正常工作：使滑动零件严重磨损，泄漏增大，效率降低，油温升高；造成运动零件憋卡，不能动作；使节流小孔堵塞，造成控制元件动作失灵等。所以，应当十分重视控制油液污染。

8.4　液压系统的污染控制

工作介质的污染是液压系统发生故障的主要原因。它严重影响液压系统的可靠性及液压元件的寿命，因此工作介质的正确使用、管理以及污染控制，是提高液压系统的可靠性及延长液压元件使用寿命的重要手段。

8.4.1　污染的根源

进入工作介质的固体污染物有四个主要根源，它们是：已被污染的新油、残留污染、侵入污染和内部生成污染。了解每一个根源，都是液压系统的污染控制措施和过滤器设置的主要考虑因素。

① 已被污染的新油：虽然液压油和润滑油是在比较清洁的条件下精炼和调合的，但油液在运输和储存过程中会受到管道、油桶和储油罐的污染。其污染物为灰尘、砂土、锈垢、水分和其他液体等。

② 残留污染：液压系统和液压元件在装配和冲洗中的残留物。如毛刺、切屑、型砂、涂料、橡胶、焊星和棉纱纤维等。

③ 侵入污染：液压系统运行过程中，由于油箱密封不完善以及元件密封装置损坏而由系统外部侵入的污染物。如灰尘、砂土、切屑以及水分等。

④ 内部生成污染：液压系统运行中系统本身所生成的污染物。其中既有元件磨损剥离、被冲刷和腐蚀的金属颗粒或橡胶末，又有油液老化产生的污染物等，这一类污染物最具有危险性。

8.4.2　污染引起的危害

液压系统的故障有75%以上是由工作介质污染物所引起的。工作介质污染物主要有固体颗粒、水、空气、化学物质、微生物等杂物，其中固体颗粒性污垢是引起污染危害的主要原因。

① 固体颗粒会使泵的滑动部分（如叶片泵中的叶片和叶片槽、转子端面和配油盘）磨损加剧，缩短泵的使用寿命；对于阀类元件，污垢颗粒会加速阀芯和阀体的磨损，使阀芯卡紧，把节流孔和阻尼孔堵塞，从而使阀的性能下降、变坏，甚至动作失灵；对于液压缸，污垢颗粒会加速密封件的磨损，使泄漏增大；当油液中的污垢堵塞过滤器的滤孔时，会使泵吸液困难、回液不畅，产生气蚀、振动和噪声。固体颗粒污垢对液压系统危害极大。

② 水的侵入会加速工作介质的氧化，并和添加剂起作用，产生黏性胶质，使滤芯堵塞。

③ 空气的混入能降低工作介质的体积模量，引起气蚀，降低润滑性能。

④ 微生物的生成使工作介质变质，降低润滑性能、加速元件腐蚀。

由于液压介质污染所带来的危害轻则影响液压系统的性能和使用寿命，重则损坏元件使元件失效，导致液压系统不能工作，因此目前世界各国对液压介质的正确选用和防止其污染问题都很重视。

8.4.3 污染的控制

为了减少工作介质的污染，应采取如下一些措施。

① 对元件和系统进行清洗。清除在加工和组装过程中残留的污染物，液压元件在加工的每道工序后都应净化，装配后应经严格的清洗。最后用系统工作时使用的工作介质对系统进行彻底冲洗，达到系统要求的污染度后，将冲洗液放掉，注入新的工作介质后，才能正式运转。

② 防止污染物从外界侵入。油箱呼吸孔上应装设高效的空气过滤器或采用密封油箱，工作介质应通过过滤器注入系统。活塞杆端应装防尘密封。

③ 在液压系统合适部位设置合适的过滤器，并定期检查、清洗或更换。

④ 控制工作介质的温度。工作介质温度过高会加速其氧化变质，产生各种生成物，缩短它的使用期限。

⑤ 定期检查和更换工作介质。定期对液压系统的工作介质进行抽样检查，分析其污染度，如已不符合要求，必须立即更换。更换新的工作介质前，必须对整个液压系统彻底清洗一遍。

思　考　题

1. 污染的油液对液压传动有何危害？减少污染的措施有哪些？
2. 液压传动系统的维护保养包括哪些内容？
3. 液压系统的常见故障有哪些？液压系统出现振动和噪声的可能原因有哪些？
4. 拆装液压元件时，一般应注意哪些方面？

第二篇

采煤机械

采煤机械是现代煤矿采煤的重要机械设备，它担负着落煤和装煤的主要任务。采煤机械主要有滚筒式采煤机和刨煤机两大类型。目前煤矿井下应用最广泛的采煤机械是滚筒式采煤机。

第9章

滚筒式采煤机

9.1 采煤机的组成及工作方式

9.1.1 采煤机的组成

采煤机的类型很多，但基本上以双滚筒采煤机为主，其基本组成部分也大体相同。各种类型的采煤机一般都由下列部分组成。

1. 截割部

截割部包括摇臂齿轮箱（对整体调高采煤机来说，摇臂齿轮箱和机头齿轮箱为一整体）、机头齿轮箱、滚筒及附件。截割部的主要作用是落煤、碎煤和装煤。

2. 牵引部

牵引部由牵引传动装置和牵引机构组成。牵引机构是移动采煤机的执行机构，又可分为链牵引和无链牵引两类。牵引部的主要作用是控制采煤机，使其按要求沿工作面运行，并对采煤机进行过载保护。

3. 电气系统

电气系统包括电动机及其箱体和装有各种电气元件的中间箱。该系统的主要作用是为采煤机提供动力，并对采煤机进行过载保护及控制其动作。

4. 辅助（附属）装置

辅助装置包括挡煤板、底托架、电缆拖曳装置、供水喷雾冷却装置以及调高、调斜等装置。该装置的主要作用是同各主要部件一起构成完整的采煤机功能体系，以满足高效、安全采煤的要求。

此外，为了实现滚筒升降，机身调斜以及翻转挡煤板，采煤机上还装有辅助液压装置。

现以双滚筒采煤机为例，来说明其组成。两个滚筒对称地布置在机器的两端，采用摇臂8调高。这样布置不但有较好的工作稳定性，对顶板和底板的起伏适应能力强，而且只要滚筒具有横向切入煤壁的能力，就可以自开工作面切口。这一类采煤机的截割部多采用齿轮传动，并且为了加大调高的范围，多采用惰轮以增加摇臂的长度；电动机7和采煤机的纵轴相平行并采用单电机传动时，穿过牵引部通常会有一根长长的过轴；采煤机的牵引部4和截割部 2 通常各自独立，用底托架 11 作为安装各部件的基体，如图 9-1 所示。

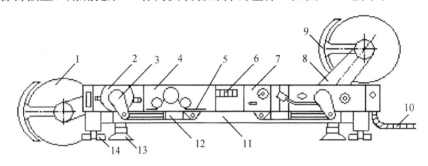

图 9-1 双滚筒采煤机

1—滚筒；2—截割部；3—调高小摇臂；4—牵引部；5—牵引链；6—电气控制箱；7—电动机；8—摇臂；
9—弧形挡煤板；10—拖缆装置；11—底托架；12—调高油缸；13—煤壁侧滑靴；14—采空区侧滑靴

电动机 7 是采煤机的动力部分，它通过两端出轴驱动滚筒和牵引部。牵引部通过其主动链轮与固定在工作面两端的牵引链 5 相啮合，使采煤机沿工作面移动，因此牵引部是采煤机的行走机构。左右截割部减速箱 2 将电动机的动力经齿轮减速传到摇臂 8 的齿轮，以驱动滚筒 1。滚筒是采煤机直接进行落煤和装煤的工作机构，滚筒上焊有端盘及螺旋叶片，其上装有截齿，螺旋叶片将截齿割下的煤装到刮板输送机中。为了提高螺旋滚筒的装煤效果，滚筒侧装有弧形挡煤板 9，它可以根据不同的采煤方向来回翻转 180°。底托架 11 用来固定和承托整个采煤机，并经其下部的 4 个滑靴（13 和 14），使采煤机骑在刮板输送机的槽帮上。其中采空区侧两个滑靴 14 套在输送机的导向管上，以保证采煤机的可靠导向。底托架内的调高油缸 12 推拉调高小摇臂 3，用来升降摇臂 8，以调节采煤机的采高。采煤机的电缆和供水管用拖缆装置 10 夹持，并由采煤机拉动在工作面输送机的电缆槽中卷起或展开。电气控制箱 6 内装有各种电控元件，以实现采煤机的各种电气控制及保护。为降低电动机和牵引部的温度并提供内外喷雾降尘用水，采煤机上还设有专门的供水系统。

9.1.2 采煤机的工作方式

采煤机的割煤是通过螺旋滚筒上的截齿对煤壁进行切割实现的。采煤机的装煤是通过滚筒螺旋叶片的螺旋面进行装载的，利用螺旋叶片的轴向推力，将从煤壁上切割下的煤抛到刮板输送机溜槽内运走。

按机械化程度的不同，机械化采煤工作面可分为普通机械化采煤（简称普采）和综合机械化采煤（简称综采），其最主要区别是工作面使用的支护设备不同。

1. 普采

普通机械化采煤工作面的配套设备主要由单滚筒采煤机（或双滚筒采煤机）、可弯曲刮板输送机及支护设备组成。支护设备用金属摩擦支柱和金属铰接顶梁时，称普采工作面；支护设备采用单体液压支柱和金属铰接顶梁时，称高档普采工作面。普采工作面布置如图 9-2 所示。

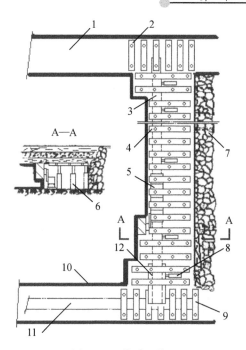

图9-2 普采工作面

1—回风顺槽；2，9—端头支护金属顶梁；3—工作面刮板输送机；4—中部支护金属顶梁；

5—采煤机；6—金属支柱；7—采空区；8—推溜千斤顶；10—煤壁；

11—顺槽刮板输送机；12—输顺机机头部

单滚筒采煤机5骑在刮板输送机3上，采煤机割一刀（沿工作面全长截割一次称为一刀），工作面推进一个截深（截入煤壁的深度），称为一刀一进的方式。若采高较大或煤质粘顶，特别是顶板不太稳定时，首先沿工作面倾斜向上移动，把靠近顶板的煤采落并装入输送机，裸露的岩石顶板，用金属支柱6和金属铰接顶梁4及时支护。采煤机采完顶煤后，再返回下行采底部余煤，并把落在底板上的煤装入输送机。在采煤机行进采过8~10 m后，利用推溜千斤顶8将刮板输送机3推向煤壁，推移步距等于采煤机滚筒截割深度（一般为0.6~1.0 m）。同时拆除采空区后排支柱和铰接顶梁，让顶板岩石冒落，实现回柱放顶。沿工作面全长这一工作过程为一个工作循环，称为往返一刀一进的方式。

单滚筒采煤机只有一个滚筒，由于输送机机头和机尾的限制，采煤机不能采到工作面端头，因此，在工作面两端需要预先用人工采出一定长度的"缺口"。一般上缺口长度为10 m左右，下缺口长度为7 m左右，缺口宽度（沿走向）一般在1.2 m左右。

普采工作面多用单滚筒采煤机，如果条件允许也可用双滚筒采煤机。普采方式的优点是工作面设备投资比较少，缺点是需要用人工架设金属铰接顶梁和回收支柱，所以生产效率低、安全性差。

2. 综采

综合机械化采煤工作面的配套设备及工作面布置如图9-3所示。双滚筒采煤机6、刮板输送机5和液压支架4为工作面的主要设备。采煤机从一端向下（或向上）割煤时，割过15~20 m后，液压支架将刮板输送机推向煤壁，再降架以刮板输送机为支点前移，而后升架支撑。直至割到另一端，完成一刀切割循环。

由于综采工作面的设备与工序之间密切联系、连续作业，因而产量大、效率高、安全性好。

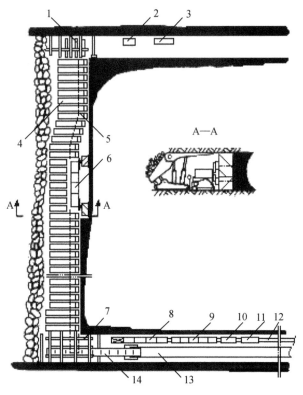

图 9-3　综合机械化采煤工作面

1，7—端头支架；2—液压安全绞车；3—喷雾泵站；4—液压支架；5—刮板输送机；
6—双滚筒采煤机；8—集中控制台；9—配电箱；10—乳化液泵站；11—移动变电站；
12—轨道；13—胶带输送机；14—顺槽转载机

工作面刮板输送机 5 与顺槽转载机 14 搭接，顺槽转载机与胶带输送机 13 搭接，实现连续运煤。

端头支架 1 和 7 用来支护采煤工作面与顺槽相接空间的顶板以及推移工作面输送机的机头、机尾和转载机。

设备列车上的各种设备 8、9、10、11 用来提供电力、液压力和实现控制。

液压安全绞车 2 用来防止大倾角采煤时，链牵引采煤机下滑；喷雾泵站 3 提供采煤机的冷却和灭尘用水。

通过以上设备相互配合和协调动作，实现落煤、装煤、运煤、支护、顶板管理，以及工作面巷道运输等生产工序的全部机械化，故称为综合机械化采煤。

双滚采煤机工作时，前滚筒割顶部煤，后滚筒割底部煤。因此，双滚筒采煤机沿工作面牵引一次，可以进一刀；返回时，又可进一刀，即采煤机往返一次进二刀。

当采煤机沿工作面割完工作面全长后，需要重新将滚筒切入煤壁，推进一个截深，这一过程称为"进刀"。综采工作面两端巷道的断面较大，刮板输送机的机头和机尾一般可伸进巷道。当双滚筒采煤机截割到工作面端头时，其滚筒可截割至巷道。因此不需要人工预开切口，而由采煤机在进刀过程中自开切口。采煤机的进刀方式主要有两种：斜切式进刀和正切式进刀。

9.2　采煤机的截割部

采煤机的截割部包括工作机构及其传动装置，是采煤机直接落煤、装煤的部分，其消耗的功率占采煤机总装机功率的 $80\%\sim90\%$。工作机构是指滚筒和安装在滚筒上的截齿，而传动装置是指固定减速箱、摇臂齿轮箱，有时还包括滚筒内的传动装置。

当电动机纵向布置时，固定减速箱和摇臂齿轮箱都有，固定减速箱内有一对圆锥齿轮，以实现两轴相交的传动。当截割电动机横向布置时，电动机与摇臂齿轮箱直接相连，即没有固定减速箱。

9.2.1　截齿

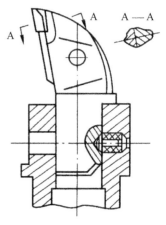

截齿是采煤机上直接用来落煤的刀具，它的几何参数和质量对采煤机的工况、能耗、生产率和吨煤成本。对截齿的要求是强度高、耐磨性强、几何参数合理、固定可靠，拆装方便。截齿刀体的材料一般为 40Cr、35CrMnSi、35SiMnV 等合金钢，经调质处理后获得足够的强度和韧性。截齿头部镶嵌硬质合金。采煤机上使用的截齿，按形状分为扁形截齿（如图 9-4 所示）和镐形截齿（如图 9-5 所示），按安装方向分为径向截齿和切向截齿。

扁形截齿的刀体是沿滚筒径向安装在螺旋叶片和端盘的齿座中，故常称为径向截齿。这种截齿适用于截割各种硬度的煤，包括坚硬煤和粘性煤，使用较多。

图 9-4　扁形截齿

镐形截齿分圆锥形截齿（如图 9-5（a）所示）和带刃扁截齿（如图 9-5（b）所示）。其刀体安装方向接近于滚筒的切线，故常称为切向截齿。镐形截齿落煤时主要靠齿的尖劈作用楔入煤体而将煤破碎，故适用脆性及裂隙多的煤层。圆锥形截齿是由硬质合金制成的，齿身头部也堆焊一层硬质合金，以增加耐磨性。这种截齿形状简单，制造容易，理论上讲截煤时截齿可绕轴线自转而自动磨锐。

（a）圆锥形

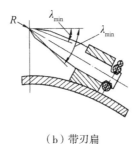

（b）带刃扁

图 9-5　镐形截齿

9.2.2 螺旋滚筒

螺旋滚筒是采煤机的截割机构，用来落煤和装煤。

1. 螺旋滚筒的结构

螺旋滚筒（简称滚筒）结构如图 9-6 所示，它由截齿 1、齿座 2、螺旋叶片 3、筒毂 4 和端盘 6 等部分组成。筒毂与传动装置的滚筒轴连接，它的外圆柱面上和靠煤壁侧分别焊接螺旋叶片和端盘，螺旋叶片与端盘的周边上按一定排布方式焊接有齿座，齿座的孔中安装截齿。螺旋叶片用来将截落的煤推向输送机。

端盘紧贴煤壁工作，以切出新的整齐的煤壁。为防止端盘与煤壁相碰，端盘边缘的截齿向煤壁侧倾斜。叶片上两齿座间布置有内喷雾喷嘴，以降低粉尘含量。喷雾水由喷雾泵站通过回转接头及滚筒空心轴引入。滚筒端盘上开设有排煤孔，以排出端盘与煤壁之间的煤粉，避免发生堵塞。

滚筒有铸造和焊接两种。铸造滚筒的齿座是加工后焊到叶片上的。目前，大多数采煤机采用焊接滚筒。

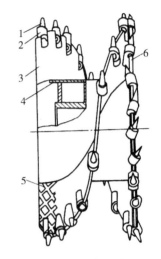

图 9-6 螺旋滚筒
1—截齿；2—齿座；3—螺旋叶片；
4—筒毂；5—碳化钨堆焊耐磨层；6—端盘

2. 螺旋滚筒的参数

螺旋滚筒的参数包括：滚筒的直径、宽度（截深）和螺旋叶片的头数、滚筒的旋转方向和转速等，它们对采煤机落煤、装煤能力都有重要影响。

1）滚筒的三个直径

滚筒的三个直径是指滚筒直径 D，叶片直径 D_y 和筒毂直径 D_g。其中滚筒直径是指滚筒上截齿齿尖处的直径，滚筒直径尺寸已成系列，可根据所采煤层厚度选择。目前采煤机的滚筒直径都在 0.65～2.3m 范围内。筒毂直径越小，螺旋叶片内外缘直径之间的运煤空间越大，有利于装煤，但它受到结构的限制。常用的滚筒筒毂直径与螺旋叶片外缘直径之比在 0.4～0.6 之间。

2）滚筒宽度

滚筒宽度 B 是滚筒边缘到端盘最外侧截齿齿尖的距离，也即采煤机的理论截深，但滚筒的实际截深小于滚筒宽度。为充分利用煤的压张效应，减小截深是有利的，但截深太小则容易影响采煤机的生产率。目前，采煤机常用截深为 0.8 m。随着综采技术的发展，也有加大截深到 1.0～1.2 m。

3）螺旋叶片的旋向和头数

螺旋叶片的主要作用是向输送机推运煤，螺旋方向有左旋和右旋之分。对逆时针方向旋转（站在采空区侧看滚筒）的滚筒，叶片应为左旋；顺时针方向旋转的滚筒，叶片应为右旋，即应符合通常所说的"左转左旋，右转右旋"的规律。

滚筒上螺旋叶片的头数一般为 2～4 头，以双头用得最多，3、4 头只用于直径较大的滚筒或用于开采硬煤。

4）滚筒的旋转方向

采煤机滚筒的旋转方向不仅影响采煤机工作的稳定性，同时也影响采煤机的装煤能力和采煤机司机的工作安全。

采煤机在往返采煤的过程中，滚筒的转向不能改变，为此出现两种不同的情况：截齿截割方向与碎煤下落方向相同时，称为顺转，如图9-7（a）所示；截齿截割方向与碎煤下落方向相反时，称为逆转，如图9-7（b）所示。

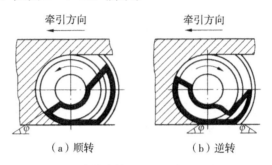

（a）顺转　　　　　　　　（b）逆转

图9-7　滚筒旋转方向与装煤关系示意图

根据采煤机的不同使用条件，其滚筒转向也不同。对双滚筒采煤机转向如图1-8所示，为了使两个滚筒的截割阻力能相互抵消，以增加机器的工作稳定性，必须使两个滚筒的转向相反。

滚筒的转向分两种方式：反向对滚（前顺后逆）（如图9-8（a）所示）和正向对滚（前逆后顺）（如图9-8（b）所示）。当滚筒直径较大时，两个滚筒的转向一般采用反向对滚，此种方式装煤效果好，滚筒不向司机甩煤。当滚筒直径较小时，滚筒转向为正向对滚，这时不经摇臂下面装煤，有利于提高装煤效率。

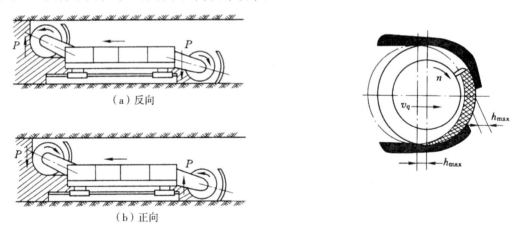

（a）反向

（b）正向

图9-8　双滚筒采煤机滚筒转向　　　　　　图9-9　煤屑厚度变化

对单滚筒采煤机，滚筒应位于下山一侧，所以在左工作面时滚筒顺时针转，用右旋滚筒；在右工作面时滚筒逆时针转，用左旋滚筒。这样选择的原因是，有利于装煤并且机器受翻转力矩小，工作平稳。

5）滚筒的转速

采煤机在截割过程中，若滚筒以转速 n 旋转，同时以牵引速度 v_q 向前推进，截齿切下

的煤屑呈月牙形，其厚度从 $0 \sim h_{\max}$ 变化，如图 9-9 所示，而且

$$h_{\max} = \frac{1\,000 v_{\mathrm{q}}}{m \cdot n} \tag{9-1}$$

式中：v_{q}——牵引速度，m/min；

$\quad\quad n$——滚筒转速，r/min；

$\quad\quad m$——同一截线（定义见后）上的截齿数。

由上式可见，当 m 一定时，煤屑厚度与牵引速度成正比，与滚筒转速成反比，即滚筒转速愈高，煤的块度愈小，并造成大量煤尘飞扬。所以，除了薄煤层小滚筒，首先要保证装载生产率的要求，滚筒转速采取较高值（40～70 r/min）外，目前中厚煤层和厚煤层用的采煤机有明显的低转速趋势。近年来中厚煤层和厚煤层采煤机一般推荐为在 25～40 r/min，有的最小值已达 20 r/min，主要从减少装煤的循环煤量和防止装煤堵塞考虑的；同时还考虑到截齿和减速装置的强度及体积、机器振动等问题。

3. 螺旋滚筒的截齿配置

螺旋滚筒上截齿的排列规律称为截齿配置。合理配置截齿，可以降低截煤能耗，提高块煤率，粉尘减少，滚筒受力平稳，机器运行稳定。

截齿配置情况可用截齿配置图来表示，如图 9-10 所示。截齿配置图就是滚筒截齿齿尖所在圆柱面的展开图。水平线表示截齿的空间轨迹展开线，称为截线；相邻截线之间的距离称为截距。竖线表示截齿的位置坐标。小圆圈表示 0° 截齿所在的位置，黑点表示安装角度不等于 0° 的截齿。截齿安装角度是指截齿与垂直面的夹角，偏向煤壁的称为正角度齿，用"＋"表示，偏向采空区的称为负角度齿，用"－"表示，不偏斜的为零度齿。

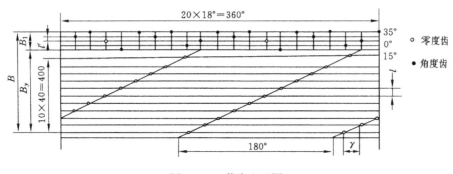

图 9-10　截齿配置图

由于端盘贴煤壁工作，煤的压张程度差，工作条件恶劣，故其上截距要比螺旋叶片上的截距小，而且越贴近煤壁，截距越小，端盘上的截距都是靠调节齿座倾角来获得的。由图可见，端盘截齿配置的一般特点是：按角度排列沿圆周分为 2～4 组；截距小、截齿密度大；多数为正角度齿，以适应封闭截割条件；配置少量零度齿和负角度齿，以减小滚筒所受侧向力。螺旋叶片上截齿排列的一般特点是：截距较大；圆周方向上相邻截齿的夹角相等；均为零度齿。图中为二头螺旋叶片。

9.2.3　截割部传动装置

截割部传动装置的功用是将电动机的动力传递到滚筒上，以满足滚筒工作的需要。同

时，传动装置还应适应滚筒调高的要求，使滚筒保持适当的工作高度。由于截割部要消耗采煤机总功率的80%～90%，因此要求截割部传动装置要具有高的强度、刚度和可靠性，并具有良好的润滑密封、散热条件和高的传动效率。对于单滚筒采煤机，还应使传动装置能适应左、右工作面采煤的要求。

1. 传动方式

采煤机截割部都采用齿轮传动，常见的传动方式有以下几种。

① 电动机—减速箱—摇臂—滚筒，如图 9-11（a）所示。这种传动方式的特点是传动简单，摇臂从固定减速箱端部伸出（称为端面摇臂），支撑可靠，强度和刚度好。但摇臂下降的最低位置受输送机限制，故卧底量较小。DY—150、BM—100 型采煤机均采用这种传动方式。

② 电动机—固定减速箱—摇臂—行星齿轮传动—滚筒，如图 9-11（b）所示。这种方式在滚筒内设置了行星传动，由于行星齿轮传动比较大，从而使前几级传动比减小，使传动系统得以简化，但使滚筒筒毂尺寸增加，故这种传动方式适用于中厚煤层以上工作的大直径采煤机，如在 MLS$_3$—170、MXA—300、AM—500 和 MG 系列等采煤机中采用。这里摇臂从固定减速箱侧面伸出（称为端面摇臂），所以可获得较大的卧底量。

③ 电动机—固定减速箱—滚筒，如图 9-11（c）所示。这种传动方式取消了摇臂，靠由电动机、固定减速箱和滚筒组成的截割部来调高（称为机身调高），使齿轮数大大减少，而机壳的强度、刚度增大，可获得较大的调高范围，还可使采煤机机身长度缩短，有利于采煤机开缺口工作。MXP—240 和 DTS—300 型采煤机采用这种传动方式。

④ 电动机—摇臂—行星齿轮传动—滚筒，如图 9-11（d）所示。这种传动方式的电动机轴与滚筒轴平行，取消了易损坏的锥齿轮，使传动更简单，而且调高范围大，机身长度小。新型的电牵引采煤机都采用这种传动方式。

2. 传动特点

截割部传动装置具有以下特点。

① 由于电动机转速在 1 460～1 475 r/min 范围内，而滚筒转速范围要求在30～50 r/min 之间，因此截割部总传动比为 30～50，所以通常采用 3～5 级齿轮减速。

② 采煤机电动机轴心线与滚筒轴心线垂直时，传动装置中必须设一级圆锥齿轮传动以改变传动方向。为了便于加工和延长使用寿命，锥齿轮应布置在高速级（一或第二级），以减小传递的扭矩，使齿轮模数较小。

③ 采煤机电动机除驱动截割部外还要驱动牵引部时，截割部传动系统中必须设置离合器，使采煤机在调动工作或检修时将滚筒与电动机脱开。离合器一般放在高速级，以减小尺寸、方便操作。

④ 为适应不同煤质的要求，有的采煤机在减速器内设有变速齿轮或换速齿轮对，前者可在采煤机工作中通过变速手把使滚筒获得 2 个以上转速，后者可通过更换齿数不同的齿轮对来改变滚筒转速。

⑤ 为了加长摇臂以扩大调高范围，摇臂内常装有若干个惰轮。

⑥ 由于行星齿轮传动为多齿啮合，传动比大，效率高，可减小齿轮模数，故末级常采用行星齿轮传动来简化前几级传动。

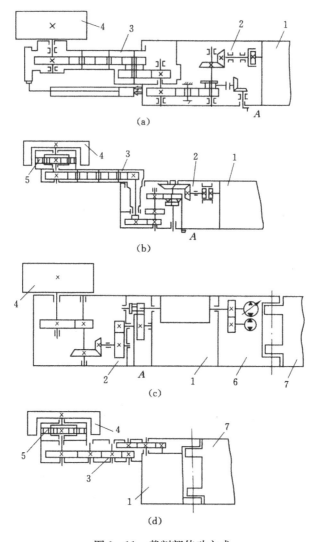

图 9-11　截割部传动方式

1—电动机；2—减速器；3—摇臂；4—滚筒；5—行星齿轮传动；6—泵箱；7—机身及牵引部

⑦ 因采煤机承受大的冲击载荷，为保护传动件，在一些采煤机截割部中设有专门的安全剪切销。剪切销一般放在高速级。

3. 传动润滑

采煤机截割部传动的功率大，而且工作条件恶劣、载荷变化大、振动剧烈，因此正确有效的润滑是保证采煤机正常高效工作的重要条件。多数采煤机的截割部采用飞溅润滑方式，这种润滑方式润滑强度高、散热快、不需润滑设备，对油质变化不敏感。

由于采煤机经常处在倾斜状态下工作，所以必须保证能自然润滑。在倾斜状态下，由于润滑油积聚在低处，高处传动零件润滑不好，因此采煤机的油池一般不太长，或人为地将油池分隔成几个独立油池，以保证自然润滑。

摇臂减速箱的润滑有其特殊性，工作时，采煤机割顶煤时滚筒上升，摇臂润滑油集中在下部，使端部齿轮润滑不良；而割底煤滚筒下降，润滑油集中在滚筒轴端，使另一端齿轮润滑不良。为解决这一问题，要求采煤机在工作一段时间后，应停机倒换摇臂位置，待润滑不良的齿轮得到润滑后，再恢复原位进行工作。

随着采煤机的功率加大，采取强制方法的润滑，即用专门的润滑油泵将润滑油供应到各个润滑点上（如 MG300—W 型采煤机），也日渐增多。

根据采煤机截割部减速箱和摇臂的承载特点，大都采用 $150 \sim 460 \ mm^2/s$（40℃）的极压（工业）齿轮油作为润滑油，其中以 N220 和 N320 硫磷型极压齿轮油用得最多。

9.3　采煤机的牵引部

采煤机的牵引部又称行走部，是采煤机的重要组成部件，它不仅担负着采煤机工作时的移动和非工作时的调动，而且牵引速度的大小直接影响工作机构的效率和质量，并对整机的生产能力和工作性能产生很大影响。

牵引部由传动装置和牵引机构两大部分组成。传动装置的重要功能是进行能量转换，即：将电动机的电能转换成传动主链轮或驱动轮的机械能。牵引机构是协助采煤机沿工作面行走的装置。传动装置的传动类型有液压传动和电传动，分别称为液压牵引和电牵引。传动装置位于采煤机本身上的为内牵引，位于采煤工作面两端为外牵引，绝大部分采煤机为内牵引，仅在薄煤层中为了缩短机身长度，才采用外牵引。牵引机构是直接移动采煤机的装置。它有链牵引和无链牵引两种形式。随着高产高效工作面的出现以及采煤机功率和牵引力的增大，为了工作面更加安全可靠，无链牵引机构已逐渐取代了链牵引。

9.3.1　对牵引部的基本要求

为了满足高产高效的要求，对采煤机牵引部的性能有如下要求：

① 传动比大；

② 牵引力大；

③ 能实现无级调速；

④ 能实现正反向牵引和停止牵引；

⑤ 有完善可靠的安全保护；

⑥ 操作方便；

⑦ 零部件要有高的强度和可靠性。

9.3.2　链牵引机构

链牵引机构包括牵引链、链轮、链接头和紧链装置等。

链牵引的工作原理如图 9-12 所示，牵引链 3 与牵引部传动装置的主动链轮 1 相啮合，并绕过导向链轮 2 与紧链装置 4 连接，紧链装置分别固定在工作面输送机的机头和机尾上。紧链装置的作用是使牵引链具有一定的初拉力，使吐链顺利。当主动链轮转动时，通过牵引链与主链轮啮合驱动采煤机沿工作面移动。

当主动链轮逆时针方向旋转时，牵引链从右段绕入，这时左段链为松边，其拉力为 P_1，

右段链为紧边，拉力为 P_2，因而作用于采煤机上的牵引力为

$$P = P_2 - P_1 \qquad\qquad (9-2)$$

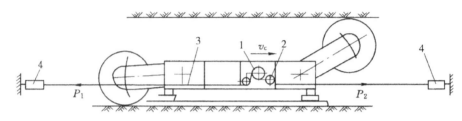

图 9-12　链牵引的工作原理

1—主动链轮；2—导向链轮；3—牵引链；4—紧链装置

采煤机在此力作用下，克服阻力而向右移动；反之，当主动链轮顺时针方向旋转时，则采煤机向左移动。根据链轮的安装位置不同，有立式链轮和水平链轮两种。

1. 牵引链

牵引链采用高强度的矿用圆环链，如图 9-13 所示，是用 23MnCrNiMo 优质钢棒料压弯成型后焊接而成的。采煤机常用的牵引链为 $\phi 22 \, mm \times 86 \, mm$ 圆环链。矿用圆环链已有部颁标准。

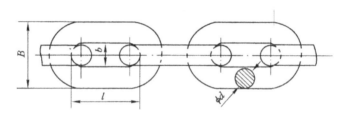

图 9-13　矿用圆环链

2. 链轮和链接头

链轮的几何形状比较复杂，通常用 ZG35CrMnSi 制成。链轮的形状和制造质量对于链环和链轮的啮合影响很大。链轮形状设计得不好，就会啃伤链环，加剧链轮和链轮的磨损，或者因为链环不能与轮齿正确啮合而掉链。

圆环链绕上链轮后，平环和立环一一相间。平环卧在链轮齿间槽内，立环嵌入齿部立槽中，如图 9-14 所示。链轮转动时，依靠齿的圆弧面将作用力传递到牵引链上，而牵引链对齿的反作用力即成为迫使采煤机运行的动力，即牵引力。

由于制造和使用的原因，牵引链一般做成由奇数个链环组成的长度适当的链段，使用时用链接头将一定数量的链段接成所需长度的牵引链。图 9-15 所示链接头，是由两个半圆环 1 侧向扣合而成，用限位块 2 横向推入卡紧，再用弹簧插销 3 紧固。

3. 紧链装置

通常，牵引链通过紧链装置固定在输送机两端。紧链装置产生的初拉力可使牵引链拉紧，并可缓和因紧边链转移到松边时弹性收缩而增大紧边的张力。

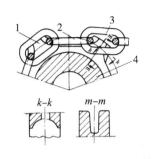

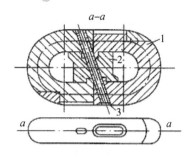

图9-14　圆环链链轮

1—轮齿；2—平环；3—立环；4—链轮

图9-15　链接头

1—半圆环；2—限位块；3—弹簧插销

　　液压紧链器如图9-16（a）是利用支架泵站的乳化液工作的。高压液经截止阀4、减压阀5、单向阀6进入紧链缸3，使连接在活塞杆端的导向轮2伸出而张紧牵引链。其预紧力为活塞推力的一半。将紧边液压缸活塞全部收缩，松边液压缸使牵引链达到预紧力如图9-16（b）。紧边因拉力大而有很大的弹性伸长量，随着机器向右移动，紧边的弹性伸长量逐渐转向松边，使松边拉力大于预紧力，一旦拉力大到使液压缸内的压力超过安全阀7的调定压力，则安全阀开启，从而使松边链保持恒定的初拉力。

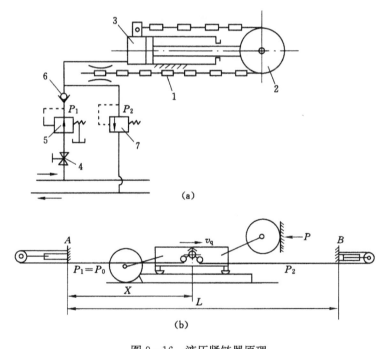

图9-16　液压紧链器原理

1—牵引链；2—导向轮；3—紧链缸；4—截止阀；5—减压阀；6—单向阀；7—安全阀

9.3.3　无链牵引机构

　　采煤机向大功率、重型化和大倾角方向发展以后，链牵引机构已不能满足需要，因此，从20世纪70年代开始，链牵引已逐渐减少，无链牵引得到了很大发展。

1. 工作原理和结构型式

无链牵引机构取消了固定在工作面两端的牵引链，而依靠采煤机牵引部的驱动轮或再经中间轮与铺设在输送机槽帮上的齿轨相啮合的方式来实现采煤机的牵引。无链牵引机构的结构型式很多，主要有以下几种。

1）齿轮—销轨型

这种无链牵引机构是以采煤机牵引部的驱动齿轮经中间齿轨轮与铺设在输送机上的圆柱销排式齿轨（即销轨）相啮合，使采煤机移动，如图 9-17 所示。驱动轮的齿形为圆弧曲线，中间轮则为摆线齿轮。销轨由圆柱销（直径 55 mm）与两侧厚钢板焊成节段（销子节距 125 mm），每节销轨长度是输送机中部槽长度的一半（750 mm），销轨接口与溜槽接口相互错开。当相邻溜槽的偏转角为 α 时，相邻齿轨的偏转角只有 $\alpha/2$，以保证齿轮和销轨的啮合，如图 9-18 所示。MXA—300 型采煤机采用这种牵引机构。

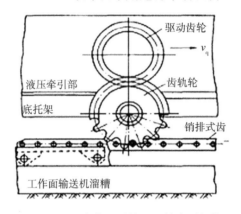

图 9-17 齿轮—销轨型无链牵引机构

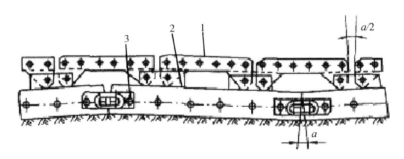

图 9-18 销排型销轨及其安装
1—销轨；2—销轨座；3—输送机溜槽

2）滚轮—齿轨型

这种无链牵引机构如图 9-19 所示，由装在底托架内的两个牵引传动箱分别驱动两个滚轮（即销轮），滚轮与固定在输送机上的齿条式齿轨相啮合而使采煤机移动。滚轮由 5 个直径为 100 mm 的圆柱销组成。牵引部主泵经两个液压马达分别驱动牵引传动箱，因此，这是一种无链双牵引系统。这种牵引机构的牵引力大，可用于大倾角煤层工作。MG—300 和 AM—500 型采煤机都采用这种无链牵引机构。

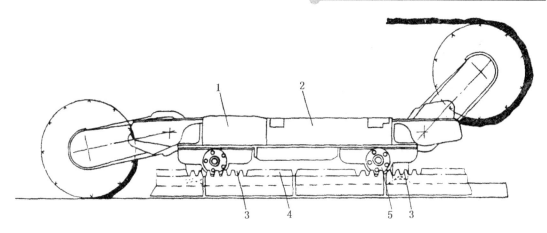

图 9 - 19 滚轮—齿轨型无链牵引机构

1—电动机；2—牵引部泵箱；3—牵引部传动箱；4—齿条式齿轨；5—滚轮

3）链轮—链轨型

如图 9 - 20 所示的这种牵引机构由牵引部传动装置 1 的驱动链轮 2 与铺设在输送机采空侧挡板 5 内的圆环链 3 相啮合而移动采煤机。与链轮同轴的导向滚轮 6 支撑在链轨架 4 上，用以导向。底托架 7 两侧用卡板卡在输送机相应槽内定位。这种牵引机构因采用了挠性好的圆环链作齿轨，允许输送机溜槽在垂直面内偏转 6°，水平面偏转 1.5°而仍能正常啮合，故适合在底板起伏大并有断层的煤层条件下工作，是一种有发展前途的无链牵引机构，已用于 EDW—300L 等型采煤机。

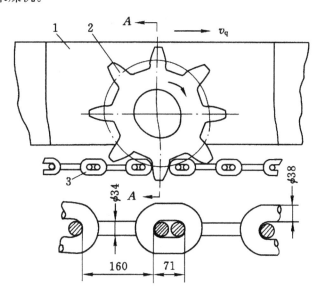

图 9 - 20 链轮—链轨型无链牵引机构

1—传动装置；2—驱动链轮；3—圆环链；4—链轨架；5—侧挡板；6—导向滚轮；7—底托架

2. 无链牵引的优缺点

无链牵引机构具有以下优点：

① 采煤机移动平稳，振动小，降低了故障率，延长了机器使用寿命；

② 可采用多牵引，使牵引力提高到 400～600 kN，以适应在大倾角（最大达 54°）条件下工作（但应有可靠的制动器）；

③ 可实现工作面多台采煤机同时工作，以提高产量；

④ 消除了断链事故，增大了安全性。

无链牵引的缺点是：对输送机的弯曲和起伏不平要求高，输送机的弯曲段较长（约 15 m），对煤层地质条件变化的适应性差。此外，无链牵引机构使机道宽度增加约 100 mm，加长了支架的控顶距离。

9.3.4　牵引部传动装置

采煤机牵引部传动装置的作用是将电动机的能量传到主动链轮或驱动轮并实现调速。牵引部传动装置传动形式可分为机械牵引、液压牵引和电牵引三类。

1．机械牵引

机械牵引是指全部采用机械传动装置的牵引，它的特点是工作可靠，但只能有级调速，且传动结构复杂，目前已很少采用。

2．液压牵引

液压牵引是利用液压泵和液压马达组成的容积调速系统来驱动牵引机构的。液压传动的牵引部具有无级调速特性，且换向、停止、过载保护易于实现，便于操作及实现根据负载自动调速，保护系统比较完善，因而获得广泛应用；缺点是效率低及油零易污染，致使零件容易损坏，使用寿命较低。从 1976 年电牵引采煤机出现以来，各采煤大国都在大力发展电牵引采煤机，也已成为今后采煤机的发展方向。

液压牵引采煤机的牵引部一般都采用容积调速，并且多采用变量泵一定量马达调速系统。液压牵引部的液压马达通常分为三种。

① 高速马达如图 9-21（a）。高速马达的转速一般为 1 500～2 000 r/min，其结构形式往往与主泵相同，但它是定量的，这种系统马达要经较大传动比的齿轮减速带动链轮。但传动易于布量，泵和马达零件互换性好，便于维修，因此应用较多。

② 中速马达如图 9-21（b）。中速马达常采用行星转子摆线马达，其额定转速为 160～320 r/min。这种系统马达需经一定减速带动驱动滚轮。系统的传动比不大，马达及减速装置尺寸较小，便于在无链双牵引传动中使用，可以根据需要把传动装置装在底托架上。图中 B 为制动器，停止时靠弹簧力制动，防止机器下滑。

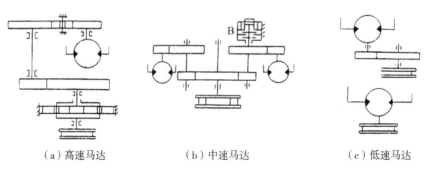

（a）高速马达　　　　　　　（b）中速马达　　　　　　　（c）低速马达

图 9-21　不同马达的传动型式

③ 低速马达如图 9-21（c）所示。低速马达常采用径向柱塞式内曲线马达，马达出轴转速一般为 0~4 r/min。这种马达经一级减速或直接驱动主动链轮。这种系统机械传动较简单，但马达径向尺寸大，并且存在严重"反链敲缸"现象，目前只有少数机器采用。

3. 电牵引

电牵引采煤机是对专门驱动牵引部的电动机调速从而调节牵引速度的采煤机。

电牵引采煤机如图 9-22 所示是将交流电输入可控硅整流、控制箱 1 控制直流电动机 2 调速，然后经齿轮减速装置 3 带动驱动轮 4 使机器移动。两个滚筒 7 分别用交流电动机 5 经摇臂 6 来驱动。由于截割部电动机 5 的轴线与机身纵轴线垂直，所以截割部机械传动系统与液压牵引的采煤机不同，没有锥齿轮传动。这种截割部兼作摇臂的结构可使机器的长度缩短。摇臂调高系统的液压泵由单独的交流电动机驱动。

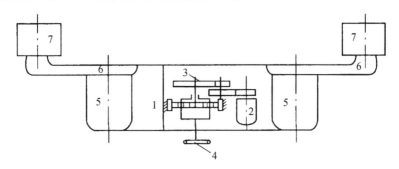

图 9-22　电牵引采煤机示意图

1—控制箱；2—直流电动机；3—齿轮减速装置；4—驱动轮；5—交流电动机；6—摇臂；7—滚筒

根据调速原理不同，牵引电动机有直流和交流两种类型。

1）他励或串励直流电动机调速电牵引

直流牵引电动机可以是他励直流电动机，也可以是串励直流机。现以可控硅—他励电动机为例说明其调速原理。

他励直流电动机接线如图 9-23 所示，它的机械特性方程式为

$$n = \frac{U_D}{C_e \varphi} - \frac{R}{C_e C_T \varphi^2} T \qquad (9-3)$$

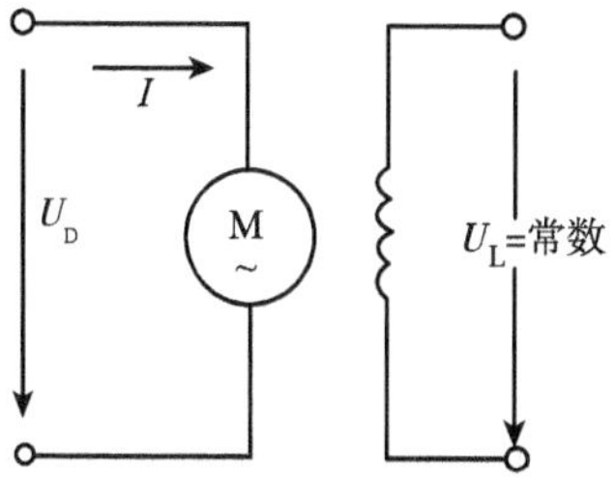

式中：U_D——加在电枢回路上的电压；

　　　　R——电动机电枢电路总电阻；

　　　　φ——电动机磁通；

　　　　C_e——动势常数；

　　　　C_T——转矩常数。

图 9-23　他励电动机调速原理

此公式也是直流电动机的调速公式，改变加在电枢回路的电阻 R，外加电压 U_D 及磁通 φ 中的任何一个参数，就可以改变电动机的机械特性，从而对电动机进行调速。采煤机中不采用改变电枢回路附加电阻的方法调速，避免电阻发热带来的问题，只采用改变外加电压 U_D、磁通 φ 的调速方案。

2）交流电动机变频调速电牵引

变频交流电牵引采煤机，在新型大功率采煤机中应用较多。变频交流电牵引采煤机是根据交流异步电动机构造简单、运行可靠的特点而开发出的。交流异步电动机的转速取决于供电电源的频率，在直接由电网供电的情况下，异步电动机转速调节很困难。随着电子科技的进步、数字电子技术、微电子技术、电动机和控制理论的发展，用晶闸管、大功率晶体管逆变器组成的、容量从几十千瓦到几百千瓦的异步电动机变频调速系统已投入工业运行，并取得了较好的效果。

交流电动机的变频调速原理可依据下式分析。

$$n = \frac{60f}{p}(1-s) \tag{9-4}$$

式中：n——异步电动机轴转速，r/min；

f——供电电源频率，Hz；

p——磁极对数；

s——异步电动机的转差率。

交流电动机有改变极对数 p、调节转差率 s 和改变供电电源频率 f 三种基本调速方式。

变频交流电牵引采煤机，就是根据在极对数 p 不变的情况下，电动机转数 n 与供电电源频率 f 成正比的关系来进行调速的。

电牵引采煤机的优点是：调速性能好；因采用固体元件，所以抗污染能力强；除电刷和整流子外无易损件，因而寿命和效率高，维修工作量小；因电子控制的响应快，所以易于实现各种保护、检测和显示；结构简单，机身长度可大大缩短，提高了采煤机的通过性能和开缺口效率。因此，电牵引采煤机近年来有了较快的发展，被认为是第四代采煤机。

9.4　采煤机辅助装置

采煤机辅助装置包括调高和调斜装置、底托架、降尘装置、拖缆装置、破碎装置、挡煤板、防滑装置和辅助液压装置等。这些辅助装置配合采煤机的基本部件实现采煤机的各种动作。根据滚筒采煤机的不同使用条件和要求，各辅助装置可以有所取舍。

9.4.1　调高和调斜装置

为适应煤层厚度的变化，在煤层高度范围内上下调整滚筒的位置称为调高。为了使滚筒能适应底板沿煤层走向的起伏不平，调整采煤机机身绕其纵轴摆动称为调斜。调斜通常采取调整在底托架下靠采空区侧的两个支撑滑靴上的液压缸来实现。

采煤机调高有摇臂调高和机身调高两种类型，都是依靠液压缸来实现滚筒位置的改变。用摇臂调高时，多数将调高千斤顶装在采煤机底托架内如图 9-24（a），通过小摇臂与摇臂轴使摇臂升降，也有将调高千斤顶放在端部如图 9-24（b）或截割部固定箱内如图 9-24（c）。采用机身调高时，调高千斤顶有安装在机身上部如图 9-25，也有安装在机身下部的。

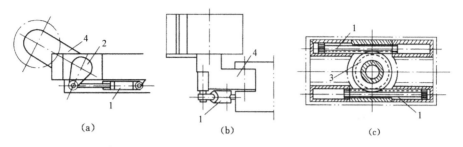

图 9-24 摇臂调高方式

1—调高千斤顶；2—小摇臂；3—摇臂轴；4—摇臂

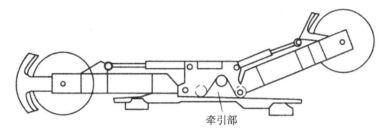

图 9-25 机身调高方式

典型的调高液压系统如图 9-26 所示。调高泵 2 经过滤器 1 吸油，靠操纵换向阀 3 通过双向液压锁 4 使调高千斤顶 5 升降。双向液压锁用来锁紧千斤顶活塞的两腔，使滚筒保持在所需的位置上。安全阀 6 的作用是保护整个系统。

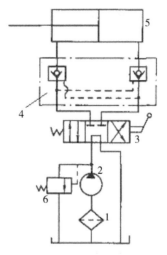

图 9-26 调高液压系统

1—过滤器；2—调高泵；3—换向阀；4—双向液压锁；

5—千斤顶；6—安全阀

9.4.2 底托架

底托架是滚筒采煤机机身和工作面输送机相连接的组件。由托架、导向滑靴、支撑滑靴等组成如图 9-1。电动机、截割部和行走部组装成整体固定在托架上，通过其下部的四个滑靴（分别安装在前后左右）骑在工作面输送机上，并沿输送机滑行。靠采空区侧的两个滑靴称为导向滑靴，套装在工作面输送机中部槽的导轨或无链牵引的行走轨上，防止机器运行时掉道。靠煤壁侧的滑靴称为支撑滑靴，用以支撑采煤机亦起导向作用，有滑动式和滚轮式两种。底托架与工作面输送机中部槽之间需具有足够的空间，以便于煤流从中顺利通过。有的滚筒采煤机机身（主要是薄煤层采煤机）通过导向滑靴和支撑滑靴直接骑坐在工作面输送机上，以增大机身下的过煤空间。

9.4.3　挡煤板

挡煤板配合螺旋滚筒以提高装煤效果、减少煤尘飞扬。采煤机工作时，挡煤板总是离截齿一定距离紧靠于滚筒后面，根据机器的不同牵引方向，需将其转换至滚筒的另一侧。挡煤板有弧形挡煤板和门式挡煤板两种结构形式。弧形挡煤板为圆弧形，可绕滚筒轴线翻转180°，有专用翻转机构和无翻转机构两种翻转方法。现在有些大功率采煤机取掉了挡煤板。

9.4.4　防滑装置

《煤矿安全规程》规定：当煤层倾角大于 10° 时，采煤机应设防滑装置，煤层倾角大于机器自滑坡度（规定为 15°）的工作面，采煤机必须有可靠的防滑装置。防滑装置用于在行走机构意外损坏或机器停车又无制动保护的情况下，为防止机器失速下滑而造成人身和设备重大事故所必须采取的安全保护措施。特别是链牵引采煤机上行工作时，一旦断链，就会造成机器下滑的重大事故。常用防滑装置有防滑杆、液压安全绞车、制动器等。

最简单的防滑办法是在采煤机底托架下面顺着煤层倾斜向下的方向设防滑杆如图9-27，它可利用手把操纵，在采煤机上行采煤时将防滑杆放下。这样，万一断链下滑，防滑杆即插在刮板链上，只要及时停止输送机，即可防止机器下滑。而下行采煤时将防滑杆抬起。这种装置只用于中、小型采煤机。

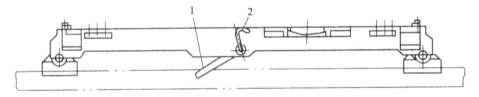

图 9-27　防滑杆
1—防滑杆；2—手把

液压安全绞车是一种液压传动的滚筒式小绞车。它安装在工作面上部回风巷内，绞车的钢丝绳端固定在采煤机上。当发生断链时，通过采煤机的下滑使绞车制动，采煤机在绞车钢丝绳牵制下停止下滑。

在无链牵引中，可用设在牵引部液压马达输出轴上的圆盘摩擦片式液压制动器，代替设于上平巷的液压安全绞车，防止停机时采煤机下滑。当两套行走驱动装置中有一套意外损坏时，另一套由制动器制动，这是现代滚筒采煤机使用最广泛的防滑装置。

液压制动器结构如图 9-28 所示。内摩擦片 6 装在马达轴的花键槽中，外摩擦片 5 通过花键套在离合器外壳 4 的槽中。内、外摩擦片相间安装，并靠活塞 3 中的预压弹簧 7 压紧。

弹簧的压力是使摩擦片在干摩擦情况下产生足够大的制动力防止机器下滑。当控制油由 B 口进入液压缸时，活塞 3 压缩弹簧 7 而右移，使摩擦离合器松开，采煤机即可牵引。

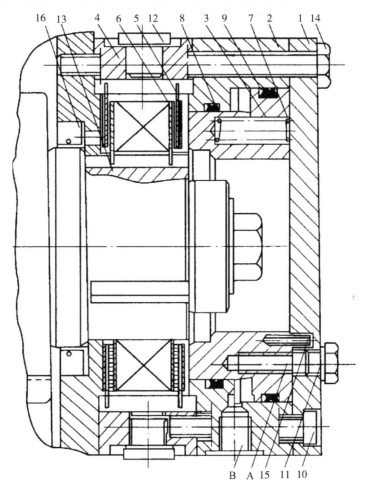

图 9-28　液压制动器

1—端盖；2—液压缸体；3—活塞；4—离合器外壳；5—外摩擦片；
6—内摩擦片；7—弹簧；8，9—密封圈；10，14—螺钉；11，12—丝堵；
13—马达轴；15—定位销；16—油封；A，B—油口

9.4.5　喷雾降尘与冷却系统

喷雾降尘是用喷嘴把压力水高度扩散，使其雾化，形成将粉尘源与外界隔离的水幕。雾化水能拦截飞扬的粉尘而使其沉降，并有冲淡瓦斯、冷却截齿、湿润煤层和防止产生截割火花等作用。降尘装置的配置方式有外喷雾和内喷雾两大类，《煤矿安全规程》中规定采煤机都应安装有效的内、外喷雾装置。

喷嘴装在滚筒上，将水从滚筒里向截齿喷射，称为内喷雾；喷嘴装在机身两端和摇臂上，将水从滚筒外向滚筒及煤层喷射，称为外喷雾。内喷雾的喷嘴离截齿近，把粉尘消除在刚刚生成还没有扩散的阶段，降尘效果好，耗水量小；但供水管要通过滚筒轴和滚筒，需要可靠的回转密封，喷嘴也容易堵塞和损坏。外喷雾的喷嘴离粉尘源较远，粉尘容易扩散，并

且耗水量较大,但供水系统的密封和维护比较容易。

目前,一般采煤机都采用水冷式电动机,这种电动机的定子和外壳之间有一水套,冷却水流经水套,将电动机的热量带走。采用水冷式电动机,在同样的外形尺寸条件下可增大电动机的功率。此外,采煤机的液压牵引部在工作中产生很大热量,也需采用水冷方式降低工作油液的温度。所以,采煤机都设有水冷系统。

采煤机的水冷系统和喷雾降尘系统是结合在一起的。一部分压力水在经过冷却电动机和牵引部后,再用于喷雾降尘。

图 9-29 所示为一采煤机典型的喷雾冷却系统,其供水由喷雾泵站沿顺槽管路、工作面拖移软管接入,经截止阀、过滤器及水分配器分配成 4 路:1、4 路供左、右截割部内、外喷雾;2 路供牵引部冷却及外喷雾;3 路供电动机冷却及外喷雾。

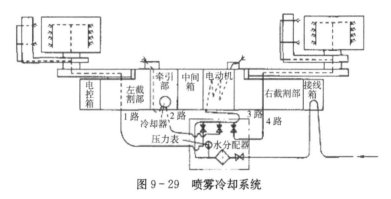

图 9-29 喷雾冷却系统

9.4.6 拖缆装置

采煤机上下采煤时,为了保证电缆和水管不被采煤机压坏或大块煤砸坏,电缆和水管是装在电缆夹里跟着采煤机一起移动的。一般采煤机所用的电缆夹如图 9-30 所示由框形链环 1 用铆钉连接而成,各段之间用销轴 2 联接。框形链环在采空区一侧开口,从开口处将电缆和水管装入后再用挡销 3 挡住。电缆夹的一端用一个可回转的弯头 5 固定在采煤机的电气接线箱

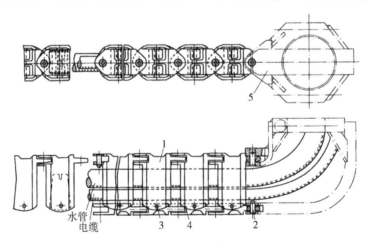

图 9-30 电缆夹

1—框形链环;2—销轴;3—挡销;4—板式链;5—弯头

上。为了改善靠近采煤机机身这一段拖缆装置的受力情况，其开口一边装有一条节距相同的板式链4，使链环不致发生侧向弯曲或扭绞。

采煤工作面上的电缆和水管，前一半固定不动地铺于输送机槽帮的电缆架内，后一半从工作面中点附近引出，并夹入电缆夹内。当采煤机沿工作面上行时，电缆重叠为两层，采煤机拖着上层电缆夹在下层电缆上移动；当采煤机运行到工作面两端时，电缆夹全部展开。为了防止在工作面两端拉断电缆夹和适应采煤工作面长度的变化，安装时要使电缆夹的长度比采煤机运行长度的一半长 2 m 以上。

思　考　题

1. 滚筒采煤机由哪几部分组成？各部分作用如何？
2. 简述螺旋滚筒的主要结构、参数。其转向和叶片旋向有何要求？
3. 名词术语解释：截齿配置图、截线、截距。
4. 滚筒采煤机截割部有哪些特点？
5. 简述链牵引的工作原理。紧链器有何功用？
6. 无链牵引机构主要有哪些优点？
7. 牵引部传动装置有哪些类型？各类型特点如何？
8. 调高、调斜的目的是什么？滚筒调高有哪些类型？
9. 说明液压调高系统的工作原理。

第10章

液压牵引采煤机

液压牵引采煤机是利用液压传动来驱动采煤机行走的。该类型的采煤机从结构上来分基本有两种,一种是单电机纵向布置拖动(如 MG300—W 型采煤机),而另一种则是多电机横向布置拖动(如 MG300/690—W 型采煤机)。本章仅以 MG300—W 型双滚筒采煤机为例,来介绍它们的组成、特点以及工作原理等。

10.1 MG300—W 型采煤机概述

MG300—W 型采煤机是我国自行设计、研制的功率较大液压牵引采煤机,是单电机纵向布置的双滚筒采煤机,采用滚轮-齿条无链牵引机构,它与 SGZ—730/264 型刮板输送机、ZY400—18/38(或 QY320—20/38)型液压支架、SZZ—730/132 型转载机、PEM980×815 型颚式破碎机以及 SDZ—150 型伸缩带式输送机等组成综采设备,用于开采煤层厚度为 2.1～3.7 m、倾角小于 35°的中硬或硬煤层。

MG300—W 型采煤机的主要特点如下。

① 采用四牵引。牵引力大(牵引力达 466 kN),滚轮与齿轨啮合的接触应力小,使用寿命长。

② 采用弯摇臂,装煤效果好。

③ 设有破碎机构,保证煤流畅通,可减少大块煤堵塞事故。

④ 电动机恒功率调速,保护完善,液压系统有超压、失压、过零保护,截割部有剪切销过载保护,整体有下滑超速和滚轮差速保护,电动机有过热保护。

⑤ 操作方式有多样且方便。本机设有手动、液压、电气操作,并在机器两端、中部都设有操作点。

⑥ 为加快滚筒排煤速度,滚筒采用三头螺旋叶片。滚筒轴与滚筒采用方形轴颈与方形孔联接,传递扭矩大,装拆方便。

MG300—W 型采煤机如图 10-1 所示,主要由截割部 1(包括固定减速箱、摇臂减速箱、滚筒和挡煤板)、牵引部(包括液压传动箱 2、牵引传动箱 3)、电动机 4(定子水冷,300 kW)、滚轮-齿条无链牵引机构、破碎装置和底托架 5 等组成。

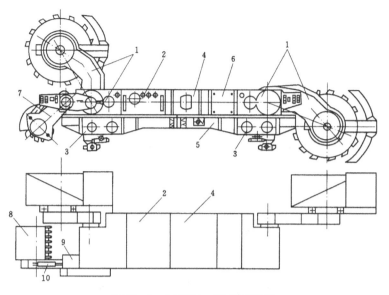

图 10-1 MG300—W 型采煤机

1—截割部；2—液压传动箱；3—牵引传动箱；4—电动机；5—底托架；6—中间箱；
7—破碎装置小摇臂；8—破碎滚筒；9—破碎装置固定减速箱Ⅰ；10—小摇臂摆动液压缸

    该机靠四个滑靴骑在工作面刮板输送机上工作。靠煤壁侧的两个滑靴支撑在输送机的铲煤板上；靠采空区侧的两个滑靴支撑在输送机的槽帮上，并通过齿条上的导轨为滑靴导向，使采煤机不致脱离齿轨。采煤机割煤时，在采煤机后边 15 m 左右处开始推移输送机，紧接着移支架。采完工作面全长后，将上、下滚筒高度位置对调，并翻转挡煤板，然后反向牵引割煤。采煤机可用斜切法自开缺口。

10.2 截割部

10.2.1 机械传动系统

    MG300—W 型采煤机左、右截割部机械传动系统相同，图 10-2 为左截割部传动系统。电动机左端出轴通过齿轮联轴器 C（$m=5$，$Z=32$）与液压传动箱中的通轴连接，通轴又通过齿轮联轴器 C_1（$m=5$，$Z=32$）驱动左固定箱中的小锥齿轮 Z_1、大锥齿轮 Z_2，后又经过离合器 C_2（$m=3$，$Z=50$）、过载保护器 S 将动力传递给齿轮 Z_3、Z_4。齿轮联轴器 C_3 是连接固定箱末轴与摇臂箱输入轴的。摇臂中齿轮 Z_5 经过四个惰轮 Z_6、Z_7、Z_8、Z_9 驱动 Z_{10} 和行星齿轮传动（Z_{11}、Z_{12}、Z_{13}、H），最后驱动滚筒 D。齿轮 Z_3、Z_4 为变换齿轮，共有四对，相应有四种滚筒转速。

    操纵齿轮离合器 C_2 可使滚筒脱开传动。

    大锥齿轮轴上的齿轮 Z_{14} 分别经过齿轮 Z_{15}、Z_{16} 驱动的两个液压泵是润滑泵。

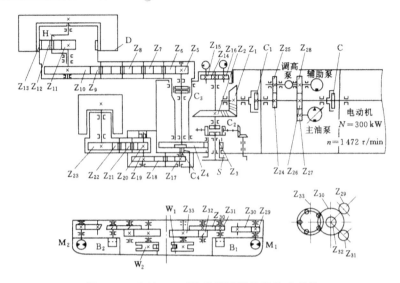

图 10-2　MG300—W 型采煤机机械传动系统

10.2.2　固定减速箱结构

图 10-3 为固定减速箱的结构，其整体铸造的箱体结构是上下对称的，因此在减速箱进行组装时，箱体无左右之分，可以翻转 180°使用。但已组装好的左、右固定减速箱不能左、右互换。

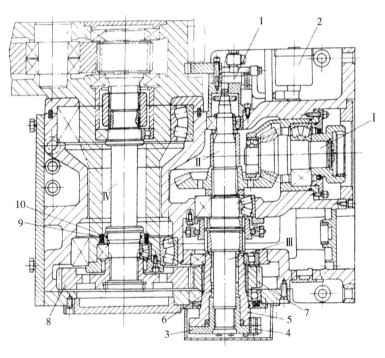

图 10-3　固定减速箱的结构
1—润滑液压泵；2—冷却器；3—过载保护套；4—安全销；5—轴套；
6—滑动轴承；7，8—齿轮；9，10—密封圈

固定减速箱内装有两级齿轮传动（共四个轴系组件）、齿轮离合器和两个润滑液压泵。Ⅱ轴靠采空区侧的端部，通过齿轮离合器与Ⅲ轴连接，Ⅲ轴端部用花键与过载保护套 3 连接，保护套又通过安全销 4 与轴套 5（由两个滑动轴承 6 支承）连接，轴套与齿轮 7 通过花键连接。这样，动力由齿轮离合器→Ⅲ轴→过载保护套→安全销→轴套→齿轮 7→齿轮 8 传至Ⅳ轴。当滚筒过载时，安全销被剪切断，电动机及传动件得到保护。过载保护装置位于采空区侧的箱体之外，其外面有保护罩，一旦安全销断裂，更换比较方便。

10.2.3 摇臂

MG300—W 型采煤机摇臂外形呈下弯状（参看图 10-1），加大了摇臂下面过煤口的面积，使煤流更加畅通。摇臂壳体为整体结构，靠采空区侧的外面焊有一水套，以冷却摇臂。

摇臂减速箱结构如图 10-4 所示，主要由壳体 1，轴齿轮 2，惰轮 3、4、5、6 和大齿轮 7，内外喷雾装置 8，行星传动装置 9 及转向阀 10 等组成。

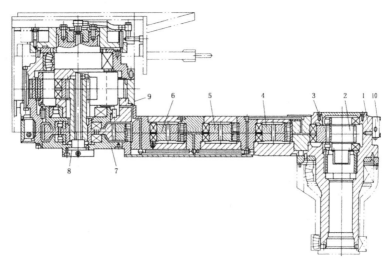

图 10-4 摇臂减速箱结构
1—壳体；2—轴齿轮；3，4，5，6—惰轮；7—大齿轮；8—内外喷雾装置；
9—行星传动装置；10—转向阀

固定箱Ⅳ轴和摇臂输入轴（见图 10-3）通过齿轮联轴器联接，从而将动力由固定箱传入摇臂。在摇臂内有两级减速，一级为圆柱齿轮传动，一级为行星齿轮传动。行星传动级的输出轴（即系杆）与法兰盘用花键联接。法兰盘上的方轴颈用来连接滚筒。这种方头连接的特点是：传递转矩大，结构紧凑，连接可靠，拆装方便。

10.2.4 润滑

固定箱和摇臂箱的润滑系统如图 10-5 所示。固定箱里的齿轮、轴承等传动件靠齿轮旋转时带起的油进行飞溅润滑。固定箱油池 8 中的热油由润滑泵 6 送至冷却器 7 冷却，冷却后的油又回到固定箱油池。因固定箱油池与破碎装置固定箱油池内部相通，故破碎装置固定箱中的润滑油也得到冷却。固定箱与摇臂箱通过密封圈 9（两个）和 10 彼此隔开（图 10-3）。

　　润滑泵 5 专供摇臂箱传动件的润滑。当摇臂上举时，润滑油都流到摇臂箱靠固定箱端，这时机动换向阀 4 处于Ⅱ位，摇臂中的润滑油经摇臂下部油口 3、换向阀 4 进入液压泵 5，排出的油经管道送到摇臂中润滑齿轮和轴承。当摇臂下落到水平位置和下倾 22°时，换向阀的阀芯被安装在摇臂上的一个凸轮打到Ⅰ位，这时集中到远离固定箱端的摇臂中的油液经滚筒端的吸油口 1、换向阀 4 进入液压泵后，又送到摇臂箱靠固定箱端。这样就保证了摇臂在上举和下落工作时摇臂中传动件都能得到充分润滑。

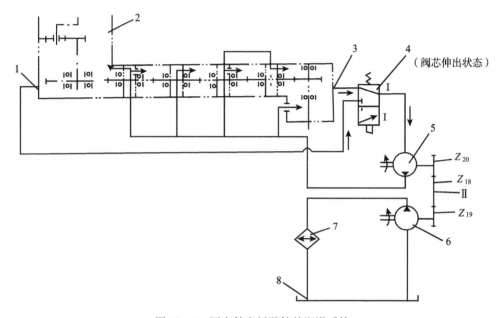

图 10 - 5　固定箱和摇臂箱的润滑系统

1，3—吸油口；2—摇臂；4—机动换向阀；5—摇臂润滑泵；6—固定箱润滑油冷却泵；
7—冷却器；8—固定箱油池

10.3　牵引部

　　MG300—W 型采煤机的牵引部包括液压传动箱、牵引传动箱和滚轮—齿条无链牵引机构。液压传动箱由机械传动和液压传动两部分组成。机械传动部分主要是通过通轴上的齿轮驱动三个泵（见图 10 - 2）。液压传动箱中集中了牵引部除液压马达外的所有液压元件（如主液压泵、辅助泵、调高泵、各种控制阀、调速机构和辅件等）。牵引传动箱有两个，分别装在底托架两端的采空区侧（见图 10 - 1），牵引传动箱中的摆线液压马达分别通过二级齿轮减速后驱动滚轮，而滚轮又与固定在输送机采空区侧槽帮上的齿条啮合而使采煤机沿工作面全长移动。

　　该采煤机的机械传动系统见图 10 - 2，每个牵引传动箱中有两个摆线马达，由主泵的压力油驱动，分别经两级齿轮减速后驱动牵引滚轮，使它们与输送机上的齿条相啮合而实现牵引。这种传动方式，不但具有较大的牵引力，而且滚轮与齿条间的接触应力小，提高了牵引机构的使用寿命。

滚轮—齿条牵引机构中的滚轮结构如图 10-6 所示。滚轮 1 为锻件，在其节圆圆周上均布有五个滚子 2，它们滑装在销轴 3 上，并用挡板 5 将销轴轴向限位。销轴上开有径向和轴向油孔，从油嘴 6 可向滚子和销轴间的滑动面上加注润滑脂。滚子形状呈鼓形，有利于与齿条啮合。滚子材料为优质合金钢。

齿条由固定齿条和调节齿条组成（如图 10-7 所示）。调节齿条 5 用销轴 4 固定在固定齿条 2 的长孔中，并用螺母将销轴轴向定位。二者采用长孔、圆柱销轴的连接方法，可以保证输送机在垂直方向弯曲的情况下，滚轮与齿条仍能保持良好的啮合，以适应煤层底板的起伏。铆固在齿条侧面上的导轨 3 用来为采煤机采空区侧的滑靴导向，定位销 6 用于安装齿条时定位。

MG300—W 型采煤机液压传动系统如图 10-8 所示。它包括主油路系统、操作系统和保护系统。

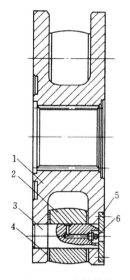

图 10-6 滚轮结构

1—滚轮；2—滚子；3—销轴；
4—密封垫；5—挡板；6—油嘴

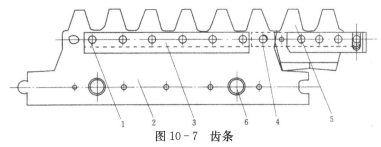

图 10-7 齿条

1—铆钉；2—固定齿条；3—导轨；4—销轴；5—调节齿条；6—定位销

10.3.1 主油路系统

主油路系统包括主回路、补油和热交换回路。

1. 主回路

主回路是由 ZB125 型斜轴式变量轴向柱塞泵 1（主液压泵）与四个并联的 BM—ES630 型定量摆线液压马达 2 组成的闭式回路。改变主液压泵的排量和排油方向即可实现采煤机牵引速度的调节和牵引方向的改变。

2. 补油和热交换回路

辅助泵 4（CB 型齿轮泵）从油箱经粗过滤器 3 吸油，排出的油经精过滤器 5、单向阀 8 或 9 进入主回路低压侧，以补偿主回路的泄漏和建立背压。液压马达排出的热油经三位五通液动换向阀（梭形阀）10、低压溢流阀（背压阀）11、冷却器 12 及单向阀 13 回油箱，使热油得到冷却。

低压溢流阀 11 的调定压力为 2.0 MPa，以使回路的低压侧即液压马达的排油口维持一定的背压。溢流阀 7 的调定压力为 2.5 MPa，以限制辅助泵的最高压力，防止因压力过高而损坏。单向阀 6（滤芯安全阀）的作用是保护过滤器。单向阀 13 的作用是在更换冷却器时防止油箱的油液外漏。

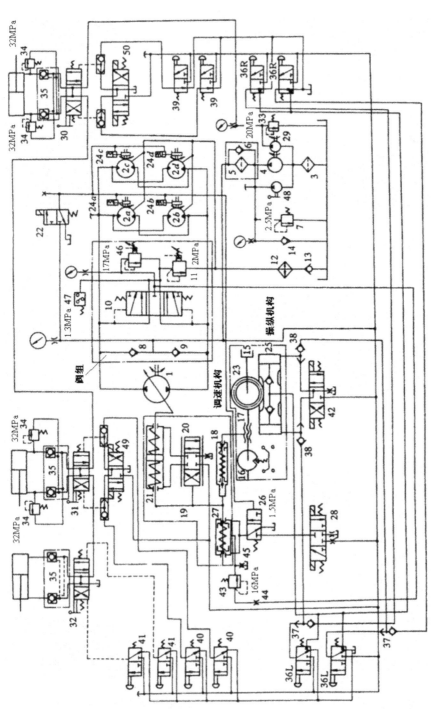

图10-8　MG300—W型采煤机液压传动系统

1—主油泵；2—油马达；3—粗过滤器；4—辅助泵；5—精过滤器；6、8、9、13、14—单向阀；7—溢流阀；10—换向阀；11—背压阀；12—冷却器；15—手把；16—开关圆盘；17—螺旋副；18—调速套；19—杠杆；20—伺服阀；21—变量油缸；22—电磁阀；23—齿轮；24—液压制动阀；25—牵引油缸；26—失压控制阀；27—回零油缸；28、42、49、50—电磁阀；29—调高泵；30、31、32—手液动换向阀；33、34、46—牵引阀；35—安全阀；36—牵引泵；37、38—交替单向阀；39、40、41—调高阀；43—远程调压阀；44、45—节流器；47—压力继电器；48—手压泵；49、50—电磁换向阀；

由于辅助泵只能单向工作，为了防止电动机因接线错误而短时反转使泵吸空，专门设置了单向阀14，这时辅助泵可通过该单向阀从油箱吸油。

10.3.2　操作系统

操作系统用于牵引的启停、调速、换向以及截割滚筒、破碎滚筒的调高。

1. 手动操作

1) 牵引的换向和调速

当牵引手把15置于中位时，开关圆盘16的缺口对零，使常开行程开关断开，电磁阀22断电，其阀芯在弹簧作用下复位（图示位置），回零油缸27左、右活塞的外侧油腔与油箱接通，两活塞内侧的弹簧伸张，通过调速机构将主泵摆缸拉到零位。

在启动电动机后，主泵、辅助泵都运转。当顺时针或逆时针方向转动调速手把15一个角度时，在开关圆盘16作用下行程开关闭合，电磁阀22通电，辅助泵排出的低压液体经阀22进入液压制动器24，对液压马达松闸；同时，通过低压控制油使失压控制阀26的阀芯左移。由于一般情况下三位三通电磁阀（也称功控电磁阀）28处于欠载位置（左位），故低压控制油经过阀28、失压控制阀26进入回零油缸27两活塞的外侧油腔，压缩其中的弹簧，实现对主液压泵的解锁。这时，转动手把15，通过螺旋副17可使调速套18移动，并通过杠杆19的摆动而移动伺服阀20的阀芯，使变量油缸21移动，继而驱动主油泵1按变量油缸活塞移动的对应方向摆动。主油泵摆动的角度越大，其排量就越大，则马达2的转速就越高，采煤机的牵引速度也就越快。同时，在变量油缸21活塞移动的过程中，杠杆19绕其与调速套18的铰接点摆动，继而带动伺服阀20的阀芯反方向移动，最终使伺服阀的阀芯又回到中位，变量油缸的上下活塞腔被关闭，活塞再不会移动，主油泵1也再不会摆动。采煤机就在该牵引速度下运行。如果此时再同方向操作调速手把15，仍然使调速套18产生一定的位移，则采煤机的牵引速度会再增加一定的值，而反方向操作调速手把15，则可使采煤机减速或反向牵引，从而实现采煤机牵引换向和牵引速度的调节。

2) 截割滚筒和破碎滚筒的调高

调高是通过专用的径向柱塞泵29和三个H机能的手动换向阀30、31、32来实现的。其中换向阀30、31控制左、右摇臂的升或降，换向阀32控制破碎装置小摇臂的升或降。安全阀33的调定压力为20 MPa，用于限制调高泵29的最大压力。安全阀34的调定压力为32 MPa，用以保护调高油缸。液控单向阀35（液压锁）的作用是固定调高油缸的位置并使之承载。应当指出，由于采用了三个串联的H机能的换向阀，故三个油缸只能单独操作。

2. 液压操作

液压操作是用手动换向阀来实现采煤机的牵引换向、调速和滚筒调高的。

为了便于操作，在采煤机两端装有按钮控制的二位三通阀36L、36R、39L、39R、40L、40R、41L、41R。

按动每端的牵引阀36之一的按钮，低压控制油即经此阀和交替单向阀37、38进入液动牵引油缸25的一侧。牵引油缸25另一侧的油经交替单向阀38、37及另一牵引阀36回油箱。于是牵引油缸25的齿条活塞移动，并通过齿轮23、螺旋副17及调速套18进行换向和调速。其换向、调速过程同手动操作。松开牵引阀36的按钮，控制油被切断，变量油缸被锁在一定位置上，主液压泵以一定的排量工作（即采煤机以一定的牵引速度移动）。当需要采煤机停止牵引或减速时，先通过反向牵引使牵引液压缸 25 的活塞回到零位，控制油经活塞中心的单向阀及液压缸中部的孔道去推动牵引阀 36 的阀芯外移，发出一个停车信号，指示司机停止牵引。

同理，按动每对调高阀 39、40 或 41 之一时，即可利用液动的方法移动换向阀 30、31 或 32 的阀芯，使左、右滚筒或破碎滚筒升降。松开按钮，控制油源被切断，换向阀在弹簧作用下复位，调高液压缸即被锁定在一定位置上。

3. 电气操作

电气操作是利用电信号来实现采煤机的牵引换向、调速和各滚筒的调高。电气操作分为电气按钮操作和无线电遥控操作，它是为电气自动控制和在急倾斜煤层中采煤而设置的。它通过将电信号转换成液动信号来控制操纵机构或换向阀，从而达到采煤机换向、调速或调高的目的。当发出电信号后，电磁阀 42 动作，即可移动牵引液压缸 25 的齿条活塞，通过齿轮 23、螺旋副 17、调速套 18 等来实现采煤机牵引换向、调速。电信号消失后，电磁阀 42 复位，机器就以一定的牵引方向和速度运行。同理，发出电信号后也可使电磁阀 49、50 动作，从而实现左、右滚筒的调高。

10.3.3 保护系统

MG300—W 型采煤机有完善的保护系统，这些保护包括以下几种。

1. 电动机功率超载保护

电动机功率超载保护是当电动机功率超载时，使采煤机的牵引速度自动减慢，以减小电动机的功率输出；而当外载减小时，牵引速度又可自动增大，直至恢复到原来选定的牵引速度。这样既可避免损坏电动机，又可充分发挥电动机的功率。

电动机功率超载保护是通过三位三通电磁阀（功控电磁阀）28、回零油缸 27 及调速套 18 的原来整定位置来实现的。采煤机正常工作时，电磁阀 28 处在欠载位置（左位），低压控制油经电磁阀 28、失压控制阀 26 进入回零油缸 27 两活塞的外侧油腔，使内侧弹簧压缩，从而使调速套解锁。这时，牵引手把 15 可根据工作面的情况任意将牵引速度整定到所需的数值。当电动机功率超载时，电气系统的功率控制器发出信号，使功控电磁阀 28 处于右位，回零油缸 27 中的油液经失压控制阀 26、功率控制电磁阀 28、节流器 45 回油箱。于是，回零油缸中的弹簧就推动拉杆使调速套 18 向减小牵引速度方向移动，牵引速度即降低。由于调速手把未动，因此调速套只能压缩其中的记忆弹簧。一旦电动机超载消失，功控电磁阀 28 又恢复到欠载位置，回零油缸解锁，通过拉杆使调速套向增速方向移动，牵引速度增大，但由于记忆弹簧的位置被调速手把整定位置限制，故牵引速度的最大值只能恢复到原来整定的数值。

2. 恒压控制

恒压控制是当牵引力小于额定值（400 kN）时，采煤机以调速手把所整定的速度运行；牵引力大于额定值时，牵引速度自动降低，直到回零；而当牵引速度降低使牵引力小于额定值时，牵引速度又自动增到整定的数值。其恒压控制特性曲线如图 10-9 所示，若手把整定的牵引速度为 3 m/min，则在牵引力小于 400 kN 时（即主回路高压侧压力达到 16 MPa）时，工作点在图中的虚线上移动。当牵引力达到或大于 400 kN 时，牵引速度沿 BC 线下降，直至降到零。在此过程中，若牵引力减小到额定值以下，则牵引速度又恢复到整定值运行。

恒压控制是通过远程调压阀 43、回零油缸 27 及调速套等实现的。在正常工作（牵引力小于 400 kN，即主回路高压侧压力低于 16 MPa）时，远程调压阀 43 关闭，回零油缸处于解锁状态，采煤机以整定的牵引速度运行。当主油路由于牵引负载增大而压力超过 16 MPa 时，远程调压阀 43 溢流，其一部分低压油从旁路节流器 45 分流（它可提高动作的稳定性，并可作为回零油缸的呼吸孔），另一部分进入回零油缸 27 的弹簧腔，推动活塞外移，迫使调速机构中的伺服杠杆 19 向减小主泵流量的方向运动，调速套 18 中的弹簧受压缩。当牵引负荷减小，即当主油路压力降到低于 16 MPa 时，远程调压阀 43 又关闭，回零油缸解锁，在记忆弹簧推动下，牵引速度又恢复到整定值。

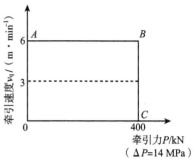

图 10-9　恒压控制特性曲线

3. 高压保护

采煤机工作时经常会遇到堵卡而使牵引阻力突然增加，液压系统的工作压力随之急剧上升。由于恒压控制受分流阻尼的影响，牵引速度下降比较慢，因此系统压力会继续上升。为此，系统中设置了高压保护回路，以限制系统的最高压力。高压保护是依靠高压安全阀 46 来实现的，其整定压力为 17 MPa。当系统压力达到此值时，高压安全阀开启，高压油经背压阀 11 等流回油池，系统压力不再上升，牵引速度很快下降，实现系统的超载保护。另外，一旦远程调压阀 43 失灵时，可由高压安全阀来保护高压系统。

4. 低压欠压保护

低压欠压保护是为了使系统维持一定的背压。它由失压控制阀 26 和压力继电器 47 来实现。当主回路低压侧压力低于 1.5 MPa 时，失压控制阀 26 复位，回零油缸 27 的弹簧腔与油箱接通，使主泵回零，机器停止牵引。若失压控制阀失灵，当压力低于 1.3 MPa 时，压力继电器 47 动作，切断电动机电源，采煤机停止工作。

5. 停机主泵自动回零保护

当采煤机在某一整定牵引速度下工作而突然停电时，由于刹车电磁阀 22 断电和失压控制阀 26 失压，回零油缸中的弹簧推动主泵自动回零，从而可保证下次开机时主泵在零位启动。

6. 过零保护

过零保护是为了防止机器在从一个牵引方向减速后向另一方向牵引时由于突然换向而产生冲击。它有手动液控和电控两种过零保护方法。

液控过零保护是按动牵引阀 36，使低压控制油经该阀、交替单向阀 37 进入操纵机构，推动液动牵引油缸 25 移动。当达到零位时（牵引速度为零），油缸 25 的活塞上的 $\phi 3$ 小孔与缸体上的 $\phi 2$ 小孔对齐，油经油缸上的单向阀流到控制阀 36 的阀芯右端液控口，给司机一个零位信号，表明牵引调速手把已经达到零位，应当立即松手，以切断去油缸 25 的油路而停止牵引，否则采煤机会出现反向牵引；然后，司机再按下该牵引阀按钮，采煤机即反向牵引。

电气过零保护是通过行程开关实现的。固定在牵引手把 15 轴上的开关圆盘 16，其圆周上有一个 120°的缺口，当手把转到零位时，行程开关的滚轮正好落在缺口，使行程开关动作而切断三位四通电磁阀 42 的电源，于是阀 42 复位，油缸 25 停止移动，机器停止牵引。

以上两种过零保护都能使二位三通电磁阀 22 断电，从而使制动器 24 对液压马达实现制动，采煤机停止牵引。

7. 超速和防滑保护

《煤矿安全规程》规定，采煤机在倾角 10° 以上的工作面工作时，必须装防滑装置。该采煤机用四个制动器 24 并通过二位三通电磁阀 22 来实现松闸和抱闸。采煤机正常运转时，二位三通电磁阀带电，制动器对液压马达松闸，四个液压马达基本同步运转。而当其中一套牵引系统出现故障时，就会发生四个液压马达运转不同步，其中一个马达超速运转的情况，这样，主油路的压力就建立不起来，采煤机就会在自重分力作用下开始下滑。当下滑速度超过 10 m/min 或四个牵引滚轮间的速度差大于 2 m/min 时，装在马达传动齿轮上的速度传感器便发出信号，使二位三通电磁阀 22 断电，制动器就立即制动，及时阻止采煤机下滑。

此外，系统中还设有压力表、测压点、放气塞、手压泵及加油阀等。操作点有机器中部的手动操作、机器两端的液动和电动及离机操作等四处。

10.4　破碎装置

如图 10-1 所示，破碎装置位于采煤机靠回风巷道的固定箱端部，它的用途是破碎片帮大块煤，使之顺利通过采煤机与输送机之间的过煤空间。如果煤壁不易片帮，或片帮煤块度不大，也可不装破碎装置。

破碎装置（见图 10-1）由固定减速箱 9、小摇臂 7、小摇臂摆动液压缸 10 和破碎滚筒 8 等组成。小摇臂在摆动液压缸作用下可从水平位置向下摆动 40°。

破碎装置的传动系统见图 10-2，动力由截割部固定减速箱的齿轮 Z_4 经离合器 C_4 输给破碎装置固定减速箱的齿轮 Z_{17}、Z_{18}、Z_{19} 后，再经小摇臂减速箱的齿轮 Z_{20}、Z_{21}、Z_{22}、Z_{23} 驱动破碎滚筒旋转。齿轮 Z_{17}、Z_{19} 为变换齿轮，有两种不同齿数。该级传动与截割部固定箱中的变换齿轮 Z_3、Z_4 组配，可获得与滚筒转速相适应的四种破碎滚筒转速。破碎滚筒的转向与截割滚筒的转向相反。

破碎装置的内部结构如图 10-10 所示，齿轮 4 与图 10-3 图中的齿轮 8 的内齿轮构成离合器，动力由此输入。由于固定箱中的第一级齿轮为变换齿轮，故它们之间的惰轮的回转中心线位置就要改变，在不更换小摇臂箱壳体的情况下，应在惰轮轴上套一个偏心套。

破碎装置的固定箱用螺栓固定在截割部固定箱的侧面，其壳体上、下对称，换工作面时绕横向轴线翻转 180° 可装到另一端截割部固定减速箱侧面。但已装好的破碎装置固定箱不能翻转使用。

破碎滚筒如图 10-11 所示。它由筒体 3、大破碎齿 2、小破碎齿 1 等组成。大、小破碎齿呈盘状，交替地装在筒体上，并用键 5 连接到筒体 3 上。

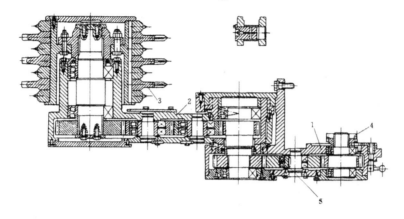

图 10-10 破碎装置

1—固定减速箱；2—小摇臂减速箱；3—破碎滚筒；4—离合齿轮；5—偏心套

破碎齿表面堆焊一层耐磨材料，齿体材料为高强度的 30CrMnSi。

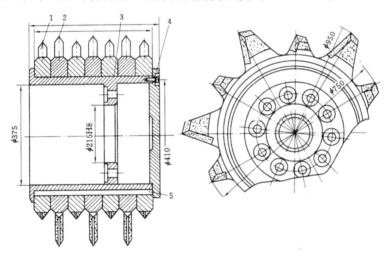

图 10-11 破碎滚筒

1—小破碎齿；2—大破碎齿；3—筒体；4—端盖；5—键

10.5 喷雾冷却系统

MG300—W 型采煤机的喷雾冷却系统如图 10-12 所示。用两条水管经电缆拖曳装置引入安装在底托架上的水阀，由水阀分配到左、右各三路，以进行冷却和内外喷雾。

10.5.1 冷却水系统

由水阀 c 口出来的水依次经过液压传动箱冷却器 1、左截割部固定减速箱冷却器 2、左摇臂水套 3 到左摇臂下面的喷嘴，以降低左滚筒向输送机装煤时的煤尘；由水阀 6 口出来的水依次经电动机水套 4、右固定减速箱冷却器 5、右摇臂水套 6 到右摇臂下面的喷嘴，以降低右滚筒向输送机装煤时的煤尘。

10.5.2　外喷雾系统

由水阀 f、g 口出来的水分别到左、右弧形挡煤板上的两个喷嘴内。

10.5.3　内喷雾系统

由水阀 e、d 口出来的水分别到左、右摇臂中心管，经滚筒的三个螺旋叶片上的水道到喷嘴。供水泵流量为 320 L/min，水压为 2 MPa。

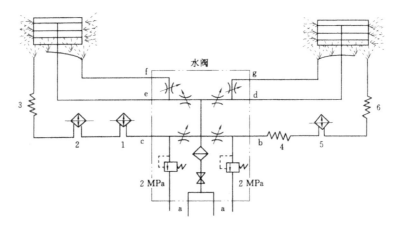

图 10-12　喷雾冷却系统

1，2，5—冷却器；3，4，6—水套

思　考　题

1. MG300—W 型采煤机截割部的安全销和整体摇臂壳体对使用有何意义？

2. MG300—W 型采煤机截割部的润滑系统有何特点？

3. 弯摇臂较直摇臂的优点是什么？

4. 破碎装置有什么用途？

5. 简述 MG300—W 采煤机牵引部液压传动系统中主回路、补油和热交换回路的工作原理；牵引部有哪几种操作方式？系统有哪些保护？

第11章

电牵引采煤机

11.1 概述

11.1.1 电牵引采煤机的发展

世界第一台直流电牵引（他励）采煤机是由德国艾柯夫公司1976年研制的EDW—150—2L型采煤机，此后又陆续开发了多种形式电牵引采煤机。自日本三井三池制作所于1986年研制出世界第一台MCLE400—DR6868交流电牵引采煤机以来，交流电牵引采煤机成为主导机型。

20世纪90年代艾柯夫公司开发的SL系列横向布置交流电牵引采煤机，将截割电机布置在摇臂上。其中该公司开发的SL1000型采煤机的采高范围为3.0～6.0 m，供电电压3.3 kV，最大牵引力1 000 kN，截割功率可达2×750（900）kW，装机总功率可达2 400 kW，最大采高可达6.1 m，采用双变频器"一拖一"系统并具有四象限运行能力，控制系统具有交互式人机对话、设备健康预报、在线数据传输等功能。

美国久益公司也在1976年研制出1LS直流（串励）电牵引采煤机，并于20世纪90年代开发出7LS6采煤机，总装机功率高达1 860 kW，供电电压3.3 kV，截割功率2×650（750）kW，牵引功率2×110 kW，牵引速度30 m/min，牵引力800 kN，装备了机载计算机信息中心，具有人机通讯界面，故障诊断图形显示和储存、无线电遥控、牵引控制和保护等功能。

英国DBT公司从1984年开始也陆续生产EL系列采煤机，EL1000/3000电牵引采煤机总装机功率最大可达1 884 kW，每小时生产能力达到5 000 t，最大采高可达6 m。

我国也非常重视电牵引采煤机的发展，首先是积极引进外国的先进采煤机技术和设备，然后合作生产，并独立研制和改进。从2000年起，国内几大采煤机生产厂家已先后推出交流电牵引采煤机。在这些机型中，以MG300/700—WD、MG400/920—WD系列机型最具代表性，太重煤机的MG1150/3000—WD电牵引采煤机装机功率已达3 000 kW，是目前国内最大功率采煤机。它实现了一次采全高7.2 m厚煤层的开采，每小时产煤量4 500 t，可满足煤矿一井一面一次采全高年产原煤千万吨的要求。工作面倾斜方向适应倾角≤16°，滚筒直径有3 600 mm和3 000 mm两个型号。该机采用机载交流变频调速，强力齿轨进行牵引，牵引力为 1 778/823 kN，牵引速度为 0～12.5～30 m/min。

国外交流电牵引采煤机的显著特点是均具有建立在微处理计算机基础上的智能化监控、监测和保护系统，可实现交互式人机对话、远程控制、无线遥控、工况监测及状态显示、数据采集存贮及传输、故障诊断、预警、自动控制、自动调高等多种功能，保证了采煤机最低的维护量和最高的开机率，并可与液压支架、工作面输送机信息交互和联动控制。这些是国内研制的交流电牵引采煤机和国外相比的差距所在。

目前，电牵引采煤机在德国、美国、英国、日本、中国、澳大利亚、南非、白俄罗斯、波兰等国广泛使用，日趋完善的牵引性能使其取得了很高的用户市场占有率，逐步取代了液压牵引采煤机。

目前国外和国产大功率厚煤层采煤机主要技术参数对比如表 11-1 所示。

11.1.2 MG400/920—WD 型采煤机概述

MG400/920—WD 型交流电牵引采煤机是国产具有代表性的电牵引采煤机，它与 SGZ880/800—W 型刮板输送机、BC7D400—17/35 型液压支架等组成综采设备配套，适用于高产高效综合机械化开采，可用于煤层厚度 2～4 m，倾角小于 18°，煤质硬或中硬的煤层。该机还可派生成 MG400/920—GWD 型或 MG400/920—AWD 型采煤机，可供厚煤层或较薄煤层使用。

表 11-1 国外和国产大功率厚煤层采煤机主要技术参数对比

型号 项目	SL1000 （德国艾柯夫）	7LS6 （美国久益）	MG750/ 1815—GWD （上海天地）	MG800/ 2040—WD （鸡西煤机）	MGTY750/ 1800—3.3D （太矿煤机）	MG900/ 2210—WD （西安煤机）
采高范围/m	4.0～6.3	2.2～4.9	3.7～5.2	2.8～5.46	2.6～5.5	2.7～6.3
煤层倾角/（°）	≤5	≤5	≤15	≤12	≤16	≤15
煤质硬度	≤10	≤10	≤6（夹矸硬度）≤10	≤4.5	≤10	≤10
装机总功率/kW	2 390	1 860	1 815	2 040	1 800	2 210
截割功率/kW	2×900	2×750	2×750	2×800	2×750	2×900
破碎功率/kW	200	110	100	160	90	150
牵引功率/kW	2×150	2×110	2×90	2×120	2×90	2×110
泵站功率/kW	2×45	30	35	40	35	40
供电电压/V	3 300	3 300	3 300	3 300	3 300	3 300
滚筒直径/mm	3 200	2 200	2 500/2 700	2 500/2 700	2 500	2 700/2 800/2 900
滚筒转速/ (r·min⁻¹)	25	26	23.4	26	26.4	24.4
截深/mm	865/1 000	865	800/1 000	865/1 000	850	800/1 000
牵引速度/ (m·min⁻¹)	16.6/33	12.2/26.0	12/21	12/19	10.4/24.58	11.5/23
牵引力/kN	978	800/375	780/445	1 040/656	726/305	1 000/500
质量/t	130	98	128	100	97	120
自适应采高技术	有	无	无	无	无	无
远程监控与诊断	无	无	无	无	无	有

1. 组成

MG400/920—WD 型采煤机由左右滚筒 3、左右摇臂减速箱 2、左右截割电动机 1、大框架 6、左右牵引箱 4、左右行走箱 8、左右调高泵站 5、电控箱 7、变频器、变压器、冷却喷雾系统及各种辅助装置等组成，如图 11-1 所示。采煤机总体采用多电机横向布置的形式，由大框架把各部件组合成一台完整的采煤机。

采煤机左、右截割部由截割电动机、摇臂和滚筒组成。左、右截割部分别由自己的截割电机驱动，每个电机的额定电压为 3 300 V、额定功率为 400 kW，截割总功率为 $2 \times$ 400 kW。左右截割部通过销轴在上部分别与左右框架联接作为摆动的支点，下部与调高油缸联接，调高油缸再由销轴联接在左右框架上，通过油缸的伸缩来实现滚筒的升降。

左右牵引部结构一样，相应地安装在左右框架上，包括牵引电动机、牵引减速箱、行走箱。行走机构采用摆线轮与销轨啮合的无链牵引方式，左、右牵引箱分别由两台额定电压为 380 V、额定功率为 50 kW 的交流牵引电机驱动，通过牵引减速机构来驱动左、右行走轮，行走轮与销轨啮合，驱动采煤机沿工作面行走。

该机采用交流变频调速技术。电控箱安置在右框架内，具有控制、操作、显示和连线、分线等功能。变压变频调速箱和制动电阻箱安置在中间框架内，调速箱的作用是降压、变频，实现电动机的无级调速。调高泵站安装在左右框架内，是滚筒升降、控制和制动回路的动力源，可同时操作左右滚筒而互不干涉。采煤机操作点设置在机身中间及两端，可直接操作按钮或手把，亦可遥控操作。

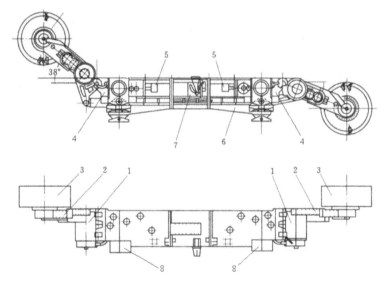

图 11-1　MG400/920—WD 型交流电牵引采煤机
1—截割电动机；2—摇臂减速箱；3—滚筒；4—牵引箱；
5—调高泵站；6—大框架；7—电控箱；8—行走箱

2. 主要特点

① 截割部电动机横向布置在摇臂上，摇臂和机身连接没有动力传递，取消了锥齿轮传动和结构复杂的通轴，使机身长度缩短。

② 所有的截割反力、调高液压缸支撑反力和牵引的反作用力均由大框架承受，而电控

箱、左右调高泵站等均不受外力，不仅外形尺寸减小，而且可靠性提高。

③ 用来支撑、安装各部件的托架采用框架结构，取代了传统采煤机的平板式底托架。大框架由三段组成，它们之间用高强度液压螺栓副连接，结构简单，强度大，可靠性高，又便于拆装。

④ 每个主要部件都可以单独从由老塘侧或煤壁侧抽出，不必拆动其他部件，故更换容易，维修方便。

⑤ 采用交流变频调速、摆线轮—销轨无链牵引机构系统，体积小、调速范围广、牵引速度和牵引力大、故障少，能适应高产高效工作面的要求。

⑥ 调高液压系统采用集成阀块，管路少，维修方便。

⑦ 行走箱为独立的箱体，配套多种槽宽的输送机时，只需选用行走箱及改变煤壁侧的滑靴即可，而主机不变。

⑧ 变频器设置在巷道内，冷却条件好，能防止因振动而带来不良影响，提高了可靠性。

⑨ 各动力部件都由单独电动机驱动，可减少相互间的复杂传动关系，通用性、互换性增强。

11.2　截割部

截割部是采煤机的工作部件，其组件主要有：截割电机、摇臂齿轮减速箱、截割滚筒等。摇臂减速箱内包括齿轮传动和行星传动以及冷却系统、内喷雾装置等。截割部有以下特点。

① 截割电机安装在摇臂上，每个摇臂上各采用一个 400kW 的电机驱动。

② 摇臂回转采用铰接结构，与采煤机机身没有机械传动，回转部分的磨损和机身联接螺栓的松动不会对截割传动部齿轮啮合产生不利影响。

③ 摇臂齿轮传动均采用直齿圆柱齿轮，结构简单，传动效率高。

④ 采用冷却水套，以降低摇臂齿轮箱的温度。

11.2.1　摇臂齿轮减速箱传动系统

摇臂齿轮减速箱，简称摇臂，其传动系统如图 11-2 所示，其齿轮特征参数见表11-2。左右摇臂传动系统相同，现以左摇臂为例说明。

截割电机的输出轴是带有内花键的空心轴，通过细长柔性扭矩轴与齿轮 Z_{12} 相连，电动机输出转矩通过三级齿轮传动传到行星减速器，由行星减速器的行星架输出，将动力传动给方形连接套，最后传到截割滚筒。

表 11-2　MG400/920—WD 型采煤机齿轮特征参数表

项目	截割部														
齿数	Z_{12}	Z_{13}	Z_{14}	Z_{15}			Z_{16}			Z_{17}	Z_{18}	Z_{19}	Z_{20}	Z_{21}	Z_{22}	Z_{23}
	22	39	40	21	23	25	47	45	43	18	29	29	39	15	28	73
模数	7			8						12				10		

通过变换 Z_{15}、Z_{16} 一对齿轮齿数，可以得到滚筒三种转速为 37.03 r/min、32.55 r/min、28.46 r/min。

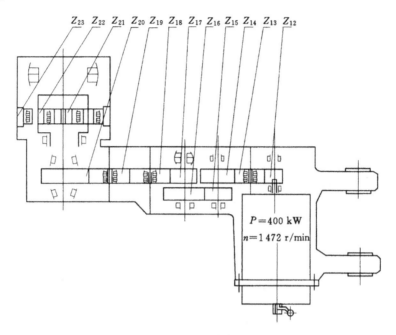

图 11-2　摇臂齿轮减速箱传动系统

11.2.2　摇臂减速箱结构

摇臂（右摇臂）齿轮减速箱结构如图 11-3 所示。摇臂主要由箱体、机械传动部分（轴组、行星减速器、离合器）以及内外喷雾装置等组成。截割电机直接安装在摇臂箱体上，通过离合器将动力传给 Ⅰ 轴，再经过 Ⅱ 轴、Ⅲ 轴、Ⅳ 轴、Ⅴ 轴、Ⅵ 轴齿轮啮合实现三级减速。从 Ⅵ 轴到行星机构，再进行一级减速，最后将截割力矩传递给滚筒，实现割煤。电动机输出轴是带有内花键的空心轴，由内花键与细长柔性扭矩轴相连，将动力输出传递给摇臂传动系统。内喷雾水经盖、中心水管引至滚筒喷嘴进行内喷雾。左、右摇臂减速箱不能通用，但其机械传动部分通用。摇臂壳体采用整体铸造结构，外壳上、下焊接冷却水套，水套上面装有喷嘴，用来降低摇臂内油池温度和外喷雾。输出轴采用 410 mm×430 mm 长方形连接套和滚筒连接，滚筒采用三头螺旋叶片，直径可根据煤层厚度在 $\phi 1.6$ m、$\phi 1.8$ m、$\phi 2.0$ m、$\phi 2.24$ m 内选取，输出转速可根据不同直径滚筒的线速度要求和煤质硬度在三档速度中选取。

截割部的离合器（如图 11-4 所示），安装在截割电动机尾部，与 Ⅰ 轴组件配合即起到离合作用。其中细长柔性扭矩轴为一关键零件，其两端通过渐开线花键与电动机转子和 Ⅰ 轴齿轮的内花键相联。当该轴在离合手把与拉杆的外拉作用下，与 Ⅰ 轴齿轮内花键脱离，终止动力传递。

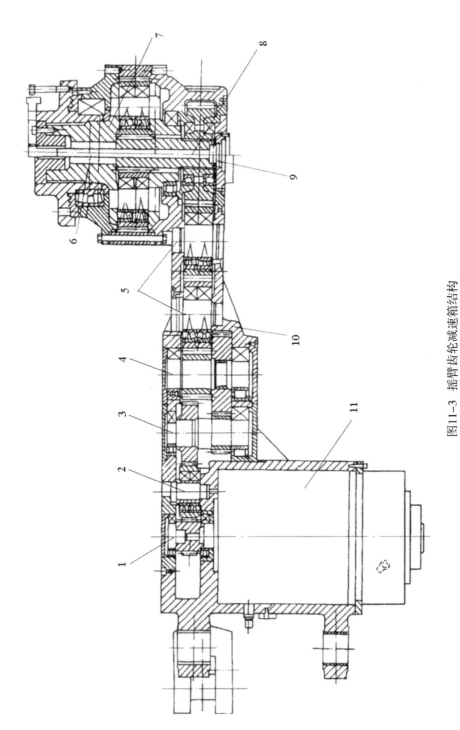

图11-3　摇臂齿轮减速箱结构

1—Ⅰ轴；2—Ⅱ轴；3—Ⅲ轴；4—Ⅳ轴；5—Ⅴ轴；6—中心水管；7—行星机构；8—Ⅵ轴；9—盖；10—摇臂箱体；11—截割电机

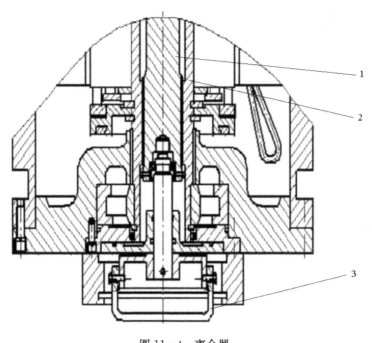

图 11-4 离合器
1—扭矩轴；2—电动机输出轴；3—离合手把

行星减速器（图 11-3）为四行星轮减速机构。主要由太阳轮、行星轮、内齿圈、行星架等组成。太阳轮的另一端与Ⅵ轴大齿轮（$Z=39, m=12$）的内花键相连，输入转矩。当太阳轮转动时，驱动行星轮沿自身轴线自转，同时又带动行星架绕其轴线转动，行星架通过花键和滚筒连接套连接，将输出转矩传给滚筒。行星齿轮的传动利用四个行星齿轮啮合的形式，结构紧凑，传动比大。考虑行星齿轮间均载，采用太阳轮浮动结构。

11.3 牵引部

牵引部由牵引传动装置和变频调速系统组成。牵引传动装置左右通用，由牵引电机、牵引减速箱、双级行星减速箱、行走箱组成。牵引减速箱有两极直齿传动，双级行星减速器有两行星传动。行走箱内有驱动齿轮、行走轮和导向滑靴。牵引电机输出的动力经牵引减速箱双级行星减速后，传到行走箱的驱动轮，行走轮。行走轮与刮板运输机的销轨相吻合，使采煤机行走。通过导向滑靴在销轨上的限位对煤机进行导向，并保证行走轮与销轨正常啮合。为使采煤机能在较大倾角条件下可靠工作，在牵引减速箱上设有液压减速器，能可靠防滑，工作面倾角≤15°时，可以不装液压制动器。

MG400/920—WD 型采煤机牵引部机械传动系统如图 11-5 所示，牵引电动机的动力通过两级齿轮传给二级行星减速器，最后由行星架输出，传给行走箱内的驱动轮 Z_{24}，Z_{24} 与双联齿轮中的 Z_{25} 相啮合，使行走轮 Z_{26} 与工作面刮板输送机上的销轨啮合，完成采煤机的牵引。轴齿轮 Z_1 通过花键与液压牵引制动器相联，实现行走传动装置的制动。

第一级直齿传动有三对不同齿数的齿轮，即有三种不同牵引速度。

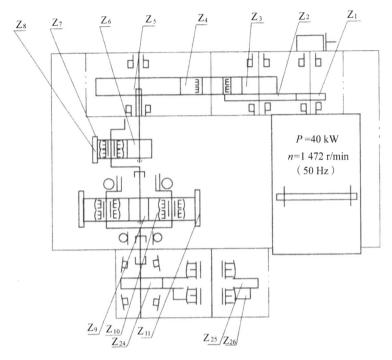

图 11-5 牵引机构机械传动系统图

11.4 辅助液压系统

  采煤机辅助液压系统原理如图 11-6 所示。该系统包括三部分——调高回路、制动回路和控制回路，由左、右调高泵站，左、右调高液压缸和液压制动器等组成。调高泵站布置在左框架内，液压制动器安装在牵引减速箱上，调高液压缸安装在左、右框架上。

  左、右调高泵站分别控制左、右滚筒升降，当司机同时操作两滚筒升降时可互不干涉，而且管路损失小。另一特点是采用双联泵，主联用于调高，次联用于制动和控制。调高和不调高对控制与制动没有影响，系统简单、可靠。由于制动回路中有同步要求，因此用同一个油源同一套控制元件，两个液压制动器都是从左调高泵站供给油源。左、右调高泵站不同之处是右调高泵站上不设刹车电磁阀及压力继电器。调高泵站的高压安全阀调定压力 20 MPa。

  两只中位机能 H 型手液动换向阀分别操纵左、右摇臂的调高。当采煤机不需调高时，调高泵排出的压力油由手液动换向阀中位回油池，低压溢流阀调定压力为 2 MPa，为电磁换向阀、液压制动器提供压力油源。

  当将调高手柄往里推时，手液动换向阀的 P、A 口接通，B、O 口接通，高压油经手液动换向阀打开液力锁，进入调高液压缸的活塞杆腔，另一腔的油液经液力锁回油池，实现摇臂下降；反之，将调高手柄往外拉时，使摇臂上升。

  当操纵布置在整机两端的端头控制站相应的按钮时，电磁换向阀动作，将控制油引到手液动换向阀相应控制阀口使其换向，实现摇臂升、降的电液控制。

　　当调高完成后，手液动换向阀的阀芯在弹簧作用下复位，液压泵卸荷，同时调高液压缸在液力锁的作用下，自行封闭液压缸两腔，将摇臂锁定在调定位置。调高时，不宜同时操纵左、右滚筒。工作时外力使液压缸内的油压升至 32 MPa，液压锁内的安全阀打开，起安全保护作用。

　　液压制动回路由二位三通刹车电磁阀、液压制动器、压力继电器及其管路等组成，其油源与调高控制回路的油源相同。刹车电磁阀贴在集成块上，通过管路与安装在左、右框架内牵引减速箱中的液压制动器相通。

　　当需要采煤机行走时，刹车电磁阀得电动作，压力油进入液压制动器，牵引解锁，得以正常牵引。当采煤机停机或出现某种故障时，刹车电磁阀失电复位，制动器油腔压力油回油池，通过弹簧压紧内、外摩擦片，将牵引制动，使采煤机停止牵引并防止下滑。

　　当控制油压低于 1.5MPa 时，压力继电器动作使刹车电磁阀失电，也使液压制动器制动。若要恢复牵引，必须将控制油压调至 1.5MPa 以上，才能恢复牵引供电，牵引系统才能正常工作。

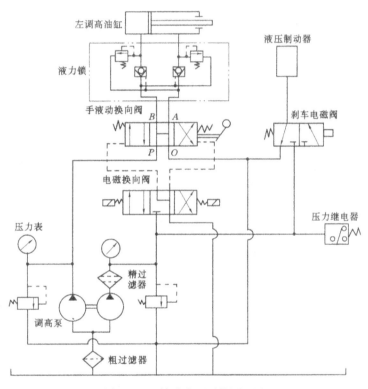

图 11-6　辅助液压系统原理图

思　考　题

1. 简述 MG400/920—WD 型电牵引采煤机的组成。

2. MG400/920—WD 型电牵引采煤机有哪些特点？

3. 行星减速器的主要组成及原理是什么？

4. 说明采煤机的辅助液压系统的工作原理。

第12章

其他类型的采煤机

12.1 薄煤层采煤机

12.1.1 薄煤层采煤机技术特点

根据我国煤层厚度划分,厚度 0.8~1.3 m 的煤层属薄煤层。与中厚及厚煤层相比,薄煤层地质构造复杂,煤层厚度变化大,操作空间小,工作环境差。因此,存在加强机械化开采、降低工人劳动强度、减少安全事故、提高资源的回收率等问题需要解决。而薄煤层综采开采的主要设备——薄煤层采煤机的发展成为关键。要克服薄煤层工作面上述问题,薄煤层采煤机需要足够富裕的功率,尽可能矮的机身高度,尽可能宽的采高范围(适应部分较薄煤层高度),同时必须具有可靠性高、维护性好的性能,这样才能适应不同的薄煤层工作面(包括厚度 0.8 m 以下极薄煤层的开采)。

薄煤层滚筒采煤机的研究始于 20 世纪 60 年代,至今具有较大的发展。近年来,国外主要有德国 Eickhoff 公司的 EDW—300LN 型、德国 DBT 公司的 EL600 型、德国 Wirth 公司研制的 H4.30 型等薄煤层采煤机以及部分刨煤机组;国内较具代表性的有 MG344—PWD 型及 MGl32/320—WD 型、MG200/456—WD 型、MGl00/238—WD 型、BM—100 型等采煤机。

薄煤层采煤机技术从电动机单一纵向布置向多电动机横向布置发展,由液压牵引向电牵引发展,由箱体之间有传动关系向无传动关系的积木式发展,由有底托架向无底托架发展,并逐渐研制出了具有双截割电动机摇臂、适用于大倾角开采的四象限调速系统、中压机载等新技术的交流电牵引采煤机。

国内薄煤层采煤机普遍存在装机功率小、薄煤层开采适应性差等问题。刨煤机对地质条件要求高;爬底板采煤机对底板条件要求过于苛刻。电磁滑差调速方式存在控制器和调速电动机高故障率问题,使得采煤机可靠性降低;开关磁阻调速方式,由于技术水平限制,在采煤机上应用仍存在可靠性不高、牵引力小等缺陷。

因此,薄煤层采煤机需要在增大装机功率、降低机面高度、采用变频调速方式、提高自动化水平与可靠性等方面取得突破。

开采薄煤层的滚筒式采煤机主要有两种结构类型:机身骑在工作面输送机上的骑溜子式(图 12-1 (a))和机身落在工作面输送机靠煤壁侧底板上的爬底板式(图 12-1 (b))。骑溜子工作的薄煤层采煤机与中厚煤层和厚煤层采煤机完全相同，只是由于受到煤层厚度的严格限制，机身高度比较矮。爬底板工作的薄煤层采煤机，由于机身从溜子上下放到煤层底板，机面高度较大幅度地降低，使过煤高度和过机高度都有所增大，有可能在 0.6～0.8m 厚的煤层中工作（如苏联制造的 K—103 型爬底板采煤机的最小采高就降低到 0.65m）。这种工作方式的采煤机是薄煤层采煤机的发展方向，它在技术上存在的主要问题是工作中机身容易歪斜、滚筒割底或飘底。薄煤层采煤机有以下特点：机身矮，但电动机功率要足够大；机身短，以适应底板的起伏不平；一般采用外牵引方式；要有足够的过煤、过机高度和人行通道尺寸；能自开缺口。

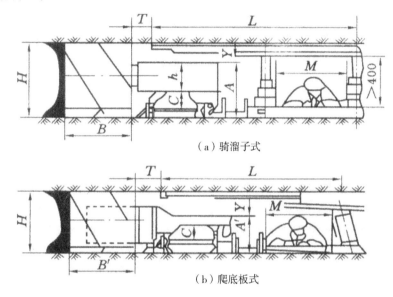

（a）骑溜子式

（b）爬底板式

图 12-1 薄煤层采煤机

按机身的支承方式不同，爬底板采煤机又分为底板支承式、悬臂支承式和混合支承式三种采煤机。

12.1.2 BM—100 型采煤机

BM—100 型采煤机是我国自行设计制造的、获得广泛应用的骑溜子薄煤层采煤机。

BM—100 型双滚筒采煤机（图 12 - 2 (a)）可与 BY200—06/15 型液压支架、SGB—630/60Z 型刮板输送机组成综采工作面配套设备，也可以改用单体液压支柱组成高档普采工作面配套设备，适用于采高 1.0～1.3 m、倾角小于 10°的煤层。当煤层倾角大于 10°时，用自身的防滑杆防滑；当倾角大于 16°时，还应加设液压安全绞车，这时可用于倾角在 25°以下的煤层。它适用于煤质在中硬以下（$f \leqslant 2.5$）、煤层顶板中等稳定、底板起伏不大的情况。

BMD—100 型单滚筒采煤机（图 12 - 2 (b)）是在 BM—100 的基础上改装而成的，即拆去一个截割部并更换底托架。它与 SGB—630/60 型刮板输送机、金属摩擦支柱、金属铰接顶梁组成普通机械化采煤工作面配套设备。

BM—100 型采煤机由电动机 1（100 kW，660 V，1 460 r/min）、牵引部 2、截割部固定减

速箱 3、摇臂 4、滚筒 5 和底托架 6 组成（图 12 - 2（a））。该机能自开缺口，只有外喷雾。

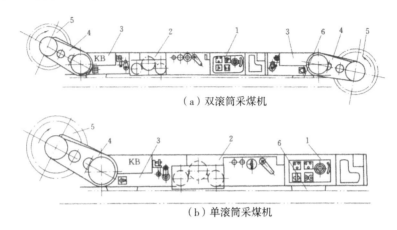

（a）双滚筒采煤机

（b）单滚筒采煤机

图 12 - 2　BM—100、BMD—100 型采煤机

1—电动机；2—牵引部；3—截割部固定减速箱；4—摇臂；5—滚筒；6—底托架

牵引部机械传动和液压传动系统与 MLS3—170 型采煤机基本相同，只是进行了一些简化，牵引速度为 0～6 m/min，牵引力为 120 kN。

截割部机械传动系统如图 12 - 3 所示，电动机一端出轴经齿轮离合器 A→齿轮 1、2→齿轮 3、4→齿轮 5、6、7，齿轮联轴器 B→摇臂中齿轮 8、9、10、11 和驱动截煤螺旋滚筒 D 旋转而落煤和装煤。滚筒转速为 95 r/min，两滚筒转向为正向对滚。

齿轮离合器 A 的主动轮经齿轮 12、13 还把运动传递给调高液压泵 C，它排出的压力油通过管路输入调高液压缸 F（2 个）。2 个液压缸装在固定减速箱里面，呈一上一下布置，它们一推一拉地使小摇臂 E 摆动；小摇臂又通过花键与回转轴 G 连接，从而带动摇臂摆动，以调节采高（从摇臂处于水平位置，向上和向下各摆动 30°）。调高液压系统如图 12 - 4 所示。

摇臂内的齿轮靠飞溅润滑，上举的摇臂在工作中每一时左右应下落一次，以防摇臂头部的齿轮因润滑不良而损坏。

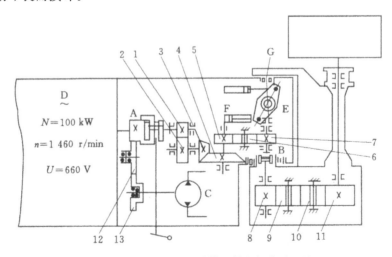

图 12 - 3　BM—100 型采煤机截割部传动系统

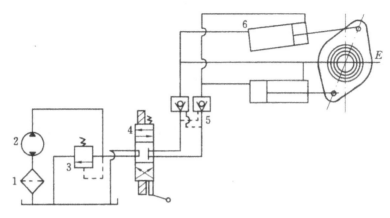

图 12-4 BM—100 型采煤机调高液压系统

1—过滤器；2—液压泵；3—安全阀；4—换向阀；5—液压锁；6—调高液压缸

12.2 大倾角采煤机

在倾角大于 35°煤层中工作的采煤机称为大倾角采煤机。目前使用的大倾角采煤机大致有两类：一类是用于缓倾斜煤层的单、双滚筒无链双牵引或三牵引采煤机。这类采煤机由于牵引力大、爬坡能力强，又有可靠的制动装置，再配上液压安全绞车，可用到倾角 54°的煤层条件；另一类是能在倾角 54°～90°煤层条件工作的滚筒式采煤机。这类采煤机除采用无链牵引和可靠的制动装置外，在工作面的上平巷还安装有辅助牵引绞车，以加大牵引力，防止机器下滑。此外，还设有附加安全设施（如为防止滚落的煤块砸伤工作人员和设备，用加高的挡板将回采区与支护区隔开）。为实现安全作业，采煤机中通常都装有无线电遥控装置或由平巷控制台控制。

EW—300—L 型采煤机（图 12-5）是德国艾柯夫公司生产的单滚筒采煤机，适用于采高范围 1.8～3.8m，倾角小于 54°的煤层。它主要由电动机、固定减速箱、摇臂、滚筒、辅助牵引部和主牵引部等组成。EW—300—L 型采煤机主要部分的结构和内部传动系统与 MXA—300 型采煤机相同。双牵引的牵引力为 230kN～514kN，牵引速度为 7.4～3.3 m/min，具有可靠的制动装置，机器发生故障时能立即停止牵引并将其制动。在机器靠近平巷侧的紧急制动装置 10 是用来松闸的，以便将出现故障的机器拉到上平巷进行修理。

采煤机的电缆和水管是用液压绞车拖曳的，以保持一定的张力。如图 12-6 所示，固定在输送机机尾上的液压绞车 1 通过钢丝绳 2 牵引电缆滑车 3，采煤机供电电缆及水管 4 绕过电缆滑车上的导向滑轮后接到采煤机 5 的电缆引入装置。图示位置为电缆滑车在工作面中部，采煤机在工作面上平巷端。采煤机由上向下工作时，电缆滑车的移动速度为采煤机牵引速度的一半，因此，当采煤机从上向下采完工作面全长时，电缆滑车移动到工作面下端，走了半个工作面长度。

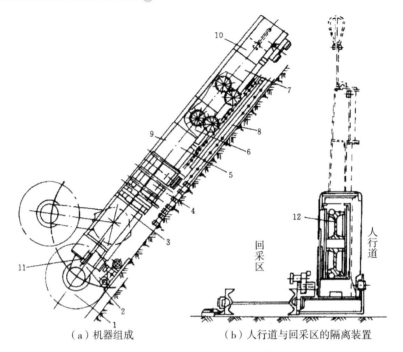

（a）机器组成   （b）人行道与回采区的隔离装置

图 12-5   EW—300—L 型采煤机

1—滚筒；2—摇臂；3—固定减速箱；4—中间箱；5—电动机；6，7—辅助牵引部、主牵引部；

8—机架；9—盖板；10—紧急操作装置；11—电缆引入装置；12—电缆滑车

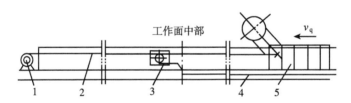

图 12-6   电缆和水管的拖曳

1—液压绞车；2—钢丝绳；3—电缆滑车；4—供电电缆及水管；5—采煤机

滚筒位于机身下方。工作时，采煤机下行割顶部煤，上行割底部煤，并接着移架。

采煤机靠设在下平巷的控制台进行控制。装在采煤机上的无线电遥控装置及手动控制装置只允许在修理及紧急情况下使用。

12.3   大功率采煤机

大功率采煤机是指采煤机摇臂单个截割功率超过 650 kW，总装机功率达到 1 600 kW 以上的采煤机。这类采煤机的主要特点是：装机功率大。到目前为止，国内各主要采煤机生产厂家均对交流电牵引采煤机进行了大量的研究开发。

① 天地科技股份有限公司上海分公司（隶属于中国煤炭科工集团）。研制的采煤机最大装机功率已达 2 500 kW。在神华宁煤、黄陵、冀中能源等多家大型煤炭企业均有使用。

② IMM 国际煤机集团鸡西煤矿机械有限公司，是我国第 1 台采煤机诞生地，采高范围从 0.65～6.0 m，装机功率 102 kW～2 040 kW。

③ 太原矿山机器集团有限公司（隶属于山西太重煤机煤矿装备成套有限公司）。目前，世界最大的采煤机总装机功率 3 000 kW，最大采高 7.2 m。

④ 西安煤矿机械有限公司（隶属于中国煤矿机械装备有限责任公司）。已研制出型号为 MG1000/2550—GWD 的交流电牵引采煤机，截高范围 3.2～7.1 m。

⑤ 中煤机械集团上海创力矿山设备有限公司，采煤机的装机功率范围 120～2 000 kW，采高范围覆盖 0.7～5.5 m。

⑥ 三一重型装备有限公司（隶属于三一集团），历经几年的快速发展，目前已形成了集大功率采煤机的研发、制造等非常齐全的体系，其全自动三机联动自动化控制技术已达到了国内外先进水平。

国内各厂家代表机型主要技术参数见表 12-1。

表 12-1 国内各厂家代表机型主要技术参数表

主要生产厂家	上海天地	鸡西煤机	太矿集团	西安煤机	上海创力
型号	MG1000/2500—GWD	MG800/2040—WD	MG1000/2500—WD	MG1000/2550—GWD	MG800/2000—GWD
装机总功率/kW	2 500	2 040	2 500	2 550	2 000
截割功率/kW	2×1 000	2×800	2×1 000	2×1 000	2×800
牵引功率/kW	2×150	2×120	2×150	2×150	2×120
泵站功率/kW	40	40	2×50	2×50	40
牵引力/kN	1 200/600	1 250/785	1 000/500	1 360/680	1 000/635
牵引速度/(m·min^{-1})	13.5/27	14.5/21.5	16/28	11.5/23	12/19
采高/m	3.0～6.2	2.6～6.0	3.5～6.3	3.2～7.1	2.8～5.3
截深/m	0.8～1.0	0.8～1.0	0.860～1.0	0.865～1.0	0.865～1.0
滚筒直径/m	3.2	2.7	3.0	3.6	2.7
煤层倾角/(°)	≤15	≤12	≤16	≤15	≤10

以 MG900/2215—GWD 采煤机（图 12-7）为例，截割电动机功率达到 900 kW，装机总功率达 2 215 kW，该采煤机是立足于我国高产高效工作面生产的需要而研制的高电压、大功率、大采高、高可靠性、自动化、网络化的交流电牵引采煤机。该采煤机总体为电动机横向布局、积木式框架结构、用大规格超长液压螺栓连接，各大部件之间只有连接关系，没有传动环节。电气拖动系统采用"一拖一"，主、从拖动方式的机载交流变频调速技术。

MG900/2215—GWD 采煤机主要技术参数如下。

采高范围   2.7～5.3 m
适合倾角   ≤15°
截深   800 mm，1 000 mm
机面高度   2 203 mm
配套滚筒直径   2 700 mm
最大采高   5 300 mm

下切深度	445 mm
截割功率与供电电压	2×900 kW, 3 300 V
滚筒转速	24.21 r/min, 28.34 r/min
牵引与调速型式	销轨式、交流变频调速
牵引功率与供电电压	2×110 kW, 380 V
牵引速度	12/21 m/min, 10/17.5 m/min
牵引力	952/543 kN, 1 142/653 kN
破碎功率与供电电压	160 kW, 3 300 V
泵站电动机功率	35 kW
喷雾方式	内、外喷雾
整机重量	130 t

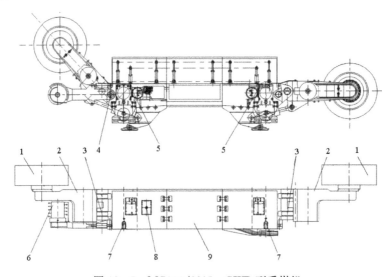

图 12-7 MG900/2215—GWD 型采煤机

1—滚筒；2—摇臂；3—摇臂回转轴；4—破碎机油缸；5—牵引箱；6—破碎机减速箱；
7—行走箱；8—调高泵箱；9—变频器及电控箱

MG900/2215—GWD 采煤机特点如下。

① 整机采用截割电机横向布置，多电机独立驱动的总体结构形式。

② 机身采用中间大框架三段式结构，无底托架，加高了过煤空间。

③ 中间箱体采用抽屉式结构，电机、电控箱、变频器、油泵、水阀等均可从老塘侧拆出。机械传动系统彼此独立，结构简单，装拆方便，便于现场维护和更换。

④ 采煤机采用左右互换分体式直摇臂结构，机械传动系统采用了弹性扭矩轴缓冲击装置。

⑤ 摇臂壳体采用合金铸钢，同时采用了摇臂热平衡系统，冷却效果尤为显著，提高了截割部的可靠性。

⑥ 末级行星架采用组合锥轴承定位，提高了定位精度。

⑦ 采煤机的电气控制系统采用先进的 DSP（数字信号处理器）为核心的嵌入式计算机控制系统，分布式系统结构，并配备大屏幕工控一体机做为专用显示系统，实现了采煤机工

况监测、控制、故障自诊断和安全预警功能。

⑧ 模块化的设计，使得该系统具有记忆截割、顺槽显示控制、矿井综合通信等选用功能，为以后实现自动截割、无人工作面等提供了良好的扩展空间。

⑨ 采用"一拖一"的机载交流变频调速装置，控制方式为直接通信主从控制方式，同时牵引系统配有液压制动装置，实现了国产大功率采煤机在大倾角工作面四象限的运行功能。

思 考 题

1. 薄煤层采煤机有哪两种结构类型？各自如何工作？
2. 爬底板采煤机为什么有可能开采 0.6~0.8 m 厚的煤层？
3. 薄煤层采煤机有何特点？
4. 为了改善薄煤层采煤机的装煤效果，一般采取哪些措施？
5. 为了防止采煤机下滑和保证作业安全，大倾角采煤机采取了哪些措施？
6. 大功率采煤机主要有哪些机型？

第13章

刨煤机

刨煤机的工作原理、结构与滚筒式采煤机不同，它是一种截深很小（一般为 50～100 mm）而牵引速度又很快（一般为 1.5～2.0 m/s）的采煤机械。刨煤机主要由刨头及其传动装置、工作面输送机两大部分组成，能同时完成落煤、装煤和运煤。

图 13-1 是刨煤机采煤工作面的设备布置，输送机 6 沿工作面全长铺设，其传动装置为 7（包括电动机、联轴器和减速箱），5 为推溜千斤顶。带刨刀的刨头 1 与压在输送机溜槽下的掌板（图中未表示出来）连接为一体。刨头传动装置 2（工作面两端各一台，由电动机、联轴器、减速箱组成）输出轴上链轮 3 驱动牵引链 4，该牵引链两端与掌板固定，并在垂直平面内封闭。这样，当刨头传动装置作正向或反向运转时，刨头就以输送机溜槽为导向，被牵引链拉着作往复运动而从煤壁上将煤刨落。刨落下来的煤沿刨头的斜面被推到输送机上而运出工作面。刨头从煤壁表面每次刨削的厚度（即截深）一般为 50～100 mm。刨头割过后，输送机在推溜千斤顶作用下逐段朝煤壁方向推进一个截深距离。

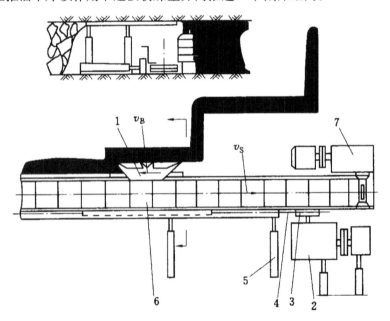

图 13-1 刨煤机工作原理
1—刨头；2—刨头传动装置；3—链轮；4—牵引链；
5—推溜千斤顶；6—输送机；7—输送机传动装置

13.1 刨煤机的类型

刨煤机按照刨头对煤壁的作用力不同，分为静力刨煤机和动力刨煤机两类。静力刨煤机的刨头不带动力，切入煤壁一定深度的刨头完全靠牵引链的拉力将煤刨落下来。在刨头刨煤过程中，刨刀一直与煤体接触。因此，煤质越硬，所需的牵引力就越大，对牵引链的强度要求越高。动力刨煤机是利用装在刨头上的动力装置（如激振器、高压水细射流等）使刨刀产生冲击力或高压水的切割将煤破落。静力刨煤机目前应用广泛，而动力刨煤机仍处于实验阶段。

静力刨煤机按照刨头在输送机上的支承导向方式不同，又有拖钩刨煤机、滑行刨煤机和滑行拖钩刨煤机三种。

13.1.1 拖钩刨煤机

图 13-1 所示的就是拖钩刨煤机。

如图 13-2 所示，拖钩刨煤机的刨头 1 与掌板 3 为一整体，为避免刨头在刨煤时翻倒，掌板被压在输送机溜槽下面。牵引链 2 从输送机的采空侧绕过传动装置 7 的链轮后固定在掌板 3 的两端。为使掌板适应煤层底板的起伏不平，掌板由三块板铰接而成。

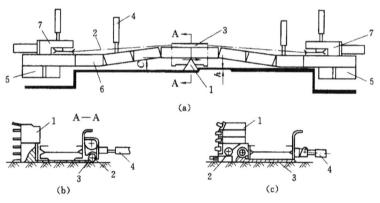

图 13-2 拖钩刨煤机
1—刨头；2—牵引链；3—掌板；4—推溜千斤顶；5—输送机传动装置；
6—溜槽；7—刨煤机传动装置

由于结构上的原因，拖钩刨煤机刨头的刨体宽度 C 比截深 h 大得多。因此，刨头经过时会将输送机溜槽挤向采空侧，刨头刨削后溜槽又由推溜千斤顶 4 推向煤壁，这样，掌板与底板、掌板与输送机之间就会产生很大的摩擦阻力，而且刨头还会被溜槽卡住，导致电动机过载、传动装置的齿轮打牙、牵引链被拉断等事故。此外，掌板被压在溜槽下面虽然可使刨头的工作稳定性好，但掌板移动时又会使溜槽上下游动，因此，也会增加刨头与溜槽之间的摩擦阻力。由于以上的原因，拖钩刨煤机的效率较低，大约只有 20%～30% 的装机功率用在落煤和装煤上。另外，刨头、掌板和溜槽的磨损也相当严重。

拖钩刨煤机的牵引链铺设位置有两种：图 13-2 (a)、图 13-2 (b) 为后牵引方式，即牵引链铺设在输送机采空侧的导链架内；图 13 - 2（c）为前牵引方式，其牵引链铺设在输送机煤壁侧的导链架内。后牵引的优点是安装、检修牵引链和导链架方便；牵引链在罩子内，工作时安全；牵引链的运动不妨碍装煤。后牵引的主要缺点是刨头上作用的刨削力与牵引力之间距离远，形成很大的力偶，使刨头在煤层平面内有转动的趋势，因而在刨头与输送机的接触处增加摩擦和磨损。前牵引的优缺点正好与后牵引相反。我国生产的 MBJ—2A 型拖钩刨煤机是后牵引方式，其技术特征见表 13 - 1。

13.1.2　滑行刨煤机

如图 13 - 3 所示，滑行刨煤机与拖钩刨煤机相比，它取消了掌板，刨头 1 利用固定在输送机煤壁侧槽帮上的滑架 5 来支承和导向，牵引链 2 在滑架里面的导链架上运行。可见，滑行刨煤机属于前牵引方式。由于滑架 5 的前方铲煤板紧靠煤壁，刨体伸出铲煤板的长度小，故刨头刨煤时输送机不会后退，减小了摩擦损失。因此，滑行刨煤机的功率利用率较高，约为装机功率的 40%～60%。

滑行刨煤机的主要缺点是刨头在刨削时的稳定性不如拖钩刨煤机好。图 13 - 3 中的平衡架 6 就是为了增加刨头稳定性而设的，它的一端与刨头连接，另一端滑动地抓在输送机采空侧的导向管上，刨头工作时平衡架 6 跟着刨头在导向管上滑动。

我国煤矿使用的滑行刨煤机有 8—30 型和Ⅶ—26 型，其技术特征见表 13 - 1。

13.1.3　滑行拖钩刨煤机

如图 13 - 4 所示，这种刨煤机保留了拖钩刨煤机的掌板，因而刨头工作的稳定性好。为了减小拖钩刨煤机工作时掌板与底板间的摩擦阻力，在掌板 3 的下面加设了一个斜撬 5，刨头运行时掌板在斜撬上滑行。斜撬在采空侧与导链架连接为一体。可见，这种刨煤机具有拖钩刨煤机和滑行刨煤机的优点。调高千斤顶 6 是用来调节刨头高低的，以处理刨头在工作中出现的"啃底"或"飘底"现象。

表 13 - 1　刨煤机技术特征

技术特征		MBJ—2A 型拖钩刨	8—30 型滑行刨	Ⅶ—26 型滑行刨
适用条件	煤层厚度/m	0.8～1.3	0.9～2.5	0.7～2.0
	倾角/（°）	≤25	≤25	≤25
	煤质	$f \leqslant 2$	4.5×10^7 Pa	4.5×10^7 Pa
	底板性质	中硬	松软	松软
刨头	生产率/（t·h⁻¹）	150	630	600
	截深/mm	50～80	40～70，90～120	40～60
	刨速/（m·s⁻¹）	0.42	1.76	0.65
	功率/kW	2×40	2×100	2×90
	牵引链/mm	$\phi 24 \times 86$	$\phi 30 \times 108$	$\phi 26 \times 92$
输送机	链速/（m·s⁻¹）	0.85	0.63～1.0	1
	功率/kW	2×40	2×110	2×90
	刮板链/mm	$\phi 18 \times 64$	$\phi 26 \times 92$	$\phi 22 \times 86$
推进推力/kN		78.5	由支架定	由支架定

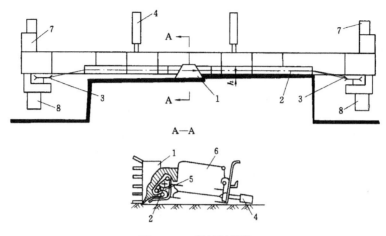

图 13-3 滑行刨煤机

1—刨头；2—牵引链；3—链轮；4—推溜千斤顶；5—滑架；6—平衡架；
7—输送机传动装置；8—刨煤机传动装置

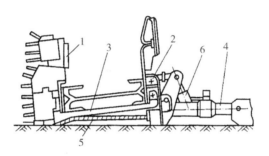

图 13-4 滑行拖钩刨煤机

1—刨头；2—牵引链；3—掌板；4—推溜千斤顶；5—斜橇；6—调高千斤顶

13.2 刨煤机的适用条件

和滚筒式采煤机相比，刨煤机有不少优点。

① 截深小，可充分利用矿压落煤，故刨削力和落煤的单位能耗小。

② 出煤块度大，粉煤量少，煤尘少，劳动条件好。

③ 结构简单，工作可靠，维护工作量小。

④ 刨头可以设计得很低（最低可达 300 mm），故可用来开采薄煤层和极薄煤层。

⑤ 司机可以不必跟机操作，而是在设在平巷的集中控制台控制机器的运行。因此，可以大大减轻工人的劳动强度，并且有可能实现工作面的遥控。

刨煤机的主要缺点是：对地质条件的适应性远不如滚筒式采煤机强（一般只能开采中硬以下的煤）；调高比较困难，只能事先根据煤层的厚度增加或减小刨头上的加高块，而不像滚筒式采煤机那样可随时调节采高；摩擦损失大，功率的利用率低。

鉴于以上原因，凡是工作面条件适合使用刨煤机的，应优先考虑选用刨煤机。刨煤机的使用条件为：

① 煤质在中硬和中硬以下时应选用拖钩刨煤机，中硬以上用滑行刨煤机，硬煤不宜用刨煤机。刨煤机最适合开采节理发达的脆性煤和不粘顶的煤。煤层所含硫化铁块度要小、含量要少，或其分布位置不影响刨头工作。

② 煤层顶板中等稳定。中等稳定以下顶板应选用能及时支护的液压支架与之配套。顶板允许裸露宽度为 0.8～1.1 m，裸露时间为 2～3 h，伪顶厚度不大于 200 mm。

煤层底板要平整，没有底鼓或超过 7°～10° 的起伏。底板硬度在中硬以上，否则刨头会"啃底"。滑行刨煤机可用于泥岩、黏土岩等较软的底板。

③ 煤层沿走向和倾斜方向无大的断层和褶曲，落差在 0.3～0.5 m 的断层还可用刨煤机开采，大于 0.5 m 的断层应超前处理。

④ 刨煤机一般适合开采 0.5～2.0 m 缓倾斜煤层。层厚在 1.4 m 以下、倾角小于 15° 的煤层对刨煤机开采最为有利。

⑤ 刨头高度应比煤层最小采高小 250～400 mm，以利于刨头顺利刨削。

思　考　题

1. 刨煤机与滚筒式采煤机相比，有何特点和优缺点？
2. 刨煤机工作面的设备是如何布置的？
3. 刨煤机有哪些类型？
4. 拖钩刨煤机的结构及特点是什么？
5. 前牵引和后牵引各有何优缺点？
6. 简述滑行刨煤机、滑行拖钩刨煤机的结构和特点。
7. 简述刨煤机的使用条件。

第14章

采煤机械的选用

机械化采煤工作面的生产能力主要取决于采煤机械的落煤、装煤能力；而落煤、装煤能力又与煤层的地质条件和机器自身的性能、参数、整机结构有关。因此，根据地质条件正确选择采煤机械，对于充分发挥机器的能力、提高工作面产量、降低能耗、安全生产有着十分重要的意义。

14.1 对采煤机械的基本要求

对采煤机械的基本要求是高效、经济、安全。具体要求如下。

① 采煤机械的生产率应能满足采煤工作面的产量要求。

② 工作机构能在所给煤层力学特性（硬度、截割阻抗）的条件下正常截割；装煤效果好；落煤块度大、煤尘少、能耗小。

③ 能调节采高，适应工作面煤层厚度变化；能自开缺口。

④ 有足够的牵引力和良好的防滑、制动装置，能在所给煤层倾角下安全生产；牵引速度能随工作条件变化而调节，其大小能满足工作要求。

⑤ 有可靠的喷雾降尘装置和完善的安全保护装置，电气设备必须能够防爆。

⑥ 采煤机械是机采工作面的关键设备，它的维护费用在吨煤成本中所占比例相当大。

因此，要求采煤机械的性能必须可靠，维持正常工作所必需的各种消耗（动力、截齿、液压油、润滑油、易损件等）较低、经济效益好。

14.2 采煤机械的选用

综合机械化采煤设备问世以来，世界上采煤发达国家已普遍推广使用。发展高产高效矿井，最大限度地提高矿井经济效益，已成为煤炭企业的主要发展方向，也是衡量一个国家煤炭工业发达程度的重要标志。组成综合机械化采煤工作面的采煤机、输送机和液压支架有严格的配套要求，以实现高产高效。图 14-1 所示的采煤工作面"三机"配套尺寸，对采煤机结构影响较大。过机高度 h_3 不得小于 $100 \sim 250$ mm，以便司机观察顶板起伏、煤层厚度变化等情况。机体高度 h_1 限制电动机可能具有的功率。过煤高度 h_2 限制输送机的装满程度和大块煤的通过能力，一般为 200～450 mm。机体高度和过煤高度决定于采煤机机型。

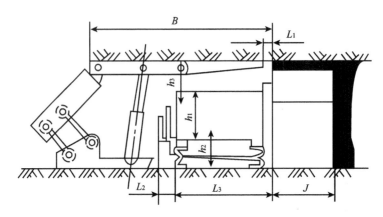

图 14-1　综采工作面设备配套尺寸

14.2.1　根据煤层厚度选型

采煤机的最小截割高度、最大截割高度、过煤高度、过机高度、电动机功率大小等都取决于煤层的厚度。煤层厚度分为四类。

① 极薄煤层：煤层厚度小于 0.8 m。最小截割高度在 0.65～0.8 m 时，只能采用爬底板采煤机（如 K—103 型采煤机，其采高为 0.65～1.2 m）。

② 薄煤层：煤层厚度为 0.8～1.3 m。最小截割高度在 0.75～0.90 m 时，可选用骑槽式采煤机，也可选用爬底板采煤机（如 EDW—170—LN 型采煤机）。

③ 中厚煤层：煤层厚度为 1.3～3.5 m。开采这类煤层的采煤机在技术上比较成熟，根据煤的坚硬度等因素可选择中等功率或大功率的采煤机。

④ 厚煤层：煤层厚度在 3.5 m 以上。由于大采高液压支架及采煤、运输设备的出现，厚煤层一次采全高综采工作面取得了较好的经济效益。适用于大采高的采煤机应具有调斜功能，以适应大采高综采工作面地质及开采条件的变化。此外，由于落煤块度较大，采煤机和输送机应有大块煤破碎装置，以保证采煤机和输送机的正常工作。

分层开采时，采高应控制在 2.5～3.5 m 范围内，以获得较好的经济指标，采煤机可按中厚煤层条件并根据分层开采的特点选型。分层开采综合经济效益不太理想，采下分层时有诸多技术难题，巷道掘进量较大，因此厚煤层分层开采工艺并没有得到实质性推广。目前，厚煤层开采一般都采用放顶煤采煤工艺，开采煤层厚度已达 14～20 m，我国的放顶煤开采技术处于世界领先水平。放顶煤综采工作面采煤机采煤厚度一般为 3～4 m，选用中厚煤层滚筒式采煤机，配放顶煤液压支架和后刮板输送机。5～7 m 的厚煤层根据地质条件，可选大采高采煤机一次采全高或放顶煤开采。

当采用厚煤层放顶煤综采工艺时，在长度大于 60 m 的长壁放顶煤工作面，采煤机选型与一般长壁工作面相同。

14.2.2　根据煤的坚硬度选型

我国目前以坚固性系数 f 作为反映煤体坚固程度的指标。采煤机适于开采坚固性系数

$f<4$ 的缓倾斜及急倾斜煤层。对 $f=1.8\sim2.5$ 的中硬煤层，可采用中等功率的采煤机；对黏性煤及 $f=2.5\sim4$ 的中硬以上的煤层，应采用大功率采煤机。

坚固性系数 f 只反映煤体破碎的难易程度，不能完全反映采煤机滚筒上截齿的受力大小，有些国家采用截割阻抗 A 表示煤体抗机械破碎的能力。截割阻抗标志着煤岩的力学特征。根据煤层厚度和截割阻抗，软煤，特别是脆性软煤，韧性中硬煤应选用中等功率的滚筒式采煤机；脆性中硬煤宜选用中等功率的滑行刨煤机。

14.2.3 根据煤层倾角选型

煤层按倾角分为近水平煤层（<8°）、缓倾斜煤层（8°～25°）、中斜煤层（25°～45°）和急斜煤层（>45°）。

骑溜子工作的采煤机或以输送机支撑导向的爬底板采煤机在倾角较大时应考虑防滑问题。倾角小于10°的煤层，对机械化开采最为有利，一般不必考虑采煤机械的防滑问题。在煤层倾角大于10°时，须设置防滑装置。在工作面潮湿的条件下，摩擦系数要降低，倾角大于8°时就必须备有防滑装置。

无链牵引采煤机，由于具有可靠的制动装置，牵引力又大，故可用到倾角 40°～54°的工作面。

14.2.4 根据顶底板性质选型

顶底板性质主要影响顶板管理方法和支护设备的选择，因此，选择采煤机时应同时考虑选择何种支护设备。例如，不稳定顶板，控顶距应当尽量小，应选用窄机身采煤机和能超前支护的液压支架；底板松软，不宜选用拖钩刨煤机、底板支撑式爬底板采煤机和混合支撑式爬底板采煤机，而应选用靠输送机支撑和导向的滑行刨煤机、悬臂支撑式爬底板采煤机、骑溜子工作的滚筒采煤机和对底板接触比压小的液压支架。

14.2.5 采煤机的参数选择

采煤机的工作参数规定了滚筒采煤机的适用范围和主要技术性能，它们既是设计采煤机的主要依据，又是综采成套设备选型的依据。

1. 生产率

1）理论生产率

它是采煤机的最大生产率，是在所给工作面条件下，以最大参数运行时的生产率，应大于实际生产率。其计算公式为

$$Q_t = 60HBv_q\rho \quad \text{(t/h)} \tag{14-1}$$

式中：Q_t——理论生产率，t/h；

H——工作面平均采高，m；

B——截深，m；

v_q——采煤机割煤时的最大牵引速度，m/min；

ρ——煤的实体密度，$\rho=1.3\sim1.4$ t/m³，一般取 1.35 t/m³。

采煤机的理论生产率是选择与采煤机配套的工作面输送机、转载机、胶带输送机生产能

力的依据。一般,工作面输送机的生产率应略大于采煤机的理论生产率。

采煤机的截深 B、工作面的采高 H 和煤的实体密度 ρ 都是一定的,故理论生产率 Q_t 主要取决于采煤机的工作牵引速度 v_q 的大小。采煤机司机应当根据工作面的具体条件随时调节牵引速度,以尽可能大的 v_q 值割煤。但同时必须注意,v_q 值的增大要受到采煤机电动机装机功率、滚筒装煤能力以及移架速度等多方面因素的限制:工作牵引速度过大,会造成电动机过载;碎煤在滚筒中的循环煤量增多,装煤效果变差;移架速度跟不上采煤机割煤,会造成顶板冒落。

2)技术生产率

它是指在除去采煤机必要的辅助工作(如调动机器、检查机器、更换截齿、自开缺口等)和排除故障所占用的时间外的生产率。其计算公式为

$$Q = Q_t \cdot K_1 \qquad (t/h) \qquad (14-2)$$

式中:K_1——与采煤机技术上的可靠性和完备性有关的系数,一般为 $0.5 \sim 0.7$。

3)实际生产率

它是采煤机工作面每小时的实际产量,其计算公式为

$$Q_m = Q \cdot K_2 \qquad (t/h) \qquad (14-3)$$

式中:K_2——考虑由于工作面其他配套设备的影响(如采区运输系统衔接不良、输送机和支护设备出现故障等)、处理顶底板事故、劳动组织不周等原因造成的采煤机被迫停机所占用时间的系数,一般为 $0.6 \sim 0.65$。

采煤机的实际生产率应当满足工作面的计划日产能力的要求。

4)刨煤机的理论生产率

$$Q_B = 3\,600 H h v_B \rho \qquad (t/h) \qquad (14-4)$$

式中:H——工作面的平均采高,m;

$\quad\;\; h$——截深,m;

$\quad\;\; v_B$——刨头刨削速度,m/s;

$\quad\;\; \rho$——煤的实体密度,t/m^3。

由于刨煤机所配套的输送机的生产率已由厂家设计好,所以不必再验算。但应当知道,刨头上行刨煤和下行刨煤时,刨头移动速度相对于输送机刮板链的速度是不相同的,即刨头上行刨煤时,相对速度大,溜槽中煤装得不满;而下行刨煤时相对速度小,溜槽中煤装得满。

2. 滚筒直径和截深

滚筒直径是指截齿齿尖的直径。滚筒直径大小应按煤层厚度来选择。

薄煤层双滚筒采煤机或一次采全高的单滚筒采煤机,滚筒直径应按下式选取。

$$D = H_{min} - (0.1 \sim 0.3) \qquad (m) \qquad (14-5)$$

式中:H 为煤层最小厚度,单位为 m。减去 $(0.1 \sim 0.3)$ m 是考虑到割煤后的顶板下沉量,防止采煤机返回装煤时因顶板下沉导致滚筒割支架顶梁。

中厚煤层单滚筒采煤机,如果上行割顶部煤,下行割底部煤并清理余煤,即往返进一

刀，完成一个循环，其滚筒直径为

$$D \approx (0.55 \sim 0.6) H_{max} \quad (m) \quad\quad (14-6)$$

式中：H_{max} 为煤层最大厚度，单位为 m。

双滚筒采煤机一般都是一次采全高，即上行或下行各进一刀，各完成一个循环，故滚筒直径应稍大于最大采高的一半。

滚筒直径已系列化（m）：0.6，0.65，0.7，0.8，0.9，1.0，1.1，1.25，1.4，1.6，1.8，2.0，2.3，2.6。

采煤机截割机构（滚筒）每次切入煤体内的深度 B 称为截深，应等于或小于采煤机滚筒的宽度。它决定工作面每次推进的步距，是决定采煤机装机功率和生产率的主要因素，也是支护设备配套的一个重要参数。

截深与煤层厚度、煤质软硬、顶板岩性以及支架移架步距有关。在薄煤层中，由于工作条件困难，采煤机牵引速度受到限制，为了保证适当的生产率，宜用较大的截深（可达 0.8~1.0 m）；反之，在厚煤层中，由于受输送机能力和顶板易冒顶片帮条件的限制，宜用较小的截深。

采煤机截深应与支护设备的推移步距相适应，以便于顶板管理。当用液压支架支护时，要求采煤机截深略小于液压支架的移架步距（考虑片帮影响），保证采煤机每采完一个截深后液压支架可以推进一个步距。当用单体支柱支护顶板时，金属顶梁的长度应是采煤机截深的整倍数。

滚筒采煤机的截深一般小于 1 m。多数采用 0.6 m，大功率采煤机可取 0.8 m 左右。

3. 验算采高范围、卧底量和机面高度

采煤机的实际开采高度称为采高，采高的概念不同于煤层厚度，分层开采厚煤层，或有顶煤冒落，或有底煤残留时，煤层厚度就大于采高；反之，在薄煤层中，由于截割顶板或底板，采高也可能大于煤层厚度。考虑煤层厚度的变化、顶板下沉和浮煤等会使工作面高度缩小，因此煤层（或分层）厚度不宜超过采煤机最大采高的 90%~95%；不宜小于采煤机最小采高的 110%~120%。采高对确定采煤机整体结构有决定性影响，它既规定了采煤机适用的煤层厚度，也是与支护设备配套的一个重要参数。

双滚筒采煤机的采高范围主要决定于滚筒的直径，但也与采煤机的某些结构参数有关，如机身高度、摇臂长度及其摆动角度范围等。对于双滚筒采煤机，其最大采高一般不超过滚筒直径的 2 倍。如图 14-2 所示，采煤机的机面高度 A 是采煤机的一个重要参数。机器出厂时给出了采高范围、几种机面高度 A 和相应尺寸的底托架高度、配套输送机溜槽高度。用户在选定机面高度 A、滚筒直径 D 后，应用下式验算采高范围及卧底量，看能否满足采高要求。如果不能满足要求，应要求厂家另换底托架高度。这在选型时应当特别注意。其计算公式为

$$\left.\begin{array}{ll} \text{最大采高} & H_{max} = A - \dfrac{C}{2} + L\sin\alpha_{max} + \dfrac{D}{2} \\[3mm] \text{最小采高} & H_{min} = A - \dfrac{C}{2} + L\sin\alpha_{min} + \dfrac{D}{2} \end{array}\right\} \quad (14-7)$$

$$最大卧底量 \quad E_{max} = \frac{C}{2} + L\sin\beta_{max} + \frac{D}{2} - A$$
$$最小卧底量 \quad E_{min} = \frac{C}{2} + L\sin\beta_{min} + \frac{D}{2} - A \qquad (14-8)$$

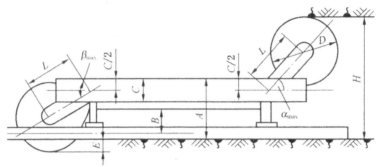

图 14-2　采高与机器尺寸关系

A—机面高度；B—过煤高度；C—机箱厚度；D—滚筒直径；E—卧底量；

L—摇臂长度；α_{max}—摇臂上摆最大角；β_{max}—摇臂下摆最大角

对于一定直径的滚筒，采煤机的采高范围是一定的。如果需要在较大范围内改变采高，则必须改变滚筒的直径，必要时还需相应改变机身的高度（即改变底托架的高度）和改变摇臂长度及其摆角范围。

在选用采煤机时，为了满足采高的要求，需要合理地选择滚筒直径和机身高度，还要考虑卧底量要求。卧底量一般为 100～300 mm。

4. 牵引速度

采煤机截煤时，牵引速度越高，单位时间内的产煤量越大，但电动机的负荷和牵引力也相应增大。为使牵引速度与电动机负荷相适应，牵引速度应能随截割阻力的变化而变化。当截割阻力变小时，应加快牵引，以获得较大的切屑厚度，增加产量和增大煤的块度；当截割阻力变大时，则应降速牵引，以减小切屑厚度，防止电机过载，保证机器正常工作。为此，牵引速度应采用无级调速，至少是多级调速，并且能随截割阻力的变化自动调速。目前，液压牵引采煤机的牵引速度一般为 5～6 m/min；双滚筒电牵引采煤机的最大截割牵引速度可达 16 m/min，电牵引采煤机最大牵引速度高达 30 m/min；而较大的牵引速度只用于调动机器和装煤。

选择工作牵引速度时，应考虑采煤机的负荷、生产能力，以及运输设备的运输能力。

例　某工作面采高 $H = 2.5$ m，采煤机的截深 $B = 0.6$ m，煤的密度 $\rho = 1.4$ t/m³，运输设备的运输能力为 500 t/h（SGD—730/250 型刮板输送机），则采煤机的最大牵引速度为

$$v_{qmax} = \frac{Q}{60HB\rho} = \frac{500}{60 \times 2.5 \times 0.6 \times 1.4} \approx 4 \text{ m/min}$$

另外，选择牵引速度时还应考虑滚筒截齿的最大切削厚度。对于一定的滚筒转速和允许的截齿切屑厚度，其允许的工作牵引速度计算公式为

$$v_q = \frac{m \cdot n \cdot h_{max}}{1\ 000} \qquad (14-9)$$

式中：v_q——工作牵引速度，m/min；

h_{max}——采煤机允许的截割切屑厚度，mm；

m——滚筒每一截线上的截齿数；

n——滚筒转速，r/min。

设滚筒转速 $n=50$ r/min，每条截线上的截齿数 $m=2$，允许的切屑厚度 $h_{max}=50$ mm，则允许的工作牵引速度为

$$v = \frac{2 \times 50 \times 50}{1\ 000} = 5\ \text{m/min}$$

为不使输送机过载，采煤机的牵引速度应取较小值 4 m/min。

5. 截割速度

滚筒上截齿齿尖的圆周切线速度，称为截割速度。截割速度决定于截割部传动比、滚筒直径和滚筒转速，对采煤机的功率消耗、装煤效果、煤的块度和煤尘大小等有直接影响。为了减少滚筒截割时产生的细煤和粉尘，增多大块煤，应降低滚筒转速。滚筒转速对滚筒截割和装载过程的影响都比较大，但是对粉尘生成和截齿使用寿命影响较大的是截割速度，而不是滚筒转速。截割速度一般为 3.5～5.0 m/s，少数机型只有 2.0 m/s 左右。滚筒转速是设计截割部的一项重要参数，新型采煤机直径 2.0 m 左右的滚筒转速多为 25～40 r/min 左右，直径小于 1.0 m 的滚筒转速可高达 80 r/min。截割速度计算式为

$$v_j = \frac{\pi \cdot D \cdot n}{60} \tag{14-10}$$

式中：v_j——截割速度，m/s；

D——滚筒直径，m；

n——滚筒转速，r/min。

6. 牵引力

牵引力是牵引部的另一个重要参数，是由外载荷决定的。影响采煤机牵引力的因素很多，如煤质、采高、牵引速度、工作面倾角、机器自重及导向机构的结构和摩擦系数等。采煤机的工作条件又很不稳定，因而精确计算采煤机所需要的牵引力既不可能，也没必要。据统计，装机功率 P 不超过 200 kW 的有链牵引采煤机牵引力 T 约为 1～1.3P（kN），无链牵引采煤机的牵引力约 2～2.5P（kN）。

7. 装机功率

采煤机所装备电动机的总功率，称为装机功率。采煤机装机功率的大约 85％用于截煤和装煤，用在牵引的功率只有一小部分。装机功率越大，采煤机可采越坚硬的煤层，生产能力也越高。为了防止电动机经常处于过载状态运转，一般电动机功率都有一定的富余量。

用于中硬及中硬以下煤质的采煤机装机功率与煤层厚度有如表 14-2 所示的关系。

滚筒采煤机总装机功率 P 包括截割消耗功率 P_j、牵引消耗功率 P_q、辅助泵站等消耗功率 P_f 三部分，即为

$$P = P_j + P_q + P_f \tag{14-11}$$

对于硬煤及极硬煤，装机功率应较表 14-1 中数值加大一倍。

表 14 - 1　采高与装机功率关系

采高/m	采煤机装机功率/kW	
	单滚筒	双滚筒
0.6～0.9	～50	～100
0.9～1.3	50～100	100～150
1.3～2.0	100～150	150～200
2.0～3.0	150～200	200～300
3.0～4.5		300～450

思　考　题

1. 对采煤机的基本要求是什么?
2. 根据煤层厚度怎么选择采煤机?
3. 采煤机的理论生产率、技术生产率及实际生产率三者有什么关系?
4. 煤层倾角对选择采煤机有哪些影响?
5. 煤层顶、底板性质对选择采煤机有哪些影响?
6. 采煤机有哪些主要性能参数? 意义是什么?

第15章

采煤机的下井与使用维护

采煤机性能的正常发挥，不仅取决于设计和制造质量，而且还取决于用户对机器的正常操作和日常的精心维护。

采煤机的使用、维护和检修包括：新机器的地面安装、验收和试运转；下井和运输；井下的安装、试验和投产；开机前的检查和准备；开机和停机顺序；紧急情况的停车；操作注意事项；常见故障的分析和处理，以及维护和检修，等等。

15.1　采煤机的下井与安装投产

15.1.1　下井前的检查

采煤机下井前，应在地面进行安装和试运转，其目的是清点部件（包括应带的技术文件）数量是否齐全，安装连接关系是否准确，机器的操作运转是否灵活，结构、性能参数是否符合订购要求，以及设备间配套关系是否正确，以便把差错和事故隐患尽量在下井之前予以解决。

在清点部件数量并将它们组装成整机后，应进行以下几方面的工作。

① 按照技术要求向有关部位注液压油和润滑油（或润滑脂），通冷却水。

② 启动采煤机，检查各部分的动作是否正确、灵活、可靠。具体要求包括：滚筒转向符合工作要求；摇臂升降灵活；截割部和牵引部离合器手把、牵引换向和调速手把以及其他手把、按钮、开关灵活；挡煤板翻转灵活；喷雾系统工作正常；各保护装置和显示仪表工作正常；各防爆部位连接牢固；等等。

③ 性能测试：牵引部测试正、反向的最大牵引速度，牵引速度回零情况，正、反向的压力过载情况（必须进行几次）；截割部要求测试在电动机额定功率的50%和75%的加载情况下，各正、反转30 min；测定电动机电流、各部位油温和机壳温度，记录噪声，漏油部位，测量齿轮的啮合间隙和接触斑点。加载试验结束后的油温不得高于60℃，壳温不得高于110℃。此外，还要测定辅助液压系统的压力、摇臂升降时间和调高范围。

15.1.2　下井和运输

为了减少采煤机在井下组装工作量，如果提升、运输条件许可，应尽量整体下井。不得已，也可分成电动机和牵引部、固定减速箱和摇臂、滚筒、底托架等几个部分下井。

下井之前，应根据工作面方向和机器的安装顺序安排好各部件的装车顺序和方位，避免在井下调头。

机器的外伸轴颈要用护罩保护，摇臂要锁死，液压接头和水管要用塑料帽堵住。

15.1.3　井下安装、试验和投产

采煤机在工作面的安装地点一般都在上顺槽，在该处架设起重设备。为了将底托架放到输送机溜槽上，靠近安装地点的 6 节中部溜槽的电缆槽和挡煤板先不安装。各部件的安装顺序是：将底托架先装到输送机上→将各部件放在底托架上→牵引部与底托架固定并与电动机的止口对准→从它们的两端分别安装其他部分，最后安装调高油缸、挡煤板、滚筒、拖缆装置、水管等。安装完加注液压油和润滑油（脂）。

采煤机安装完毕后，应按系统、按部件进行质量检查，各项设备的安装质量要达到下列要求：

① 支架排列要整齐，输送机铺设要平、直、稳；

② 各部件的零部件齐全，联接紧固；

③ 减速器油量适中，油质清洁，不漏油；

④ 电气设备的进线密封良好，接线牢固，电机定子绕组绝缘符合要求；

⑤ 信号、通讯装备齐全完好；

⑥ 各种管线完整无缺，敷设、悬挂要整齐。

采煤机经检查无误方可试运转。试运转的时间可以一个班，也可以几天。在试运转期间应进一步检查：声音是否正常，温升是否超限，联结是否紧固，保护装置是否可靠，喷雾降尘装置效果是否良好等。试运转过程中，发现问题应及时处理。待问题都处理完以后，方可进入投产。投产前，应将机器各部的油放掉更换新油，并清理或更换滤芯。

15.2　采煤机的使用和维护

15.2.1　采煤机的操作

1. 开机前检查内容

① 各手把、按钮均置于"零位"或"停止"位置；

② 截割部离合器手把置于"断开"位置；

③ 截齿应齐全、锐利、牢固，各联接螺栓无松动；

④ 牵引链无扭结现象，齿轨无断裂并联接可靠，紧链装置及其安全阀能正常工作；

⑤ 电缆及拖缆装置、水管和油管、冷却系统和喷雾系统、水压和水量都完好或正常；

⑥ 液压油和润滑油（脂）的油量和油质都符合规定要求，各过滤器都无堵塞现象。

2. 开机顺序

① 解除各紧急停车按钮；

② 打开各部位的冷却水截止阀;

③ 接通断路器;

④ 合上截割部和破碎机构的离合器;

⑤ 根据采煤机的工作方向、采高,升降摇臂和翻转挡煤板;

⑥ 发出警告信号,当确认机器周围特别是滚筒周围无人妨碍采煤机正常工作时,启动电动机,进行空转试车。这时应检查滚筒转向、各部声响是否正确或正常;对于初次开机或停机时间较长的采煤机,应在只给电动机供冷却水的情况下打开离合器空转 $10\sim15$ min,使油温升至 $40℃$,并按要求将混入液压系统中的空气排净;

⑦ 启动输送机,打开供水阀;

⑧ 启动采煤机,先使滚筒旋转,后给牵引速度。

3. 停机顺序

① 停止牵引;

② 待滚筒中煤排净后停止电动机;

③ 关闭喷雾系统截止阀。若司机离机或要长时间停机时,应脱开离合器,断开隔离开关,关闭总供水阀。

4. 紧急停机遇下列情况之一时应紧急停车

① 电动机闷车;

② 严重片帮或冒顶;

③ 机内发出异常响声;

④ 电缆拖移装置卡住或出槽时;

⑤ 出现人身或其他重大事故时。

5. 操作注意事项

① 未经培训的人员不得开机;

② 不得带负荷启动;

③ 一般情况下不允许用隔离开关或断路器断电停机;

④ 喷雾系统工作不正常时不准割煤;

⑤ 滚筒截齿必须齐全;

⑥ 严禁滚筒割顶梁和铲煤板;

⑦ 拖缆装置在电缆槽内不许有挂卡现象;

⑧ 在电动机即将停转时才能操作离合器;

⑨ 煤层倾角大于 $10°$ 时应有防滑装置,大于 $16°$ 时还应加设液压安全绞车;

⑩ 更换截齿或滚筒附近有人时,必须脱开离合器;

⑪ 开机前必须发出信号或高声喊话,确认机旁无人时方准开机;

⑫ 翻转挡板煤时要正确操作,避免其变形;

⑬ 不允许输送机上的大块异物带动采煤机强迫运行,一旦发现,应立即排除;

⑭ 随时调节调高、调斜装置,避免工作面出现弯曲和台阶。

15.2.2　故障及处理

不同型号采煤机的故障表现形式及处理不同,表 15-1 仅供参考。

15.2.3　维护与检修

维护与检修的内容包括：班检、日检、周检、月检，总称为"四检"。此外还有强制性的定期"检修"（小修、中修、大修）。"四检"的重点是注油（油品、牌号必须符合规定，并经 100 目以上的滤网过滤），油质检查，滤油器的及时清洗、更换，紧固连接螺栓，检查截齿、外露水管、油管及电缆。"四检"细则见表 15-2。

1. 小修

小修是指采煤机在工作面运行期间结合"四检"进行的强制性维修和临时性的故障处理（包括更换个别零部件和注油），目的是维持采煤机的正常运转和完好。小修周期为 1 个月。

2. 中修

中修是指采煤机采完一个工作面后，整机（至少牵引部）上井由使用矿进行定检和调试。中修除完成小修的内容外，还应完成下列任务：全部解体清洗、检验、换油，根据磨损情况更换密封装置和其他零、组件；各种护板的整形、修理或更换，底托架、滑靴（或滚轮）的修理；滚筒的局部整形、齿座的修复；导轨、电缆槽、拖缆装置的整形、修理；控制箱的检验和修理；整机调试，合格后方可下井，试验记录要填写齐全。

中修由矿井机电部门负责，无能力检修时送局机修厂。中修周期为 4~6 个月。

3. 大修

采煤机在运转 2~3 年、产煤 80~100 万吨后，若主要部位磨损超限，整机性能普遍降低，但仍具有修复价值和条件，可送局机修厂进行恢复其主要性能为目的的整机大修。大修除完成中修任务外，还应完成下列任务：截割部的机壳、轴承套杯、摇臂套、小摇臂、轴、端盖的修复和更换；摇臂机壳、轴承座、行星架、联接凸缘的修复或更换；滚筒的整形及其配合面的修复；各千斤顶的修复或更换；油泵、油马达、所有阀及其他零件的修复或更换；牵引部行星传动部分的修复；冷却、喷雾系统的修复；电动机绕组整机重绕或部分重绕，防爆面的修复；以恢复整体性能为目的其他零件的修复；整机调试，运转合格后喷漆、出厂。

大修由局机修厂进行，周期为 2~3 年。

采煤机检修质量和试验规定应符合原煤炭工业部生产司颁发的《综采设备检修质量暂行标准》（机械部分）的要求。

表 15-1　采煤机故障判断及处理方法

部位	故障现象	可能原因	处理方法
牵引部	牵引力太小（高压表压力过低）	主油管漏油	拧紧、换密封件或换油管
		油马达泄漏过大	更换
		冷却不良（油温不应超过 70℃）；采煤机不应超过 74℃±6℃	调定供水压力，流量达到适宜值
		高压安全阀、过压关闭阀整定值过低	重新整定，达到规定值
		补油量不足	清洗或更换过滤器，更换补油泵，背压调至规定值
		液压油不合格（粘度低或变质）	换油

部位	故障现象	可能原因	处理方法
牵引部	牵引速度低（主泵流量小）	主油管漏油	拧紧或更换
		油马达或主泵泄漏过大	更换
		主泵变量机构有故障	重新调节
		过滤器堵塞	清洗或更换
	高压表频繁跳动	主泵柱塞卡死，复位弹簧断裂（主泵配流盘严重磨损）	更换新泵
	补油压力低（低压表压力过低），补油泵排量不足	滤油器堵塞	清洗或更换
		补油泵泄漏严重	更换
		油面低	加油至规定高度
	补油回路漏油	背压阀整定值低	重新调节
		管路漏油	拧紧或更换
	过载保护装置动作后，重新启动时开关手把总是跳回"关"位	主泵"零"位不正确	重新调节
	主牵引链轮一转就停	去高压安全阀的管路漏油	拧紧或更换
		高压安全阀失灵或漏油	重新整定或更换
	牵引力超载但不停止牵引	保护油路不起作用；液压功率调节器失灵；开关活塞卡死；过压关闭阀卡死；高压安全阀失灵	重调或更换
	牵引部发出异常响声	主油路不正常：缺油；漏油；混入空气；油泵和油马达损坏	加油、排气、更换
	牵引部液压油乳化	冷却器漏水	更换
		机壳上盖板密封不严、渗水	换密封件、涂密封胶
		吸入湿空气	定期从排油孔排出一定量的含水油
		油质低劣	更换合格的液压油
	牵引部齿轮箱发热	润滑油不合格：混入水或杂质、油质低劣	更换合格油品
		油位过低	注入新油到达要求油位
		轴承等摩擦副卡研或损坏	更换
		齿轮传动件研损、擦伤	更换
截割部	电机启动后摇臂立即升起或下降	控制按钮失灵	更换
		控制阀卡研	更换
		操作手把松脱	坚固或更换

续表

部位	故障现象	可能原因	处理方法
截割部	摇臂升不起或升起后自动下降或升起后受力下降	液压锁失灵	更换
		油缸串油	更换
		管路漏油	拧紧或更换
		安全阀整定值过低	重调至要求
	挡煤板翻转操作不灵活	矸石块、煤块卡住挡煤板	处理
		挡煤板板翻转时受力不均	调整
		挡煤板与底板摩擦过小	稍降摇臂
	离合器手把蹩劲	离合器变形、卡研	更换或修复
电气系统	电动机启动后操作牵引按钮时机器不牵引	电路断线	修复
		供电电压过低	恢复供电电压
	只有一个方向牵引	一个方向的电磁铁线路断线	修复
	电动机启动不起来	控制回路断电	接通
		主线路接触器烧损	更换
	电动机一启动就停	保护系统动作	重新调整
		接地	修复
		相间通路	修复
	电动机过热	冷却水量小或无水	修复冷却系统
		轴承磨损	修复
		笼条断	修复
	牵引速度只增不减，或只减不增	按钮接触不良	修复
		电磁铁或阀芯卡住	修复或更换
	调斜不动	回路断路	修复
		电源供电电压低	恢复供电电压
液压油故障	乳化	进水	更换
	黑褐色有刺激气味	变质	更换
	有可见金属颗粒或悬浮物	混进煤粉、金属屑等固体物质	更换
	比重、酸值增加明显	变质	更换

表 15－2 采煤机"四检"细则

类别	序号	检修项目	标准和要求	参加人	时间
班检	1	外观情况	各部清洁，无浮煤、积水、杂物	采煤机司机和小班检修工	不少于30 min
	2	各种信号、压力表、油位指示器	能正确显示		
	3	机身对接、挡煤板、滑靴等处易松动的螺栓	齐全、牢固		
	4	导向装置、齿轨联接装置	齐全、牢固		
	5	各部漏油、渗油情况	液面符合规定，在运行卡中记录		
	6	截齿，检查齿座	齿座完整，截齿齐全、锋利，连接牢固		
	7	电缆，电缆夹的连接与拖移情况	电缆连接可靠，无扭曲挤压，夹板无缺损，记录电缆损坏情况		
	8	各操作手把、按钮	灵活可靠		
	9	牵引链、连接环、紧链器	无断裂、扭结、咬伤、变形，连接环安装位置正确，紧链器可靠		
	10	防滑、制动装置	动作灵活，工作可靠		
	11	冷却、喷雾供水情况	供水压力、流量符合规定，水流畅通，无泄漏，喷雾效果良好		
	12	挡煤板翻转装置，清理支撑架	翻转灵活，支撑架的转动副内无煤粉		
日检	1	处理班检中处理不了的问题		由检修班长、机组长负责，人数不少于5人	不少于6 h
	2	处理电缆、夹板、缆槽故障			
	3	滑靴、机身对接和挡煤板等处的螺栓	无扭结，拖移自如，夹板完好，螺栓、螺帽、垫片齐全，连接牢固		
	4	各部油位、注油点	加注油、脂，油品符合规定，油量适宜		
	5	冷却喷雾系统	水管畅通，无泄漏，喷嘴畅通无损坏，水泵压力和流量符合规定，各部冷却水压力、流量符合规定		
	6	调斜、调高、翻转千斤顶	动作灵活，无损坏，无泄漏		
	7	牵引链、齿轨连接环、紧链装置	同班检		
	8	防滑装置、制动装置	动作可靠、灵活		
	9	操作手把、按钮	灵活、可靠		
	10	滤油器	达到正常过滤精度		
周（旬）检	1	处理日检中处理不了的问题		由机电科长、综采队长、机电工程师组织机电科、检修班工人、采煤机司机等人员进行	一般同日检时间
	2	各部油质和油量	按规定加注油、脂，油品合格，油量适宜，并取油样外观检查		
	3	特别注意检查和处理滑靴、支撑架	牢固、可靠		
	4	机身对接螺栓等处清洗过滤器	清洗或更换油、水过滤器，保证过滤精度		
	5	电气控制箱	防爆面无伤痕，接线不松动，箱内干燥，无油污和杂物		
	1	处理周旬检处理不了的问题			
	2	处理漏油并取油样检查	取油样化验和进行外观检查，规定更换或清洗油池，处理各连接部位的漏油		
	3	检查和处理滑靴的磨损量	一般不超过 10 mm		

类别	序号	检修项目	标准和要求	参加人	时间
月检	4	检查和处理牵引链损伤、节距变形、牵引链轮磨损和齿条齿形情况	建议每45天强制更换连接环	由机电矿长或副总工程师组织，并有机电科和检修班工人参加	同日检，或可根据任务量适当延长
	5	进行电动机绝缘性能测试	用1 000 V摇表检查，绝缘电阻大于1.1 MΩ		
	6	检查电动机密封	密封良好		
	7	检查电气箱防爆面和电缆	符合防爆规定		
	8	检查防滑制动闸	EDM型采煤机摩擦间隙小于6 mm		
	9	检查电动机润滑情况	按规定油质、油量进行注油		
	10	检查滚筒轴承运转情况，连接螺栓紧固情况，滚筒是否有裂纹，开焊和严重磨损	滚筒运转无异常，连接螺栓齐全牢固，记录滚筒开裂磨损情况		

思　考　题

1. 新采煤机下井之前的地面安装、验收和试运转的目的是什么？要进行哪些工作？

2. 采煤机下井和运输要注意哪些问题？

3. 采煤机井下安装的顺序怎样？正式投产前还要进行哪些工作？

4. 采煤机开机前要进行哪些检查工作？开机、停机顺序如何？采煤机操作注意事项有哪些？

5. 采煤机牵引部、截割部、电气设备和液压油的常见故障、原因和排除方法如何？

6. 什么是"四检"？其内容、标准如何？"四检"的重点是什么？

7. 采煤机的小修、中修和大修的内容如何？

| 第三篇 |

采煤工作面支护设备

采煤工作面支护设备用于支撑工作面顶板、阻挡顶板冒落的岩石窜入作业空间，以保证工作面内机器和人员安全生产。

目前采煤工作面使用的支护设备有金属摩擦支柱、单体液压支柱和自移式液压支架，它们与采煤机和工作面输送机分别组成"普采"、"高档普采"和"综采"设备。

金属摩擦支柱和单体液压支柱与金属铰接顶梁配套使用（统称单体支护设备），它们的支撤和移动都靠人工操作，故劳动强度大、安全性较差、支撤速度慢、工作面产量和效率较低。

近年来新发展的切顶支柱和滑移顶梁支架为进一步改善普采工作面的劳动条件和技术经济效益提供了途径。

液压支架以高压乳化液作为动力，使支架的支撑、切顶、移架和输送机推移等工序全部实现了机械化，具有支护性能好、强度高、移设速度快、安全可靠等优点因而大大改善了采煤工作面的作业环境，使矿工们从繁重的体力劳动中解放出来，有效地提高了劳动安全性，并为工作面实现自动化创造了条件，同时也大大提高了采煤工作面的技术经济效益，是实现采煤工作面综合机械化和自动化的主要设备。但液压支架的初期投资较大。

木支柱在机械化采煤工作面仅用于临时性辅助支护，如处理顶板事故等。

第16章

液压支架概述

液压支架是以高压液体为动力，由液压元件（液压缸和液压阀）与金属构件组成的一种用来支撑和管理顶板的设备。它不仅能实现支撑、切顶，而且还能使支架本身前移和推动输送机，因此也称为自移式支架。液压支架配合可弯曲刮板输送机和采煤机，共同组成综合机械化采煤工作面。

16.1　液压支架的组成和工作原理

16.1.1　液压支架的组成

如图 16-1 所示，液压支架一般由顶梁、底座、立柱、掩护梁、推移装置、操纵控制装置和其他辅助装置组成。

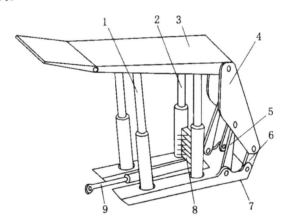

图 16-1　液压支架的组成

1—前立柱；2—后立柱；3—顶梁；4—掩护梁；5—前连杆；6—后连杆；
7—底座；8—操纵阀；9—推移装置

顶梁直接与顶板接触承受顶板的压力，与立柱和掩护梁相连；掩护梁与采空区冒落的岩石接触，承受冒落岩石的重量并阻挡岩石涌入工作空间，掩护梁上部与顶梁相连，下部与前后连杆铰接；底座直接坐落在底板上，将来自顶板的各种载荷传给底板；立柱的上、下端分别铰接于顶梁与底座上，直接承受顶板的压力载荷，支架的支撑能力和支撑高度主要取决于立柱的结构和性能，它是液压支架的主要部件。推移装置装在底座中部，一端连接于支架底座，另一端连接在刮板输送机上；操纵阀位于立柱之间，控制支架实现各种动作。

16.1.2   液压支架的工作原理

液压支架在工作过程中，必须能够实现升、降、推、移四个基本动作，这些动作是依靠乳化液泵站提供的高压液体，通过工作性质不同的几个液压缸来完成的。工作原理如图16-2所示。每架支架的进、回液管路都与连接泵站的工作面主供液管路和主回液管路并联，全工作面的支架共用一个泵站作为液压动力源。工作面的每架支架形成各自独立的液压系统。其中液控单向阀和安全阀均设在本架内，操纵阀可设在本架内，也可装在相邻支架上，前者为"本架操作"，后者为"邻架操作"。

1. 支架的升降

支架的升降依靠立柱的伸缩来实现，其工作过程如下。

1）初撑

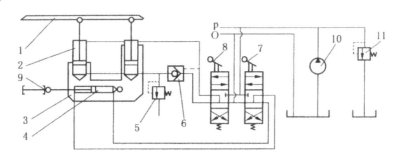

图 16-2   液压支架工作原理

1—顶梁；2—立柱；3—底座；4—推移千斤顶；5—安全阀；6—液控单向阀；

7、8—操纵阀；9—输送机；10—乳化液泵；11—溢流阀

操纵阀处于升柱位置，由泵站输送来的高压液体，经液控单向阀进入立柱的下腔，同时立柱上腔排液，于是活柱和顶梁升起，支撑顶板。当顶梁接触顶板，立柱下腔的压力达到泵站工作压力后，液控单向阀关闭，从而立柱下腔的液体被封闭，操纵阀置于中位，这就是支架的初撑阶段。此时，支架对顶板产生的支撑力称为初撑力。支架的初撑力为

$$P_{\mathrm{C}} = \frac{\pi}{4}D^2 p_{\mathrm{b}}Z \times 10^{-3} \tag{16-1}$$

式中：P_{C} ——支架的初撑力，kN；

D ——立柱的缸径，mm；

p_{b} ——泵站的工作压力，MPa；

Z ——支架的立柱数。

2）承载

支架初撑后，进入承载阶段。随着顶板的缓慢下沉，顶板对支架的压力不断增加，立柱下腔被封闭的液体压力将随之迅速升高，液压支架受到弹性压缩，并由于立柱缸壁的弹性变形而使缸径产生弹性扩张，这一过程就是支架的增阻过程。当下腔液体的压力超过安全阀的动作压力时，高压液体经安全阀泄出，立柱微微回缩，顶板对支架的压力降低，直至立柱下

腔的液体压力小于安全阀的动作压力时，安全阀关闭，停止泄液，从而使立柱工作阻力保持恒定，这就是恒阻过程。此时，支架对顶板的支撑力称为工作阻力，它是由支架安全阀的调定压力决定的。支架的工作阻力为

$$P = \frac{\pi}{4}D^2 p_a Z \times 10^{-3} \tag{16-2}$$

式中：P ——支架的工作阻力，kN；

$\quad P_a$ ——支架安全阀的动作压力，MPa；

3) 卸载降柱

随着工作面的推进，支架需要前移。当采煤机割煤过后，需将支架移到新的位置，进行及时的支护。移架前先要将支架的立柱卸载收缩，使支架处于非支撑状态。将操纵阀处于降架位置时，高压液体进入立柱的上腔，同时打开液控单向阀，立柱下腔排液，于是支架卸载下降。

由以上分析可以看出，支架工作时的支撑力变化可分为三个阶段，如图 16-3 所示，即开始升柱至单向阀关闭时的初撑增阻阶段 t_0，初撑后至安全阀开启前的增阻阶段 t_1，以及安全阀出现脉动卸载时的恒阻阶段 t_3，这就是液压支架的阻力时间特性。它表明液压支架在低于额定工作阻力时，具有恒阻性，为使支架恒定在此最大支撑力，又具有可缩性，支架在保持恒定工作阻力的条件下，能随顶板下沉而下缩。增阻性主要取决于液控单向阀和立柱的密封性能，恒阻性与可缩性主要由安全阀来实现，因此安全阀、液控单向阀和立柱是保证支架性能的三个重要元件。

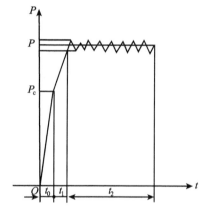

2. 支架的移动（移架）和推移输送机（推溜）

支架和输送机的前移，由底座上的推移千斤顶来完成。

需要移架时，先降柱卸载，然后通过操纵阀使高压液体进入推移千斤顶的活塞杆腔，活塞腔回液，以输送机为支点，（输送机受相邻支架推移千斤顶的作用不能后退，所以缸体前移），把整个支架拉向煤壁。

需要推移输送机时，支架支撑顶板，高压液体进入推移千斤顶的活塞腔，活塞杆腔回液，以支架为支点，活塞杆伸出，把输送机推向煤壁。

图 16-3 液压支架工作特性曲线

液压支架的推移速度、移架方式决定着移架速度的大小。移架速度是指单位时间内移动支架数目的多少，它反映在采煤机牵引方向的距离。移架速度应大于采煤机工作时的牵引速度。

16.2 液压支架的类型

液压支架按照其对顶板的支护方式和结构特点不同，分为支撑式、掩护式和支撑掩护式

三种基本架型。

16.2.1 支撑式液压支架

支撑式液压支架的立柱支撑在顶梁上，没有掩护梁，它主要由顶梁、底座、立柱、推移千斤顶及挡矸装置组成，如图16-4所示。

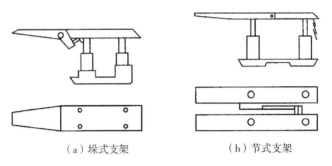

（a）垛式支架　　　　　　　　（b）节式支架

图16-4　支撑式液压支架结构形式

支撑式液压支架按结构分为垛式（图16-4（a））和节式（图16-4（b））两种。节式支架因为稳定性差，现已基本淘汰。垛式支架垛式支架每架为一整体，与输送机互为支点整体移架。

支撑式支架的特点：呈框型结构；顶梁较长，一般都带有前探梁，其长度多在4m左右；立柱多，一般为4~6根，且垂直顶梁支撑；支架后部有简单的挡矸装置；一般设有立柱复位装置，以承受指向煤壁方向的不大的水平推力。这类支架支撑力大，支撑力作用点靠近支架后部，切顶能力强；作业空间和通风断面较大。缺点是由于顶梁与底座仅通过立柱连在一起，抵抗水平载荷的能力较差，不能带压移架，支架间不接触、不密封，矸石容易窜入工作空间。

由上可知，支撑式支架适用于直接顶稳定以上、老顶有明显或强烈周期来压，且水平力小的顶板条件。

16.2.2 掩护式支架

掩护式支架主要由顶梁，掩护梁，底座，立柱，前、后连杆及推移装置等组成。根据立柱布置和支架结构特点，掩护式液压支架又分为支掩掩护式支架（图16-5（a））和支顶掩护式支架（图16-5（b））两种类型。

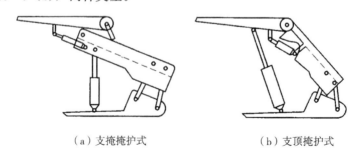

（a）支掩掩护式　　　　　　　　（b）支顶掩护式

图16-5　掩护式液压支架结构形式

　　掩护式支架的特点：有一个坚实的掩护梁将作业空间与采空区隔绝；掩护梁下端一般用前、后连杆与底座相连，组成所谓的四连杆机构，以保持梁端距基本不变且承受水平推力；立柱数目少，只有一排（一般为 2 根，也有用 1 根立柱的），且倾斜支撑，以增大支架的调高范围；架间则是通过活动侧护板互相靠拢，实现架间密封；通常顶梁较短，一般为 3.0 m 左右。缺点是支撑力小，切顶能力弱，工作空间和通风断面较小。

　　由此可知，掩护式支架适用于支护松散破碎的不稳定或中等稳定顶板条件。

16.2.3　支撑掩护式支架

　　支撑掩护式支架是在垛式支架和掩护式支架的基础上发展起来的一种架型。它保留了垛式支架支撑力大、切顶性能好、工作空间宽敞的优点，采用双排立柱支撑；同时又吸取了掩护式支架挡矸掩护性能好，抗水平力强，结构稳定的长处。而且，采用坚实的掩护梁及侧护板，将工作空间与采空区完全隔开；并用前、后连杆连接掩护梁和底座，组成四连杆机构，使梁端距几乎不变，防止了架前漏矸。

　　支撑掩护式支架根据立柱的布置方式和支撑位置不同，分为 H 型、V 型、P 型、X 型，如图 16-6（a）～（d）所示。图 16-6（e）是一排立柱支撑在掩护梁上，另一排立柱支撑在顶梁上的混合支撑结构。

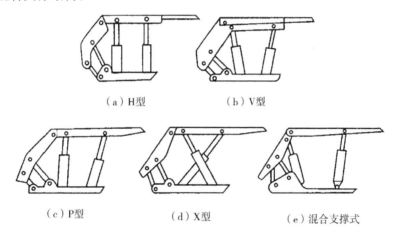

（a）H型　　　　　　　　（b）V型

（c）P型　　　　　　（d）X型　　　　　（e）混合支撑式

图 16-6　支撑掩护式支架结构形式

　　这类支架适用范围很广，可用于各种顶板条件，尤其适用于中等稳定以上的顶板和大采高。其缺点是：结构复杂、质量大、价格较贵。

16.3　液压支架的主要结构

　　液压支架一般由架体、工作机构、液控系统及辅助装置四部分组成。

16.3.1　架体

　　架体主要包括顶梁、底座、掩护梁和连杆等金属构件。

1. 顶梁

顶梁是液压支架的主要承载部件之一，支架通过顶梁实现支撑和管理顶板。顶梁是由钢板焊接而成的箱形结构，有足够的强度和刚度，一般可分为整体式和分段组合式两大类。

1）整体式顶梁

整体式顶梁为满足强度和刚度要求，一般是用 10～16 mm 厚钢板焊接而成的箱式结构，在上、下钢板之间焊有加强筋板，如图 16-7 所示。其结构简单，梁体较长，对顶板的不平整情况适应能力较差，接顶性能不够理想。适用于顶板比较平整、稳定，较少出现片帮现象的工作面。

2）分段组合式顶梁

分段组合式顶梁（图 16-8）分前顶梁和后顶梁两部分，前、后顶梁之间用铰链连接，下部有立柱支撑，前梁又分为有伸缩梁和无伸缩梁两种。前梁在千斤顶的作用下绕销轴上下摆动，加大靠近煤壁顶板的支撑力，改善接顶性能。有伸缩梁的分段组合式顶梁，伸缩梁在前梁腹腔内的千斤顶作用下进行伸缩，可以实现超前支护，防止片帮。这种顶梁结构较复杂，尤其是有伸缩梁的分段组合式顶梁，对顶板不平整情况的适应能力强，接顶性能好，在破碎顶板和片帮严重的情况下，对新裸露的顶板能够进行及时支护。

另外，还有刚性顶梁带伸缩前梁的组合式顶梁（图 16-9），它能够缩短液压支架在正常支护时的控顶距，从而提高液压支架的支护强度，在采煤机采过煤后，液压支架移架前又能够及时地伸出前梁进行支护。目前，这种组合顶梁在大采高掩护式支架中广泛普遍。

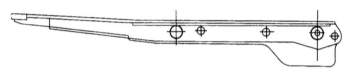

图 16-7　整体刚性顶梁

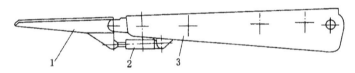

图 16-8　分段组合式顶梁

1—前梁；2—前梁千斤顶；3—顶梁

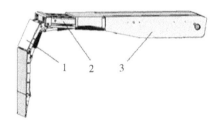

图 16-9　刚性顶梁带伸缩梁

1—护帮装置；2—伸缩梁；3—顶梁

2. 掩护梁

掩护梁是掩护式支架和支撑掩护式支架的特征部件。它直接承受冒落矸石的载荷和顶板来压时通过顶梁传递的冲击载荷，当顶板不平整或支架倾斜时，掩护梁还将受扭转载荷。

其主要功能是隔离采空区，阻止冒落的矸石进入工作面。掩护梁与前后连杆、底座共同组成四连杆机构，承受支架的水平分力。掩护梁的结构形式如图 16-10 所示。

① 整体直线形掩护梁（图 16-10（a））。掩护梁一般都为整体箱形结构，这类掩护梁整体性能好，强度大。从侧面看，掩护梁上轮廓线形状为直线形，目前应用最为广泛。

② 整体折线形掩护梁（图 16-10（b））。从侧面看，掩护梁上轮廓线为折线形，相对地增大了工作空间，但当支架歪斜时架间密封性差，加工工艺性差，目前应用较少。

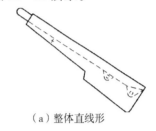

（a）整体直线形

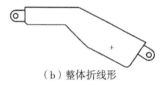

（b）整体折线形

图 16-10 掩护梁的结构形式

3. 连杆

连杆是掩护式和支撑掩护式支架上的部件。它与掩护梁、底座组成四连杆机构，实质是一个双摇杆机构。摇杆摆动时，连杆上任意点的运动轨迹为双扭线，只要各构件的参数合适，连杆轨迹中将有一段近似为直线，液压支架利用这段直线轨迹，使支架的梁端距基本保持不变。连杆既可承受支架的水平力，又可使顶梁与掩护梁的铰接点在支架调高范围内做近似直线运动，从而提高了支架控制顶板的可靠性，如图 16-11 所示。

前后连杆一般采用分体式箱形结构，即左右各一件。后连杆往往用钢板将两个箱形结构连接在一起，可增大支架的整体刚性和有效的工作空间，并增加挡矸性能。

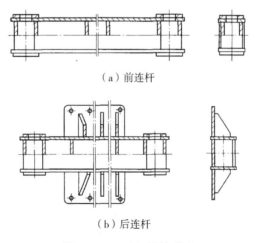

（a）前连杆

（b）后连杆

图 16-11 连杆结构形式

4. 底座

底座是支架的又一主要承载部件，支架通过底座将顶板压力传至底板。底座也是组成四连杆机构的构件之一。支架还通过底座与推移机构相连，以实现自身的前移和推动输送机。底座的结构形式如图 16-12 所示。

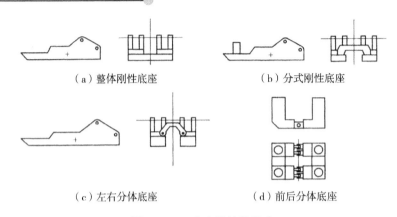

（a）整体刚性底座　　　　　　（b）分式刚性底座

（c）左右分体底座　　　　　　（d）前后分体底座

图 16-12　底座的结构形式

① 整体刚性底座（图 16-12（a））。底座用钢板焊接成箱形结构，底部封闭，具有强度高、稳定性好，对底板比压小的特点；缺点是排矸性能差。该底座适用于底板比较松软、采高与倾角较大以及顶板稳定的采煤工作面。

② 分式刚性底座（图 16-12（b））。底座分左右对称的两部分，上部用过桥或箱形结构将左右部分固定连接。这种底座在刚性、稳定性和强度等方面基本与整体刚性底座相同，由于安装推移装置通道的底座不封闭，故排矸性能好。该底座适用于各类支架，在底板比压允许的情况下，广为采用。

③ 左右分体底座（图 16-12（c））。底座由左右两个独立而对称的箱形结构件组成，两部分之间用铰接过桥或连杆连接，并可在一定范围内摆动。对不平底板适应性较好，排矸性能好；缺点是底座底面积小，稳定性差，故不宜用于底板松软、厚煤层、倾角大的条件。

④ 前后分体底座（图 16-12（d））。底座由前后两个独立的箱形结构件组成，用铰接或连板相连。对底板的适应性好，多用于多排立柱、支撑掩护式、垛式支架以及端头等支架。

16.3.2　工作机构

液压支架的工作机构主要有立柱和千斤顶。立柱用于承受顶板载荷，调节支撑高度；千斤顶用于移架、推溜、护帮、侧推、防倒和前梁伸缩等动作。

1. 立柱

立柱是液压支架承载与实现升降动作的主要液压元部件。立柱分为单伸缩双作用立柱、单伸缩带机械加长杆立柱和双伸缩立柱三种形式，如图 16-13 所示。

① 单伸缩双作用立柱（图 16-13（a））。只有一级行程，伸缩比一般为 1.6 左右，这类立柱结构简单，调整高度方便，缺点是调高范围小。

② 单伸缩带机械加长杆立柱（图 16-13（b））。总行程为液压行程 L_1 与机械行程 L_2 之和，这类立柱的调高范围较大，可在较大范围内适应煤层厚度的变化。但机械行程只能在地面根据煤层的最大厚度调定。这种立柱造价比双伸缩立柱低，应用较多。

③ 双伸缩双作用立柱（图 16-13（c））。两级行程都由液压力操纵，总行程为 L_1+L_2，可在较大范围内适应煤层厚度的变化，而且可在井下随时调节，其伸缩比可达 3。这类立柱造价高，结构复杂，在大采高支架上应用广泛。

2. 千斤顶

千斤顶是完成支架及其各部位动作、承载的主要元件,大多属于单伸缩双作用活塞式液压缸。液压支架中除立柱以外的液压缸均称为千斤顶,依其功能分为推移千斤顶、前梁千斤顶、伸缩梁千斤顶、平衡千斤顶、侧推千斤顶、调架千斤顶、防倒千斤顶、防滑千斤顶、护帮千斤顶等。由于前梁千斤顶也承受由铰接前梁传递的部分顶板载荷,所以结构上与立柱基本相同,只是长度和行程较短,也有人称它为短柱。平衡千斤顶是掩护式支架独有的,其两端分别与掩护梁和顶梁铰接,主要用于改善顶梁的接顶状况,改变顶梁的载荷分布。当支架设置防倒、防滑装置时,还设有各种防倒,防滑千斤顶和调架千斤顶。

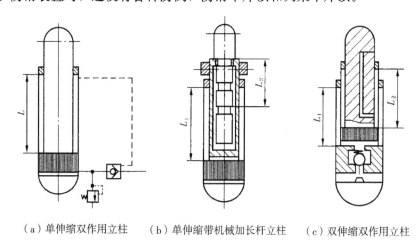

（a）单伸缩双作用立柱 （b）单伸缩带机械加长杆立柱 （c）双伸缩双作用立柱

图 16-13 立柱的结构形式

16.3.3 液控系统

液压支架的液控系统中所用的控制元件包括操纵阀、液控单向阀和安全阀。

1. 液控单向阀

用来控制立柱与千斤顶工作腔的液流方向,并闭锁工作腔内的液体。

2. 安全阀

使立柱保持恒定的工作阻力,并起过载保护作用。

3. 操纵阀

控制各种液压缸的动作。

16.3.4 辅助装置

液压支架的辅助装置包括推移装置、侧护装置、护帮装置、防滑防倒装置等。

1. 推移装置

支架推移装置是实现支架自身前移和输送机前推的装置,一般由推移千斤顶、推杆或框架等导向传力杆件及连接头等部件组成。由于液压支架的质量很大,加之有时需要带压擦顶移架,所以要求推移装置必须具有移架力大于推溜力的性能,为此推移千斤顶的结构和推移装置就应满足这种性能的要求。根据推移装置的结构不同,通常分为推杆式和框架式两种。

1）推杆式

推杆式推移装置（图16-14）采用了特殊结构或性能的千斤顶，图16-14（a）为差动液压缸式，图16-14（b）为浮动活塞液压缸式。差动式推移千斤顶则利用交替单向阀或换向阀的油路系统，使其减小推溜力；浮动活塞式推移千斤顶的活塞可在活塞杆上滑动（保持密封），使活塞杆腔供液时拉力与普通千斤顶相同，但在活塞腔供液时，使压力的作用面积仅为活塞杆断面，从而减小了推溜力。

2）框架式

框架式推移装置，根据框架的长短分为长框架和短框架两种。图16-15为反拉长框架式推移装置。框架一端与输送机相连，另一端与推移千斤顶的活塞杆或缸体相连，推移千斤顶的另一端与支架相连。即用框架来改变千斤顶推拉力的作用方向，用千斤顶推力移支架，用拉力推输送机，使移架力大于推输送机的力，移架力最大。框架一般用高强度圆钢制成，作为支架底座的导向装置。由于框架长，框架的抗弯性能差，易变形，装卸不方便，不宜在短底座上采用，重量较大，成本较高。这种推移装置只需用普通千斤顶，推拉力合理，应用较广。短框架的刚性好，不易弯曲变形，但导向性不如前者。

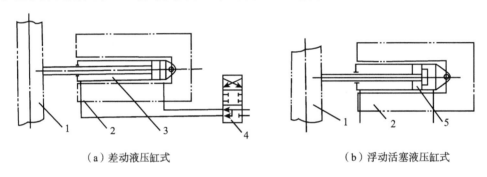

（a）差动液压缸式　　　　　　　　　　　　（b）浮动活塞液压缸式

图16-14　推杆式推移装置

1—输送机；2—支架；3—差动液压缸；4—操纵阀；5—浮动活塞式液压缸

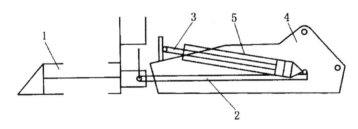

图16-15　长框架推移装置

1—输送机槽；2—框架；3—千斤顶活塞杆；4—支架底座；5—千斤顶缸体

2. 侧护装置

侧护装置安装在掩护式和支撑掩护式支架的顶梁和掩护梁的侧面，一侧固定，一侧活动；或者双侧都是活动侧护板，使用时根据工作面倾角方向，调整一侧固定，另一侧活动。

侧护装置能消除支架间间隙，防止冒落矸石窜入工作面；在移架时起导向作用；活动侧护板能增强支架的侧向稳定性，其上设置的弹簧与千斤顶都起防止支架降落后倾倒和调整支架间距的作用。

活动侧护板的基本形式有直角式和折页式。折页式一般不采用。

直角式活动侧护板的类型如图16-16所示。上伏式（图16-16（a））结构简单，使用广泛，但活动侧容易被大块岩石压住或卡住。下嵌式（图16-16（c））的侧护板比梁的承载面低，改善了受力情况和调节性，但结构复杂，多用于顶梁。嵌入式（图16-16（b））兼顾上伏式和下嵌式的结构特点，应用也较多。

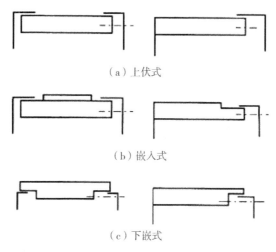

（a）上伏式

（b）嵌入式

（c）下嵌式

图16-16 直角式活动侧护板的结构形式

活动侧护板的控制方式有弹簧式、液压式和混合式三种。弹簧式控制的活动侧护板，靠弹簧力伸出与邻架固定侧护板接触，不能自动缩回，不具备调架功能，使用不多。液压式控制是通过侧推千斤顶实现伸缩。混合式既有弹簧伸出机构，又有侧推千斤顶控制机构，是目前应用较多的一种。

3. 护帮装置

煤层较厚或煤质松软时，工作面煤帮（壁）容易在矿山压力作用下崩落，这种现象称为片帮。工作面片帮使支架顶梁前端的顶板悬露面积增大，引起架前冒顶。一般情况下，当采高大于2.5～2.8 m时支架都应设置护帮装置。护帮装置设在顶梁前端或伸缩梁的前部，使用时将护帮板推出，支托在煤壁上，起到护帮作用，防止片帮现象发生。护帮装置的基本形式有下垂式和普通翻转式，如图16-17所示。

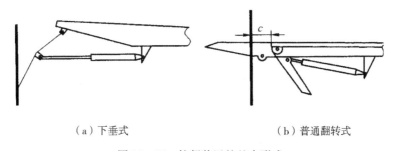

（a）下垂式 （b）普通翻转式

图16-17 护帮装置的基本形式

① 下垂式护帮装置（图16-17（a））。由护帮板、千斤顶、限位挡块等主要部件组成，结构简单。但护帮板由垂直位置起向煤壁的摆动值一般较小，因此适应性差，一般用于采高

为 2.5～3.5 m，片帮不十分严重的工作面。

②普通翻转式护帮装置（图 16 - 17（b））。除具有下垂式特点外，其摆动值大，可回转 180°，因此对梁端距变化与煤壁片帮程度的适应性强，适用于顶板比较稳定的采煤工作面，使用较多。

4. 防滑、防倒装置

采煤工作面倾斜角度大于 15°时，液压支架必须设置防滑、防倒装置，利用防滑、防倒千斤顶的推力，防止支架下滑、倾倒，并进行架间调整。

图 16 - 18（a）中的支架底座旁设置一个防滑撬板 3，与其相连的是防滑调架千斤顶 4。移架时千斤顶 4 伸出，推动撬板顶在邻架的导向板上，起导向防滑作用。顶梁间装有防倒千斤顶 2 防止支架倾倒。图 16 - 18（b）中的底座箱上装有两个防倒千斤顶 2，通过其动作，达到防倒、防滑和调架的作用。图 16 - 18（c）中的相邻两支架间，装有防倒千斤顶 2，通过拉杆作用在两支架的顶梁和底座上，防止支架倾倒。

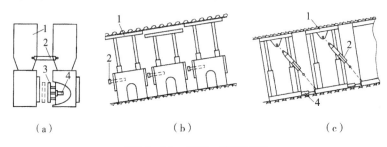

（a）   （b）   （c）

图 16 - 18   防倒、防滑装置

1—顶梁；2—防倒千斤顶；3—防滑撬板；4—防滑调架千斤顶

16.4   液压支架的控制

液压支架是综合机械化采煤工作面的关键设备。近年来，随着计算机和自动控制技术的不断成熟，液压支架的控制方式也随之发展起来。

16.4.1   液压支架的控制方式

1. 本架控制和邻架控制

本架控制是用每个支架上所装备的操纵阀控制其自身的各个动作，其特点是系统的管路简单，安装容易。邻架控制是用每个支架上的操纵阀控制与其相邻的下侧（或上、下两侧）支架的动作，其特点是操作者位于固定支架的架下，操作控制比较安全。

2. 手动控制和电液自动控制

手动控制是依靠操作人员直接操作操纵阀，向液压缸工作腔供液，完成支架的各个动作。电液自动控制是采用由微机控制的电液先导阀对主阀进行先导控制，再经配液板向各液压缸工作腔配液，实现要求的支架动作。

16.4.2　液压支架的电液自动控制

液压支架的电液自动控制，是井下采煤实现由机械化向自动化转变的关键，是煤矿生产的高新技术，是当今液压支架世界先进水平的重要标志。采用微处理机、单片机的集成电路，按采煤工艺对液压支架进行程序控制和自动操作，是实现液压支架电液自动控制的核心。

液压支架电液控制系统是液压支架控制的核心，其系统组成如图16-19所示。它是由若干液压支架控制器串行连接组成，中央控制器3是一台微型计算机，主要用来协调、控制整个工作面支架的工作秩序，监测、记录支架的工作状况，传输支架、采煤机的工作参数。

支架控制器4也是一台微型计算机，每个支架配备一台。它通过分线盒5直接与传感器6、9和电磁操纵阀7相连接，操作人员通过支架控制器发出各种控制命令。

压力传感器6将有关部位的压力信号转换为电信号，再通过对电信号的测量获得压力信号的数值。

位移传感器9将有关部件的位移量转换为电信号，它有直线位移传感器和角位移传感器两种，前者用于对推溜、拉架、采高等位置的测量，后者用于对前梁及护帮板的伸出、缩回状态的测量。

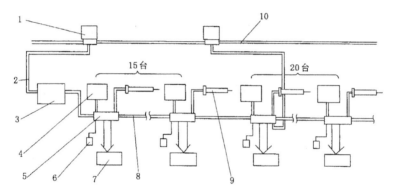

图16-19　电液自动控制系统示意图

1—电源；2—控制器供电电缆；3—中央控制器；4—支架控制器；5—分线盒；
6—压力传感器；7—电磁操纵阀；8—过架电缆；9—位移传感器；10—输电线

思　考　题

1. 液压支架是由哪些部分组成的？各部分的作用是什么？
2. 简述液压支架的工作原理。
3. 液压支架有哪几种类型？各自的特点和适用条件是什么？
4. 液压支架的辅助装置有哪些？有什么作用？
5. 液压支架的控制方式有哪些？

第17章

几种典型的液压支架

液压支架按照其对顶板的支护方式和结构特点不同，分为支撑式、掩护式和支撑掩护式三种基本架型。按照液压支架适用的工作面采高范围不同，分为薄煤层支架、中厚煤层和大采高支架。根据液压支架在工作面的位置不同，分为工作面支架、过渡支架和端头支架。按照液压支架所适用的采煤方法不同，分一次采全高支架、放顶煤支架和铺网支架。为了更好地了解液压支架的结构，本章将介绍几种典型结构的液压支架。

17.1　ZY18000／32／70D 型掩护式支架

ZY18000/32/70D 型掩护式支架是郑州煤矿机械集团股份有限公司于 2010 年生产的大采高液压支架。该支架为两柱掩护式支架，整体顶梁含内伸缩梁，三级护帮机构，双侧活动侧护板，单平衡千斤顶，全开挡底座，整体长推杆，并带有抬底和调底机构。其型号意义为：Z—液压支架；Y—掩护式；18 000—工作阻力 18 000 kN；32—支架最小高度 3.2 m；70—支架最大高度 7 m；D—电液控制。

该支架的适用条件是煤层厚度为 7 m，倾角小于 15°，随采随落的破碎或中等稳定的顶板，直接顶较完整，底板平整，允许用于煤底，但底板的抗压强度要足够。故适合于厚煤层、大矿压、一次采全高的综合机械化采煤工作面。

该支架的主要技术特征为：支架支撑高度 3 200～7 000 mm；移架步距 865 mm；推移千斤顶行程 1 000 mm；支架宽度 1 950 mm；支架中心距 2 050 mm；初撑力（p＝31.5 MPa）12 370 kN；工作阻力（p＝45.8 MPa）18 000 kN；支架支护强度＞1.48 MPa；对底板比压 2.94 MPa；支架质量 67 500 kg。

ZY18000/32/70D 型掩护式支架结构如图 17-1 所示。顶梁是整体顶梁含内伸缩梁、带双侧活动侧护板形式。它直接与顶板接触，是支承维护顶板的主要箱形结构件，并将来自顶板的压力直接传递到该支架的立柱。顶梁含内伸缩梁，煤壁片帮严重时，可以在采煤机通过后，临时将伸缩梁伸出，使护帮板提前护帮，防止片帮。顶梁内部安装有侧推千斤顶、弹簧及弹簧导杆等。护帮板由三级护帮组成，一级、二级、三级护帮板均为整体刚性结构，是一种简单的焊接板件。它和护帮千斤顶铰接，由护帮千斤顶来支承来自煤壁的压力。

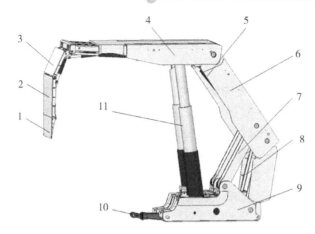

图 17-1 ZY18000/32/70D 型掩护式支架

1—三级护帮；2—二级护帮；3—一级护帮；4—顶梁；5—平衡千斤顶；
6—掩护梁；7—前连杆；8—后连杆；9—底座；10—推移装置；11—立柱

掩护梁也是一个箱形结构件，形式为双向活动侧护板结构。掩护梁前端和顶梁铰接，后端与四连杆铰接，并通过四连杆和底座构成液压支架中不可缺少的四连杆机构。掩护梁内部安装有侧护千斤顶、弹簧及弹簧导杆等，是与顶梁、四连杆等部件的连接载体。安装于顶梁和掩护梁两侧的顶掩梁侧护板是一种简单的焊接结构件，它的主要功能是防护相邻架间漏矸漏煤及调架的作用。顶掩梁侧护板与顶掩梁侧护千斤顶、弹簧导杆铰接，靠侧推千斤顶的伸出、收回使顶掩侧板护伸缩。邻架间的正常封闭是由安装在顶掩梁内的弹簧杆传递弹簧力来完成的。

本底座是一个半分体式箱体结构件，有前后过桥和抬架结构，配备有倒装式推移装置，推移千斤顶通过推移杆向输送机传输力量，其导向装置布置在两个座箱之间。倒装式推移千斤顶利用活塞腔进液实现移架，利用活塞杆腔进液实现推溜。底板条件不好时，液压支架的底座可能陷入底板。在这种情况下，支架前移时要提起底座，确保支架沿着煤层前移而不陷入底板。配备了液压提底座装置的液压支架，前移时可操作控制阀或自动提起底座。

该支架结构特点如下。

① 液压支架配备一个整体底座，底座的两个相互连接的座箱被底座中间的过桥分开。

② 掩护梁是一个整体钢结构件，通过四连杆与底座相连。

③ 支架立柱的支撑载荷通过顶梁传送到顶板，顶梁通过销轴和一个平衡千斤顶与掩护梁连接，所有顶梁都配备有护帮板。

④ 程序化的计算方法保证了最佳的支架阻力和支架垂直高度的调整范围。

⑤ 采用双伸缩双作用立柱，在一级缸活塞上装有单向阀使一级缸和二级缸所承受的载荷相同。

⑥ 掩护梁与底座的连接采用四连杆机构。

⑦ 液压支架配备使用 PM3 电液控制器来实现邻架电液控制系统所需的所有液压元件。每台支架利用左、右邻架的电液控制器来操作本架，或依靠自动成组控制来遥控。不能在液压支架内操作本架功能，只能在邻架操作。

17.2　ZZ4000／17／35型支撑掩护式支架

　　ZZ4000/17/35（ZY35）型支撑掩护式支架是我国缓倾斜中厚煤层广泛使用的一种四柱支撑掩护式支架，它有两种改进型号：ZZ4000/17/35B（ZY35B）型和 ZZ4000/17/35K（ZY35K）型。该支架适用于煤层厚度为2.0～3.3 m，煤层倾角小于16°，加防滑装置时刻用于25°以下，顶板中等稳定或稳定，底板允许比压不小于2 MPa的地质条件。

　　ZZ4000/17/35型支架主要由顶梁、立柱、掩护梁、前后连杆、底座、推移装置、防滑装置、护帮装置和液压元件等组成，如图17-2所示。

　　该支架的结构特点如下。

　　① 采用带机械加长杆的单伸缩立柱，调高范围较大。且两排立柱都向前倾斜布置，有利于切顶。

　　② 采用分式铰接顶梁，由前梁千斤顶配以大流量安全阀控制前梁，在改善顶梁接顶性能的同时又提高了前梁的初撑力。

　　③ 前梁设有护帮装置，利用护帮千斤顶使护帮板贴紧煤壁，提高了生产的安全性。

　　④ 顶梁、掩护梁都装有双侧可换装活动侧护板，由千斤顶和弹簧控制，具有挡矸防倒及调架性能。

　　⑤ 采用四连杆机构，使端梁距变化小，变化量仅为42 mm。

　　⑥ 采用长框架推移装置，有较大的移架力。

　　⑦ 防滑防倒装置简单，导向梁既可导向，又可防滑。

　　采用下垂式护帮装置，设置在前梁前端。该装置采用四连杆机构，如图17-3所示。主要由上连杆5、下连杆3、护帮板4和顶梁上的支座1、2组成。根据工作需要，护帮机构可摆动90°与煤壁紧贴，也可摆回到前梁下面，让采煤机通过。

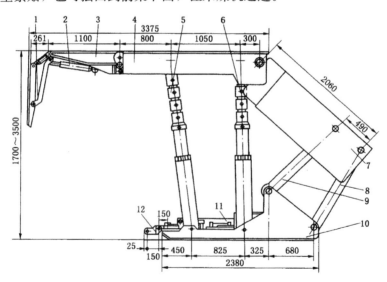

图17-2　ZZ4000/17/35型支撑掩护式支架

1—护帮装置；2—护帮千斤顶；3—前梁；4—顶梁；5—前立柱；6—后立柱；
7—掩护梁；8—后连杆；9—前连杆；10—底座；11—推移千斤顶；12—框架

该支架在顶梁和掩护梁的两侧均装有可伸缩的活动侧护板，如图17-4所示。使用时，根据需要用销轴将一侧活动侧护板固定，而另一侧保持活动，以起到挡矸和调架的作用。正常情况下，靠大弹力使活动侧护板向外伸出；需要调架时，可通过侧推千斤顶使侧护板伸缩。支架在运输过程中，其两侧的侧护板可回收到最小尺寸并用销轴固定。

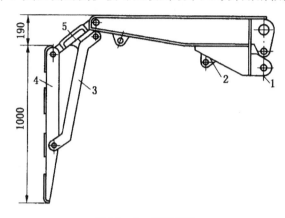

图17-3 护帮装置

1—前梁千斤顶支座；2—护帮千斤顶支座；3—下连杆；4—护帮板；5—上连杆

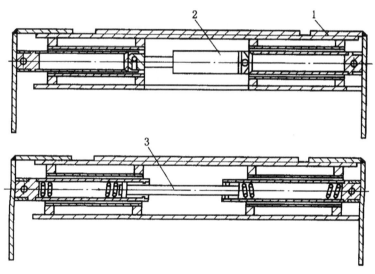

图17-4 直角式活动侧护板结构

1—活动侧护板；2—侧推千斤顶；3—弹簧组件

推移机构采用长框架的形式，如图17-5所示，它主要由连接头1、圆杆2、连接耳4和销轴5等组成。框架连接耳通过立装销轴与推移千斤顶连接，框架连接头则通过横装销轴同输送机连接。

导向梁如图17-6所示，其作用是为支架前移导向。导向梁安设在相邻两支架之间，其前端与工作面输送机相连。移架时既可导向，又产生支架下滑的阻力。其他架间导向梁无单体支柱。

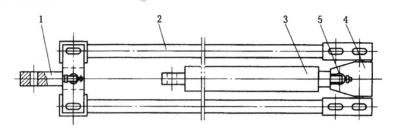

图 17-5 长框架推移机构

1—连接头；2—圆杆；3—推移千斤顶；4—连接耳；5—销轴

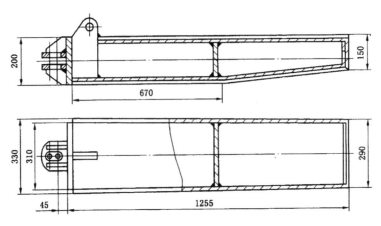

图 17-6 导向梁

该支架在倾斜工作面中的防滑措施采用排头导向梁的方法，如图 17-7 所示，它的一端与输送机连接，另一端靠单体支柱撑紧在顶底板之间，从而保证首架不下滑。推溜前，首先撤去单体支柱，使排头导向梁随着输送机推移而前移，并与输送机保持垂直的位置。推溜结

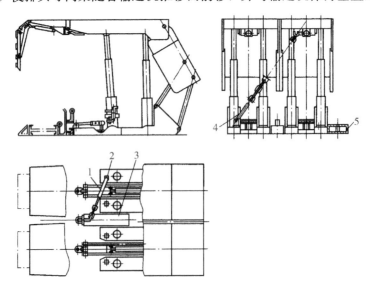

图 17-7 ZZ4000/17/35 型支撑掩护式支架防滑、防倒装置

1—防滑千斤顶；2—转架；3—导向梁；4—防倒千斤顶；5—排头导向梁

束后，再用单体支柱支撑住排头导向梁。移架时，首架支架就能沿着排头导向梁前移，这样既可对支架导向，又可对支架下滑产生一个阻力，避免支架下滑。其他支架的防滑采用架间导向梁。与排头导向梁不同的是在导向梁后端再无单体液压支柱。

为了防止排头支架倾倒，采用了防倒千斤顶4，将为首的两架支架连在一起，当前架移架时，通过圆环链拉伸活塞杆，油路系统中的安全阀起作用，使链子保持一定的拉力，拉住首架不使其倾倒，待首架升柱撑顶后再移上架，同时收缩防倒千斤顶拉紧锚链。

ZZ4000/17/35型支撑掩护式支架的液压系统如图17-8所示，采用下列的操作控制方式。

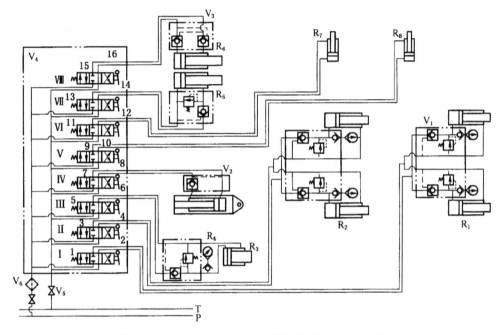

图17-8　ZZ4000/17/35型支撑掩护式支架液压系统

R₁—前立柱；R₂—后立柱；R₃—短柱；R₄—推移千斤顶；R₅—防滑千斤顶；R₆—护帮千斤顶；R₇—掩护梁侧推千斤顶；R₈—顶梁侧推千斤顶；V₁—控制阀；V₂—液控单向阀；V₃—液控双向锁；V₄—操纵阀；V₅—截止阀；V₆—过滤器；P—高压管路；T—回液管路

① 前后两排立柱的升降动作各用一片操纵阀操作，所以根据需要，前后排立柱既可以同时升降，也可以单独升降。

② 为了使前梁能及时支护新暴露出的顶板，并迅速达到工作阻力，在前梁千斤顶（短柱）活塞腔的回路内装有大流量安全阀，升架时前梁千斤顶先推出，前梁端部先接触顶板，在支架继续升起直到顶梁撑紧顶板的过程中，前梁千斤顶被迫收缩，活塞腔压力陡增，大流量安全阀溢流。大流量安全阀调定压力比立柱安全阀调定压力略低，并大于泵站工作压力，且流量大（约40 L/min），可有效防止工作面前部顶板过早离层。

③ 为了防止煤壁片帮，支架上设有护帮机构，并用一只SSF型双向锁对护帮千斤顶中的活塞腔与活塞杆腔分别进行互相连锁。

④ 在推移千斤顶的活塞杆腔中接入液控单向阀，防止移架时溜子后退。

17.3 综采放顶煤液压支架

综采放顶煤液压支架用于特厚煤层中采用冒落开采时支护顶板和放顶煤的综合机械化采煤工作面。采煤机与放顶煤支架和工作面输送机配套开采底部煤，上部煤在矿山压力的作用下将其压碎而冒落，冒落的煤通过放顶煤支架的溜煤口流入工作面输送机。顶煤冒落法一般可用于厚度为 6～20 m 的煤层，煤层地质赋存条件厚薄不等，但层理节理比较发育，质地松散，易于放煤。

放顶煤液压支架按其上的放煤口位置可分为高位、中位、低位放顶煤三种。我国放顶煤液压支架的发展从低位放顶煤液压支架的研制开始，经历了高位、中位放顶煤，现在又回到低位放顶煤。低位放顶煤的放煤口位于支架后部掩护梁下方，后输送机直接放在底板上或在底座后方拖板上。这种支架的放煤口位置最低、尺寸大，而且是连续的，多为插板式；中位放顶煤的放煤口位于支架高度中部（掩护梁上），且顶梁长。工作面为双输送机，一前一后分别运输采煤机的落煤和放落的顶煤；高位顶放煤的放煤口在支架顶梁或掩护梁上，与前两种支架相比放煤口位置最高，一般采用单输送机运送采煤机采落的煤和放下的顶煤。

如图 17-9 所示为双输送机低位插板式放顶煤支架，其结构特点如下。

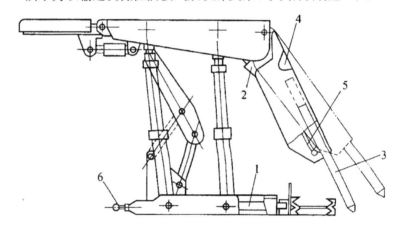

图 17-9 ZFS2800/14/28 型低位放顶煤液压支架
1—移后溜千斤顶；2—尾梁千斤顶；3—伸缩式插板；4—摆动尾梁；5—放煤千斤顶；6—推移千斤顶

① 支架带有摆动尾梁，放煤口位于尾梁下部，尾梁可上下摆动来松动和破碎煤块。
② 有液压控制的伸缩式放煤插板，能控制煤的排放速度和对卡在尾梁下端的大块煤有破碎作用。
③ 采用单四连杆机构，前后连杆沿支架中心布置。
④ 摆动尾梁（掩护梁）上下摆动靠顶梁和尾梁之间的尾梁千斤顶控制。
⑤ 支架顶梁较长，一般在 4 m 左右，为顶煤的反复破碎提供机会。
⑥ 支架前后设有两部输送机，采煤机割出的煤由前输送机运走，放顶煤由后输送机运出。后输送机布置在底座后面的底板上，在后推移千斤顶的控制下，后输送机可始终位于放煤插板的内侧。

17.4　大倾角支架

　　支架最大高度不大于 3.2m、使用倾角为 35°～55°，或最大高度 3.2m～4.5m、使用倾角 20°～40°的液压支架，称为大倾角液压支架。

　　ZYD3400/23/45 型大倾角液压支架如图 17-10 所示，支架结构高度为 2.3～4.5 m，宽度为 1 430～1 600 mm，支架中心距为 1 500 mm，支护强度为 0.59～0.68 MPa，初撑力为 2 580～2 600 kN，对底板比压为 1.27～1.36 MPa，控制方式为邻架控制，适用于煤层倾角 ≤35°，基本顶来压明显、直接顶中等稳定的条件。其主要特点如下。

　　① 严格控制四连杆轴与孔的配合间隙，使支架初撑时不会造成较大的横向偏斜，改善支架的受力状况。

　　② 顶梁有伸缩梁、前梁、向上翻转的护帮板，可适应对不平顶板的支护，也给处理顶板事故带来方便。

　　③ 设有二级护帮装置，加大了维护煤壁的面积，可有效地防止煤壁片帮和顶板抽顶冒空。

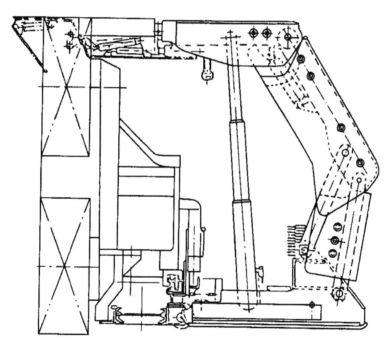

图 17-10　ZYD3400/23/45 型大倾角液压支架

　　④ 采用大缸径的平衡千斤顶，两个平衡千斤顶的推拉力分别为 904 kN 和 1 260 kN，提高了平衡千斤顶对支架的调节能力。

　　⑤ 在支架的顶梁和掩护梁间设有机械限位装置，当顶梁和掩护梁间的夹角达到 170°时，机械限位起作用，以保护平衡千斤顶。

　　⑥ 在工作面下端配有三架一组的排头支架，这三架支架顶梁用防倒千斤顶相连，防止支架歪倒，并配有兜角式防滑装置。

⑦ 工作面中部支架也设有防倒、防滑装置，支架的顶梁上配有防倒千斤顶，底座上设有导向梁。

17.5 端头支架

端头是综采工作面的上下出口，以及工作面和回风巷、运输巷的连接处。由于此处顶板悬露面积大，矿山压力大，机械设备多，又是人员的安全进出口和工作面运送材料的的通道。位于此处的液压支架不仅要维护好顶板，还要保证有足够的空间安装输送机的机头和机尾，放置转载机机尾；不仅要使支架本身能沿弯曲的顺槽前移，还要考虑推移输送机机头、机尾和转载机的移动和推进。所以端头支架是与工作面中间支架配套的不可缺少的综采支护设备。

随着综采技术的发展和工作面推进速度的加快，端头支架的普及率越来越广。端头支架分普通工作面端头支架、放顶煤端头支架和特种端头支架。普通工作面端头支架分为中置式、偏置式和后置式，放顶煤端头支架分为中置式和偏置式。

我国目前使用效果较好的端头支架是 SDA 型端头支架，如图 17 - 11 所示，每组端头支架由主架和副架组成，主副架均由顶梁、掩护梁、底座、立柱、推移梁、连接板等组成。主架在下，副架在上。

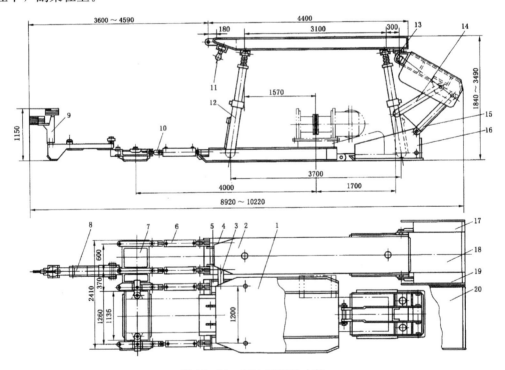

图 17 - 11 SDA 型端头支架

1—主架顶梁；2—副架顶梁；3—调架千斤顶；4—副架底座；5—主架底座；6—推移千斤顶；
7—推移横梁；8—加长杆；9—操纵台；10，11—十字架；12—立柱；13—连接头；14—前连杆；
15—后连杆；16—底座；17，19—活动侧护板；18，20—掩护梁

该支架在主、副架前底座并列排放四个推移千斤顶6，其一端与推移横梁7铰接，另一端分别与主、副架前底座5、4铰接。转载机设在主架底座上的凹槽中，中部槽用两个销轴与推移横梁、连接板固定在一起。而转载机又与工作面输送机的机头通过机头底架和导轨相连。四个推移千斤顶同时伸出时，通过推移横梁将转载机、工作面输送机机头一起向前推移。移架时，副架支撑顶板，先移主架，随后主架升起支撑顶板再移副架。调架千斤顶3铰接于两架顶梁的前端，用以实现端头支架转弯。

该端头支架的结构特点如下：

① 包括主副架各一架，主架较宽，布置在回采巷道外帮一侧，副架较窄辅助支撑，布置在靠回采工作面一侧。

② 转载机布置于主架底座上，故转载机在巷道内的位置是偏置的，并要求转载机为短机尾。

③ 转载机通过销轴与推移横梁、连接板连为一体。故同时用四个千斤顶推横梁和转载机、输送机，而拉主副架时则分为两个千斤顶，主副架借助于推移横梁交替迈步前移。

④ 支架基本形式为支撑掩护式，主架为四柱，副架为两柱。

⑤ 顶梁不设活动侧护板。主架掩护梁侧护板双侧固定、副架双侧活动。防止工作面矸石窜入支架的工作空间。

⑥ 底座由前后两部分铰接而成。

⑦ 采用四连杆稳定机构，承受水平载荷。

⑧ 主副架顶梁之间设有防倒调架千斤顶。

这种端头支架的主要优点是能与各种国产的输送机、转载机和工作面支架配套使用。

思 考 题

1. 简述ZY18000/32/70D型掩护式支架的适用条件并说明其型号意义。

2. 简述ZY18000/32/70D型掩护式支架的主要结构组成。

3. 简述ZY18000/32/70D型掩护式支架的结构特点。

4. 简述ZZ4000/17/35型支撑掩护式支架的主要结构特点。

5. 说明ZZ4000/17/35型支撑掩护式支架的液压系统所采用的操作控制方式。

6. 放顶煤液压支架有哪些类型？

7. 什么是大倾角液压支架？

8. 端头支架有哪些作用？

第18章
单体支护设备及乳化液泵站

在地下采煤时，为了维护采煤工作面的有效使用空间，防止顶板冒落，保证安全生产，必须合理选择支护设备。国内外回采工作面支护装备的发展，大体经历了木支柱→摩擦式金属支柱→单体液压支柱→液压支架4个阶段。即除了前面介绍的液压支架外，使用较为普遍的还有单体支护设备。

18.1　单体液压支柱

单体液压支柱得以广泛使用，是因为它具有体积小、支护可靠、使用和维修方便等优点。它既可用于普通机械化采煤工作面的顶板支护和综合机械化采煤工作面的端头支护，也可单独作点柱或其他临时性支护。

单体液压支柱适用于煤层倾角小于25°的缓倾斜工作面。若采取一定的措施，则可将其使用范围扩大到倾角25°～35°的倾斜煤层回采工作面。单体液压支柱所适应的煤层顶底板条件是：顶板冒落不影响支柱回收；底板不宜过软，支柱压入底板不恶化底板的完整性，否则应加大底座。

单体液压支柱在工作面的布置情况如图18-1所示，由泵站经主油管1输送的高压乳化液用注液枪6注入单柱4。每一个注液枪可担负几个支柱的供液工作。在输送管路上并装有总截止阀2和支管截止阀3，以作控制用。

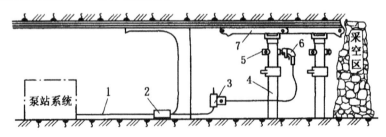

图18-1　单体液压支柱工作面布置图

1—主油管；2—总截止阀；3—支管截止阀；4—单柱；5—三用阀；6—注液枪；7—顶梁

单体液压支柱按提供注液方式不同，分为外注式和内注式两种。内注式是利用其自身所备的手摇泵将支柱内贮油腔里的油液吸入泵中加压后再输入到工作腔，使活柱伸出；外注式

则是利用注液枪将来自泵站的高压乳化液注入支柱的工作腔，使活柱伸出。前者结构复杂，质量大，支撑升柱速度慢，使用不如后者普遍。

18.1.1　外注式单体液压支柱

以 DZ18—25/80 型为例说明外注式单体液压支柱的符号意义：D—单体液压；Z—支柱；18—支柱最大高度，1 800 mm；25—支柱额定工作阻力，250 kN；80—油缸直径，80 mm。

DZ 型单体液压支柱主要由顶盖 1、活柱 2、三用阀 3、复位弹簧 4、缸体 7、底座 10 等零部件组成，如图 18-2 所示，它与注液枪、卸载手把配合作用。

该支柱实际上是一个单作用液压缸。顶盖 1 用弹性圆柱销与活柱 2 相连接，活柱活装于缸体内。活柱上部装有一个三用阀 3，下端利用弹簧钢丝连装着活塞 8，在活柱筒内部顶端同缸底 10 之间挂着一根复位弹簧 4，依靠外注压力液体和复位弹簧完成伸、缩动作，在缸体上缸口处连接一个缸口盖 5，下缸口处由缸底 10 封闭。

DZ 型单体液压支柱的工作原理与液压支架的立柱相同，但它是通过注液枪将来自泵站的高压乳化液注入支柱的。

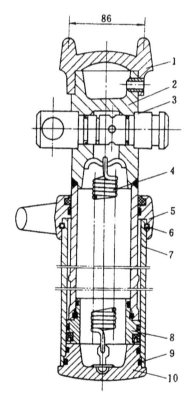

图 18-2　DZ 型外注式单体液压支柱
1—顶盖；2—活柱；3—三用阀；4—复位弹簧；
5—缸口盖；6，9—连接钢丝；7—缸体；8—活塞；10—底座；

支柱升柱和初撑时，首先将注液枪插入支柱三用阀 3 的注液孔中并锁紧，然后握紧注液枪手把，泵站来的高压液体经注液枪将三用阀 3 的单向阀打开，进入支柱下腔，迫使活柱升高。当支柱使金属顶梁紧贴工作面顶板后，松开注液枪手把。这时，支柱内腔液体压力即为泵站压力，支柱对顶板的支撑力为其初撑力。

初撑后，随着采煤工作面的推进和支护时间的延长，工作面顶板作用在支柱上的载荷增加。当顶板压力超过支柱额定工作阻力时，支柱内的高压液体将三用阀中的安全阀打开，液体外溢，内腔压力降低，支柱下缩。当支柱所受载荷低于额定工作阻力时，安全阀关闭，内腔液体停止外溢。上述现象在支柱支护过程中重复出现。因此，支柱工作载荷始终保持在额定工作阻力左右。

降柱时，将卸载手把插入三用阀卸载孔中，转动卸载手把，迫使阀套作轴向移动，从而打开卸载阀。这时，支柱内腔的工作液经卸载阀排入采空区，活柱在自重和复位弹簧的作用下回缩，达到降柱目的。

三用阀的结构如图 18-3 所示。它包括单向阀、安全阀和卸载阀三个阀，分别承担支柱的进液升柱、过载保护和卸载降柱三种职能。单向阀由单向阀体 2、钢球 3 和塔形弹簧组成。安全阀为平面密封式，由安全阀针 8、安全阀垫 9、六角导向块 10、安全阀弹簧 11 和阀座 16 和等组成。卸载阀是由右阀筒 1、卸载阀垫 4、卸载阀弹簧 5、连接杆 6、安全阀套 7 及单向阀的某些零件组合而成。降柱时，将专用扳手插入左端孔 14，并扳动手柄，通过安全阀套的右移，压缩卸载阀弹簧，使卸载阀垫与右阀套内的台肩分离，卸载阀开启，活柱内大量液体喷出，活柱下降。

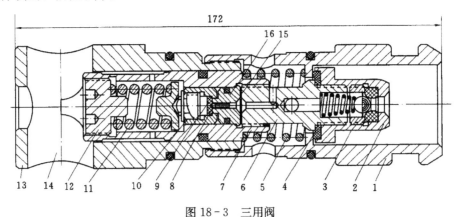

图 18-3　三用阀

1—右阀筒；2—单向阀体；3—钢球；4—卸载阀垫；5—卸载阀弹簧；6—连接杆；

7—安全阀套；8—安全阀针；9—安全阀垫；10—六角导向块；11—安全阀弹簧；

12—调压螺钉；13—左阀筒；14—卸载手把安装孔；15—滤网；16—阀座

注液枪是向支柱供液的主要工具，通过它将供液管里的高压液体供给支柱。它由注液管、锁紧套、手把、顶杆、隔离套和单向阀等组成，如图 18-4 所示。使用时，将注液管 2 插入三用阀注液阀体上，挂好锁紧套 3，扳动手把 4，通过顶杆 8 顶开单向阀阀芯 17。这时，由泵站来的高压液体便通过单向阀和注液管 2 注入支柱，使支柱迅速升起。当支柱接触顶梁后，松开手把 4，顶杆 8 在高压液体和弹簧 16 的作用下复位，单向阀阀芯 17 压向单向阀阀座 18，切断供液管的高压液体。与此同时，由于顶杆 8 复位使密封圈 11 与顶杆之间的密封失去作用，因而在三用阀注液孔与注液枪中的单向阀之间残存的高压液便从隔离套 10 和顶杆 8 的间隙溢出，使注液枪卸载，从而可以很容易地摘下锁紧套 3，取下注液枪。

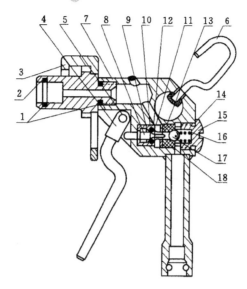

图 18-4　注液枪

1，9，11，13，14—O 形密封圈；2—注液管；3—锁紧套；4—手把；5—柱销；
6—挂钩；7—阀体组；8—顶杆；10—隔离套；12—防挤圈；15—压紧螺钉；
16—弹簧；17—单向阀阀芯；18—单向阀阀座

18.1.2　内注式单体液压支柱

内注式单体液压支柱是我国批量生产的一种支柱，其结构如图 18-5 所示。它是用支柱内的手摇泵注液升柱的，主要由顶盖 1、通气阀 2、安全阀 3、活柱体 4、柱塞 5、手把体 7、缸体 8、活塞 9 和卸载装置 14 等部分组成。

内注式单体液压支柱的工作原理包括升柱、初撑、承载和回柱 4 个过程，见图 18-5。

1. 升柱

将手摇把套入曲柄方头上，然后上下摇动，通过曲柄滑块机构迫使柱塞上的泵活塞作上下往复运动。从而可使液压油从储油腔 A 到达低压腔 B 和工作腔 C，活塞因受压力而不断升高。连续摇动手把，直到支柱顶盖或顶梁与顶板接触，即完成升柱过程。

2. 初撑

支柱顶盖顶梁与顶板接触时，继续摇动手把。当柱塞向上运动时，储油腔 A 内的油继续流入低压腔 B，并通过进油阀和活塞环形槽充满与泵和连接头之间的空隙。当柱塞向下运动时，由于工作腔 C 内油压较高，而低压腔 B 内的油虽经泵活塞压缩，但油压仍较低，因而打不开单向阀，只能经泵活塞上两个阻尼孔和泵活塞与活柱筒的空隙返流到储油腔 A，以减轻操作力。

与此同时，柱塞连接头内腔的油受到压缩后经活塞环形槽返回，将进油阀关闭，单向阀打开，此高压油被压入工作腔 C 内，使工作腔内油压不断升高。连续摇动手把，直到手把摇不动或者感到很费劲时，就使支柱获得了规定的初撑力，完成了初撑过程。

3. 承载

随着顶板下沉，作用在支柱上的载荷逐渐增大。当载荷增大到支柱的额定工作阻力时，油缸工作腔内的高压油经芯管进入安全阀，作用在安全阀垫上，使六角导向套作轴向运动，

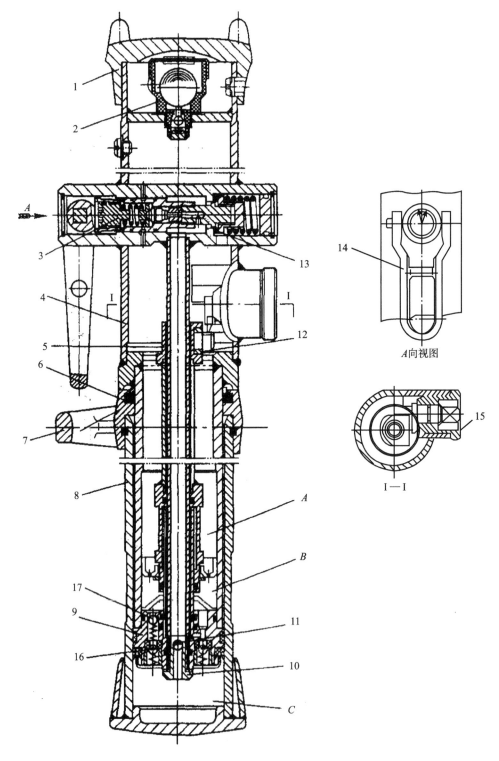

图 18-5　NDZ 型内注式单体液压支柱

1—顶盖；2—通气阀；3—安全阀；4—活柱体；5—柱塞；6—防尘圈；7—手把体；8—缸体；
9—活塞；10—螺钉；11，16，17—钢球；12—曲柄；13—卸载阀垫；14—卸载装置；15—套管

压缩安全阀弹簧，高压油经安全阀垫与阀座间的间隙从小孔流回到储油腔，这时活柱均匀下缩，顶板微量下沉。当顶板作用在支柱上的载荷小于额定工作阻力时，工作腔内油压同时下降，在安全阀弹簧的作用下，六角导向套复位，安全阀即关闭。这时，工作腔内的油就停止向储油腔回流。支柱在整个工作过程中，上述现象反复出现，使支柱始终处于恒阻状态，从而达到有效地管理顶板的目的。

4. 回柱

回柱时，可根据工作面顶板状况的好坏，采取近距离或远距离回柱方式。

顶板条件较好时，可采用近距离回柱。将手把插入卸载环，扳动手把，带动凸轮转动；迫使安全阀作轴向运动，压缩卸载阀弹簧，打开卸载阀。同时，工作腔内的液压油经芯管、卸载阀垫与阀体间的空隙及阀体上三个孔流回储油腔。这时，活柱在自重作用下快速下降，而储油腔内的气体经通气阀排出柱外，从而完成回柱过程。

18.1.3　柱塞悬浮式单体液压支柱

柱塞悬浮式单体液压支柱是20世纪90年代末研究设计出的新型产品，结构如图18-6所示，主要由铰接顶盖1、密封盖组件2、活柱3、手把阀体4、三用阀5、缸体6、复位弹簧7、底座8等零部件组成。其工作原理与活塞式单体液压支柱相同，分升柱与初撑、承载、卸载回柱等。

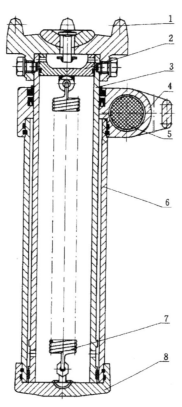

图18-6　柱塞悬浮式单体液压支柱
1—铰接顶盖；2—密封盖组件；3—活柱；4—手把阀体；
5—三用阀；6—缸体；7—复位弹簧；8—底座

它采用柱塞悬浮式技术原理，使液压悬浮力直接通过支柱活柱的内腔作用在顶盖上，使液压悬浮力分担了支柱工作阻力的五分之四左右，使活柱在轴向上的受力仅为工作阻力的五分之一，提高了支柱的稳定性和安全性，也大大提高了支柱的支撑高度和承载能力。

18.1.4 单体液压支柱的管理

单体液压支柱之所以能获得广泛的应用，与它的工作性能分不开。然而，要使每根柱子始终保持良好的工作性能，确定各阶段严格、正确的管理措施又是十分必要的。

1. 使用前的管理

① 对于拟使用单体液压支柱的工作面，首先要根据工作面的地质条件和必要的监测结果正确选型。只有选型合适，才能充分发挥支柱的作用，管理好顶板。

② 根据工作面的生产方式编制支护方案、技术措施及安全作业规程，并报经主管部门批准后进行实施。

③ 根据工作面建立台账。其内容一般包括：下井日期、数量、型号、折损量、维修时间及根次，支柱技术性能测定数据等。

④ 不论新、旧支柱，下井前必须逐根检验，合格者方能下井。另外，支柱运输过程中要注意保护，防止与其他硬物品碰、撞、砸、压，造成意外的机械损伤。

⑤ 对操作者进行上岗前的培训，合格者上岗，杜绝无证操作。

2. 操作中的管理

① 单体支柱工作面，不准与不同性质、不同规格的支柱混合使用。即使是同一类型同一规格的支柱，也要注意在操作时尽量使其工作性能一致，升柱时要保证每根柱子都达到其初撑力。这是管好工作面顶板的关键。

② 严格按支护规程操作，确保架设质量。要柱、排距均匀，做到横成排，竖成行。支柱要垂直顶、底板支设，要有迎山角且角度要合适。

③ 工作面立柱和铰接顶梁要编号管理，对号入座；对于支柱工应采用分段承包架设和管理。根据有关规定，机械化工作面一般不准放炮；非放不可时应采取有效的保护措施，防止损坏支柱。工作面出现"死柱"时，严禁用炮崩，不允许用绞车拔柱，应打好临时支柱，采取局部挑顶、卧底将其取出。

④ 给支柱注液时，要注意三用阀注液口处是否清洁，一般应先冲洗后再插枪注液。

⑤ 严格管理乳化液，保证其各项性能指标参数复合要求。

3. 维修管理

① 建立维修管理制度。在井下支护过程中，要注意单体液压支柱的损坏情况，当支柱出现自动卸载降柱、卸载阀失效、支柱表面有明显的机械变形或机械擦伤而影响动作等情况，都要及时升井修理。

支柱在井下连续使用 6～8 个月后（多为一个工作面采完后）或井下存放时间较长，应升井检修。

② 凡检修后的支柱均须进行测试，其内容一般包括操作试验，承载试验，高、低压密封试验等。

18.2　金属铰接顶梁

　　单体液压支柱和金属摩擦支柱必须配备金属铰接顶梁才能有效地用于回采工作面的顶板支护。

　　目前广泛使用的金属铰接顶梁为 HDJA 型顶梁。它适合厚度在 $1.1\sim2.5$ m 的缓倾斜煤层中配合单体支柱支护顶板。

　　HDJA 型顶梁的结构如图 $18-7$ 所示,它由梁体 1、楔子 2、销子 3、接头 4、定位块 5 和耳子 6 组成。梁身的断面形状为箱形结构,它是用扁钢组焊而成的。

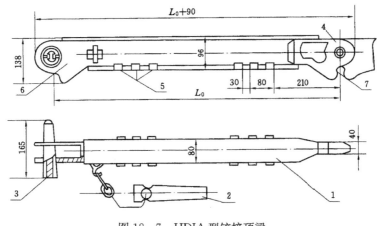

图 $18-7$　HDJA 型铰接顶梁

1—梁体；2—楔子；3—销子；4—接头；5—定位块；6—耳子；7—夹口

　　架设顶梁时,先将要安设的顶梁右端接头 4 插入已架设好的顶梁一端的耳子中,然后用销子穿上并固紧,以使两根顶梁铰接在一起。最后将楔子 2 打入夹口 7 中,顶梁就可悬臂支撑顶板。待新支设的顶梁已被支柱支撑时,需将楔子拔出,以免因顶板下沉将楔子咬死。

　　选用顶梁时,应使其长度与采煤机截深相同或成整数倍。

　　选用支柱时,其最大高度应为煤层最大厚度减去顶梁的高度；支柱最小高度,应保证支柱在顶板下沉量最大的情况下能顺利回撤,因此,支柱的最小高度应是煤层最小厚度减去顶板最大下沉量和顶梁高度及支柱卸载高度。

18.3　切顶支柱

　　由大工作阻力的液压支柱与推移千斤顶组成的支护切顶装备称液压切顶支柱。用于于普采和炮采工作面,与单体液压支柱配合使用备。

　　QD 型液压切顶支柱结构如图 $18-8$ 所示。它是由液压立柱、连接杆、高压胶管、推移千斤顶和操纵阀等部件组成。

其结构特点为：

① 立柱为带机械加长段或全液压行程的单伸缩立柱。机械调高为卡块式结构，不会因锈蚀而失灵。立柱行程大，结构简单能适应煤层厚度较大的变化。

② 所有元部件均选用液压支架定型元部件，工作可靠，具有通用性。

③ 工作阻力大，初撑力高，有利于切顶。推移千斤顶推力大，便于移输送机。

④ 顶盖、底座均有防滑筋。

⑤ 组合阀上有专用的测压孔，便于实测立柱工作阻力。

⑥ 与单体液压支柱可共用一个管路系统。

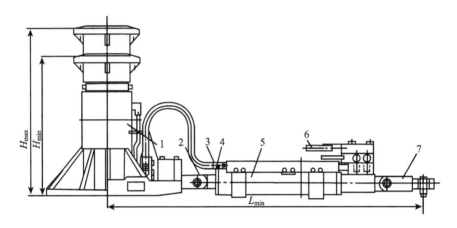

图 18-8　QD型切顶支柱

1—立柱；2—连接杆；3—高压胶管；4—保护弹簧；5—推移千斤顶；6—操纵阀；7—十字接头

18.4　滑移顶梁支架

滑移顶梁支架是顶梁与支柱组合在一起，以液压为动力，前后（或左右、内外）顶梁互为导向而前移的支架。就其机械化程度来说，滑移顶梁支架是介于液压支架和单体液压支柱之间的一种液压支护设备。它的特点是结构简单、体积小、重量轻、成本低、对工人的技术水平要求不高。它是一种投资少、见效快、适应性强（特别适于普采和炮采工作面）的机械化支护装置。一般用于缓倾斜、顶板完整和网下开采的薄或中厚煤层，也可用于厚煤层网下放顶煤工作面，在端头支护中时有应用。

由于滑移顶梁支架的质量比液压支架的质量轻的多，结构也简单的多，相应价格也便宜的多。所以，对那些不适宜上综采工作面或不具备一定条件的地方煤矿来说，是一种较为可靠和理想的支护设备。

滑移顶梁支架按结构特点可分为单列滑移顶梁支架和并列滑移顶梁支架，按支撑方式可分为卸载式与半卸载式两种。

单列滑移顶梁支架，其顶梁由前、后两根梁或由前、中、后三根梁组成。前后梁及中后梁之间均由弹簧钢板连接。前后梁的伸缩由装在梁体内的移架千斤顶来实现。根据需要，顶梁下面的液压支柱为1～3根，其控制方式，可用注液枪和卸载手把，也可用组合操纵阀集中控制。

　　并列滑移顶梁支架由两列平行顶梁和立柱组成。两个并列的顶梁之间有移架机构，可实现两个梁交替前移。根据需要，每组顶梁下面的立柱为2～3根。主要用组合操纵阀控制。也可用注液枪和卸载手把操纵。

　　卸载式滑移顶梁支架的架体结构如图18-9所示。它主要由前顶梁1、后顶梁5、弹簧钢板4和水平移架千斤顶2等组成。前梁和后梁可交替卸载滑移。滑移顶梁由箱体内装有推拉千斤顶的前梁和后梁组成，前、后梁之间用钢板连接，前梁可沿该钢板滑动。通过钢板前、后梁可互相将对方悬起，立柱分别支撑在前梁与后梁下方。

　　卸载式滑移顶梁支架的操作过程是：先将前梁卸载，此时后梁仍撑紧顶板并通过钢板将前梁连同其下方支柱悬吊起来，再利用推拉千斤顶将它向前滑移一个步距。待前梁下方支柱选好最佳支撑位置后进行升柱，使前梁撑紧顶板。然后后梁卸载，在钢板作用下，后梁与下方支柱被悬吊起来，并借助推拉千斤顶作用，滑移跟进一个步距。当下方支柱摆正位置后升柱，后梁撑紧顶板，支架完成一个工作循环。

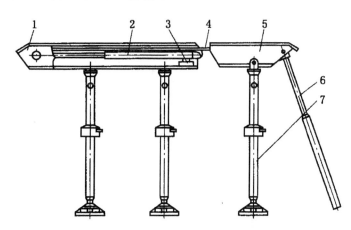

图18-9　卸载式滑移顶梁支架

1—前顶梁；2—水平移架千斤顶；3—双向阀；
4—弹簧钢板；5—后顶梁；6—摩擦支柱；7—单体液压支柱

　　半卸载式滑移顶梁支架如图18-10所示，在主滑移顶梁卸载时，尚有其他支护构件支撑或临时支撑顶板的滑移。半卸载式滑移顶梁支架的顶梁由前梁和后梁组成，在前梁和后梁上均有可滑动副梁，副梁上装有垫板和立柱。顶梁箱体中设有弹簧拉杆和推拉千斤顶。

　　半卸载式滑移顶梁支架的操作过程是：主前梁卸载，而前梁的副梁仍然支撑顶板，被悬吊的主前梁与立柱向前滑移一个步距。然后升悬吊立柱，使主前梁支撑顶板。随后将主前梁的副梁卸载，向前滑移一个步距后升柱，使副梁撑紧顶板。接着再使主后梁卸载，后梁上的副架仍然支撑顶板，被悬吊的主后梁与立柱向前滑移跟进一个步距，然后升悬吊立柱使主后梁支撑顶板。最后将主后梁的副梁卸载向前滑移一个步距后升柱，使副梁撑紧顶板，支架完成一次工作循环。

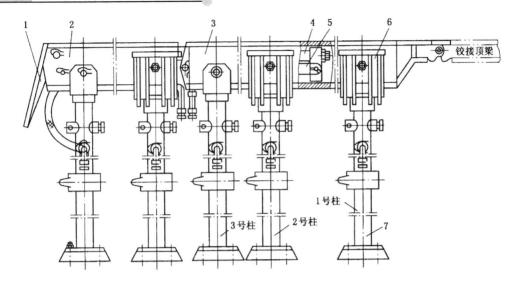

图 18-10　半卸载式滑移顶梁支架

1—挡矸板；2—主后梁；3—主前梁；4—拉杆；5—推拉千斤顶；6—副梁；7—立柱

18.5　乳化液泵站

乳化液泵站的作用是用来向综采工作面液压支架或高档普采工作面单体液压支柱输送乳化液，还可以作为液压缸、阀件试验设备的动力源及其他液压系统的动力源。

乳化液泵站是液压系统的动力源。各种不同流量和压力的乳化液泵站可分别满足普采工作面、高档普采工作面及综采工作面的不同要求。乳化液泵站一般由两台乳化液泵与一台乳化液箱组成，其中一台泵工作，另一台泵备用。也可根据要求做成由三台乳化液泵与一台乳化液箱组成的三泵一箱的泵站，其中两台泵同时工作，另一台泵备用。

BRW400/31.5 X4A—F 型乳化液泵与 XR—WS2500 型乳化液箱组成乳化液泵站，主要为厚煤层要求快速移架的综采工作面提供高压乳化液，作为液压支架的动力源——该泵站由两台乳化液泵与一台乳化液箱组成。

18.5.1　BRW400/31.5X4A—F 型乳化液泵

BRW400/31.5X4A—F 型乳化液泵型号意义：B—泵；R—乳化液；W—卧式；400—公称流量 400 L/min；31.5—公称压力 31.5 MPa；X4A—F—线形分体式泵头。如图 18-11 所示，BRW400/31.5X4A—F 型乳化液泵为卧式五柱塞往复式泵，主要由动力端（曲轴箱）和液力端（泵头高压缸套组件）组成。在排液腔一侧装有安全阀，另一侧装有卸载阀。

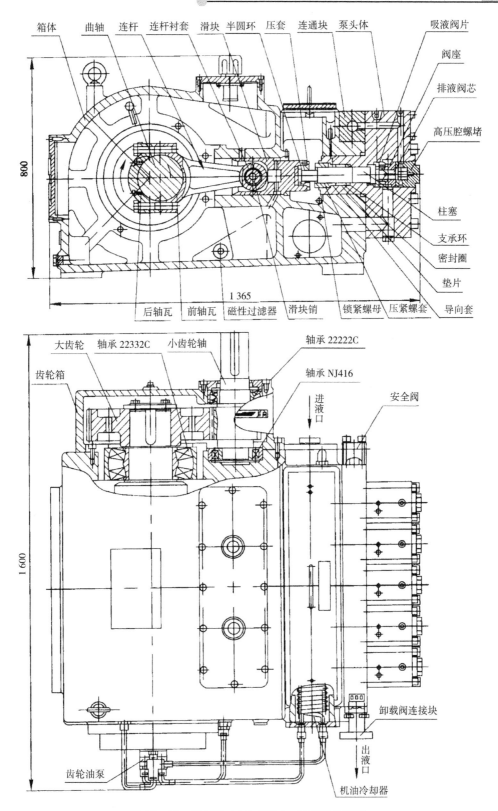

图 18-11 BRW400/31.5X4A—F 型乳化液泵

工作时由一台四极电动机驱动，经一级齿轮减速后，带动五曲拐曲轴旋转，通过连杆、滑块带动柱塞做往复运动，使工作液在液力端（泵头）中经吸、排液阀吸入和排出，从而使电动机的机械能转换成液压能，输出高压乳化液体。

乳化液箱是配制、储存、回收、过滤乳化液的装置，与相应的乳化液泵相配套，共同组成乳化液泵站。乳化液箱可同时供两台泵工作。

18.5.2   XR—WS2500A 型乳化液箱

如图 18 - 12 所示，XR—WS2500A 型乳化液箱由箱体、自动配液装置、防爆浮球液位控制器、板式滤网、磁性过滤器、吸液截止阀、交替阀、高压过滤器、蓄能器、回液过滤器、回液截止阀、压力表、液位指示器等主要零部件组成。

乳化液箱分三个室，即沉淀室、过滤室和工作室，每室底部都设有放液孔，以便更换乳化液时放液。在液箱两侧面设有清渣盖，打开此盖可清除沉淀的杂质。

储油室的乳化油供配液用，当需要配液时，配液装置工作，自动配制的乳化液首先进入液箱的沉淀室，沉淀后再进入过滤室，经磁性过滤器和滤网过滤后，洁净的乳化液直接进入工作室，供给乳化液泵。

液箱面板上部正中间装有交替阀，左右两侧各有一个高压过滤器，面板中部有两个回液截止阀，下部是两个吸液截止阀，面板上还设有液位指示器。

交替阀六个面设有六个口，左右两口连接两高压过滤器进液；上出口连接压力表；下出口为支架的供液口；正面出口接截止阀（手动卸载阀）供卸压用，打开截止阀，高压液体可直接回液箱使泵站卸压；后出口连接蓄能器，用于稳定卸载动作和减小液体压力脉动。

面板中部的两个回液截止阀，供泵的卸载阀卸载回液用，平时需打开，当卸载阀需维修时，在拔下卸载回液软管前，先要关闭回液截止阀，封存箱内液体以防泄漏。

液箱的吸液截止阀、高压过滤器、回液截止阀，均设置为左右对称分布，可一套工作，另一套备用或维修，也可两套同时工作。

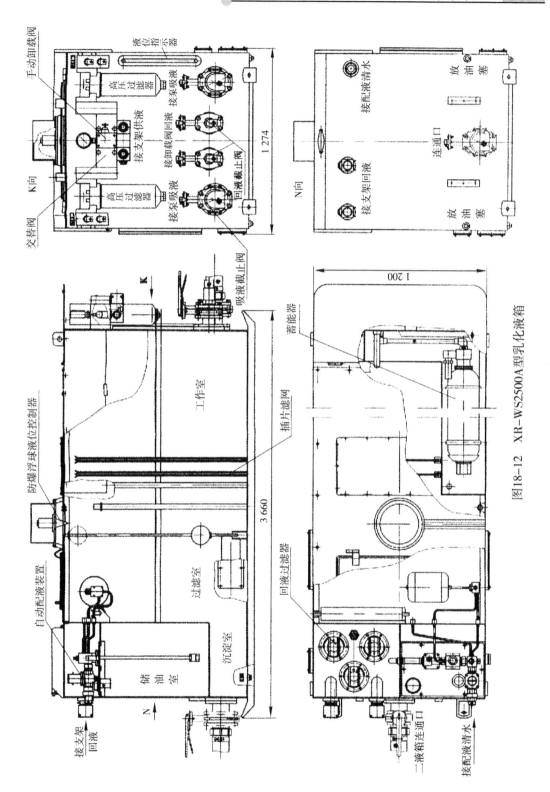

图18-12 XR-WS2500A型乳化液箱

18.5.3　乳化液泵站的液压系统

泵站液压系统如图 18-13 所示，乳化液箱中的乳化液通过吸液过滤器、吸液软管、前注泵至乳化液泵，乳化液泵排出的高压乳化液经卸载阀中的单向阀、高压过滤器、交替阀供给工作面液压支架。

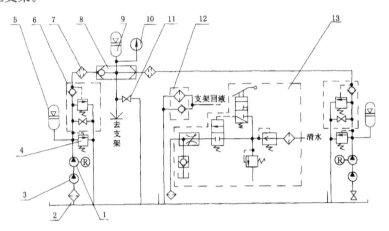

图 18-13　泵站液压系统原理图

1—乳化液泵；2—吸液过滤器；3—前注（置）泵；4—泵用安全阀；5，9—蓄能器；
6—卸载阀；7—高压过滤器；8—交替阀；10—压力表；11—手动卸载阀；12—回液过滤器；
13—自动配液装置

当支架不工作时，系统压力升高，蓄能器储液。当压力超过自动卸载阀的调定压力时，卸载阀自动打开，使泵卸载运行，同时自动卸载阀中的单向阀关闭，使系统处于保压状态。

动关闭，泵站恢复供液状态。

当支架重新动作或系统泄漏，引起系统压力下降至卸载阀的恢复工作压力时，卸载阀自动关闭，泵站恢复供液状态。

思　考　题

1. 单体支护设备包括哪些设备？
2. DZ 型单体液压支柱由哪些零部件组成？
3. 简述 DZ 型单体液压支柱的工作原理。
4. DZ 型单体液压支柱的三用阀由哪三个阀组成？
5. 简述卸载式滑移顶梁支架架体的结构组成及操作过程。
6. 乳化液泵站的作用及其基本组成有哪些？
7. 乳化液泵的基本组成及其工作原理是什么？
8. 乳化液箱有哪些室？液箱上装有哪些主要元件？有何作用？
9. 读乳化液泵站液压系统原理图，写明各液压元件的名称和作用，分析液压系统的工作过程。

第19章 液压支架的选型及使用维护

19.1 液压支架的架型选择

正确选择支架的架型，对于提高综采工作面的产量和效率，实现高产高效，是一个很重要的因素。在具体选择架型时，首先要考虑煤层的顶板条件，表 19－1 就是根据国内外液压支架的使用经验，提出各种顶板条件下适用的架型。它是选择支架架型的主要依据。

表 19－1 适应不同等级顶板的架型和支护强度

<table>
<tr><td colspan="3">基本顶级别</td><td colspan="3">Ⅰ</td><td colspan="3">Ⅱ</td><td colspan="4">Ⅲ</td><td colspan="2">Ⅳ</td></tr>
<tr><td colspan="3">直接顶类别</td><td>1</td><td>2</td><td>3</td><td>1</td><td>2</td><td>3</td><td>1</td><td>2</td><td>3</td><td>4</td><td colspan="2">4</td></tr>
<tr><td colspan="3" rowspan="2">支架类型</td><td rowspan="2">掩护式</td><td rowspan="2">掩护式</td><td rowspan="2">支撑式</td><td rowspan="2">掩护式</td><td rowspan="2">掩护或支撑掩护式</td><td rowspan="2">支撑式</td><td rowspan="2">支撑掩护式</td><td rowspan="2">支撑掩护式</td><td rowspan="2">支撑或支撑掩护式</td><td rowspan="2">支撑或支撑掩护式</td><td>支撑式</td><td>采高小于 2.5 m时</td></tr>
<tr><td>支撑掩护式</td><td>采高大于 2.5 m时</td></tr>
<tr><td rowspan="4">支架支护强度/MPa</td><td rowspan="4">采高/m</td><td>1</td><td colspan="3">0.294</td><td colspan="3">1.3×0.294</td><td colspan="4">1.6×0.294</td><td>>2×0.294</td><td rowspan="4">应结合深孔爆破、软化顶板等措施处理采空区</td></tr>
<tr><td>2</td><td colspan="3">0.343（0.245）</td><td colspan="3">1.3×0.343（0.245）</td><td colspan="4">1.6×0.343</td><td>>2×0.343</td></tr>
<tr><td>3</td><td colspan="3">0.441（0.343）</td><td colspan="3">1.3×0.441（0.343）</td><td colspan="4">1.6×0.441</td><td>>2×0.441</td></tr>
<tr><td>4</td><td colspan="3">0.539（0.441）</td><td colspan="3">1.3×0.539（0.441）</td><td colspan="4">1.6×0.539</td><td>>2×0.539</td></tr>
<tr><td rowspan="3">单体支柱支护强度/MPa</td><td rowspan="3">采高/m</td><td>1</td><td colspan="3">0.147</td><td colspan="3">1.3×0.147</td><td colspan="4">1.6×0.147</td><td rowspan="3">按采空区处理方法确定</td><td rowspan="3"></td></tr>
<tr><td>2</td><td colspan="3">0.245</td><td colspan="3">1.3×0.245</td><td colspan="4">1.6×0.245</td></tr>
<tr><td>3</td><td colspan="3">0.343</td><td colspan="3">1.3×0.343</td><td colspan="4">1.6×0.343</td></tr>
</table>

注：①括号内的数字是掩护式支架的支护强度。表中所列支护强度在选择时，可根据实际情况允许有±5%的波动范围。

②表中 1.3、1.6、2 分别为Ⅱ、Ⅲ、Ⅳ级基本顶的分级增压系数；Ⅳ级基本顶只给出最低值 2，选用时可根据实际确定适宜值。

19.1.1 选择架型时考虑的一般因素

1. 煤层厚度

煤层厚度不但直接影响到支架的高度和工作阻力，而且还影响到支架的稳定性。当煤层

厚度大于 $2.5\sim2.8$ m（软煤取下限，硬煤取上限）时，应选用抗水平推力强且带护帮装置的掩护式或支撑掩护式支架。当煤层厚度变化较大时，应选用调高范围大（如采用双伸缩立柱或带机械加长杆的单伸缩立柱）的支架。

2. 煤层倾角

煤层倾角主要影响支架的稳定性，倾角大时易发生倾倒、下滑等现象。当煤层倾角大于 $10°\sim15°$ 时，（支撑式支架取下限，掩护式和支撑掩护式支架取上限）支架应设防滑和调架装置；当倾角超过 $18°$ 时，应同时具有防滑防倒装置。

3. 底板性质

底板承受支架的全部载荷，对支架的底座影响较大。底板的软硬和平整性，基本上决定了支架底座的结构和支承面积。选型时，要验算底座对底板的接触比压，其值要小于底板的允许比压（对于砂岩底板，允许比压为 $1.96\sim2.16$ MPa，软底板为 0.98 MPa 左右）。

4. 瓦斯涌出量

对于瓦斯涌出量大的工作面，支架的通风断面应满足通风的要求，选型时要进行验算。

5. 地质构造

地质构造十分复杂，煤层厚度变化又较大，顶板允许暴露面积和时间分别在 $5\sim8$ m^2 和 20 min 以下时，暂不宜采用液压支架。

6. 设备配套

支架的宽度与工作面中部输送机槽长度一致；推移千斤顶的行程应比采煤机截深大 $100\sim200$ mm；全工作面的移架速度应能跟上采煤机的落煤与牵引速度；支架前梁应与机身宽度、采煤机截深相匹配，以满足端面距的要求。

7. 设备成本

在满足上述要求的前提下，应选用价格便宜的支架。此外，对于特定的开采要求，应选用特种支架。

19.1.2　在不稳定顶板中选择支架

不稳定顶板综采工作面矿压显现特点是基本顶来压步距小，来压强度低，直接顶稳定性差，特别是端面难控制，移架影响范围大，因而对支架有以下要求：

① 初撑力高，支撑效率高，以减小顶板早期移动量，提高端面顶板的稳定性。

② 选用四连杆机构，使其双纽线最佳段为支架的工作范围，确保支架对端面有较强的控制能力。

③ 利用伸缩梁或可旋转 $180°$ 挑梁及时支护刚暴露出的顶板，减小顶板早期破坏，并利用顶梁侧护板等装置提高支架护顶能力，防止顶板岩块窜入工作空间。

④ 设计有护帮装置和完善的挡矸装置，以减小煤壁片帮深度和面积，防止采空区矸石窜入工作空间。

⑤ 设置灵活快速的操纵阀，保证快速的邻架操作移架。

19.1.3　大采高工作面选择支架

随着采高加大，基本顶初次来压和周期来压步距均有增大，来压强度剧烈。采高加大后，煤壁片帮的深度和面积也随之加大，大采高支架的稳定性和刚度十分重要，因而对支架有以下要求：

① 应有较高的初撑力和足够富裕的工作阻力，并提高支架的刚度。

② 支架的工作范围应处于四连杆机构双扭线的最佳段，支架对工作面端面有较强的控制能力，并利用外套式伸缩梁或可旋转180°挑梁及时支护顶板。

③ 必须有完善的防倒、防滑装置，增加支架抗歪斜倾倒的稳定性；必须装备有效的防煤壁片帮装置，提高煤壁稳定性。

④ 尽量采用非插腿式底座，并加大底座面积，必要时可增加提底装置。

⑤ 提高泵站压力和流量，满足数架支架成组快速移架或同时动作的要求。

19.2　液压支架基本参数的确定

19.2.1　支护强度和工作阻力

支护强度取决于顶板性质和煤层厚度，根据表19-1可以确定支护强度的大小。除此之外，支护强度也可根据下列公式估算：

$$q = K_1 H \rho g \times 10^{-5} \quad \text{(MPa)} \tag{19-1}$$

式中：K_1——作用于支架上的顶板岩石系数，一般取5～8。顶板条件好、周期来压不明显时取下限，否则取上限；

H——采高，m；

ρ——顶板岩石密度，一般取$2.5 \times 10^3 \text{kg/m}^3$。

放顶煤支架的支护强度一般为0.5～0.7 MPa。

支架工作阻力P应满足顶板支护强度的要求，即支架工作阻力由支护强度和支护面积所决定。

$$P = qF \times 10^3 \quad \text{(kN)} \tag{19-2}$$

式中：F——支架的支护面积，m^2，计算式为

$$F = (L+C)(B+K_1) = (L+C) \cdot A \quad (\text{m}^2) \tag{19-3}$$

L——支架顶梁长度，m；

C——梁端距，m；

B——支架顶梁宽度，m；

K_1——架间距，m；

A——支架中心距，m。

对于支撑式支架，支架立柱的总工作阻力等于支架工作阻力；对于掩护式和支撑掩护式支架，由于受到立柱倾角的影响，支架工作阻力小于支架立柱的总工作阻力。工作阻力与支架立柱总工作阻力的比值，称为支架的支撑效率η。所以支架立柱的总工作阻力$P_总$为

$$P_总 = \frac{P}{\eta} \quad \text{(kN)} \tag{19-4}$$

支撑式支架的 $\eta=100\%$，掩护式和支撑掩护式支架取 $\eta=80\%$ 左右。

19.2.2　初撑力

初撑力的大小是相对于支架的工作阻力而言，并与顶板的性质有关。较大的初撑力可以使支架较快地达到工作阻力，防止顶板过早的离层，增加顶板的稳定性。对于不稳定和中等稳定顶板，为了维护机道上方的顶板，应取较高的初撑力，约为工作阻力的 80%，对于稳定顶板，初撑力不易过大，一般不低于工作阻力的 60%；对于周期来压强烈的顶板，为了避免大面积垮落对工作面的动载威胁，应取较高的初撑力，约为工作阻力的 75%。

19.2.3　移架力和推溜力

移架力与支架结构、吨位、支撑高度、顶板状况、是否带压移架等因素有关。一般薄煤层支架的移架力为 $100\sim150$ kN，中厚煤层支架为 $150\sim300$ kN，厚煤层支架为 $300\sim400$ kN。

推溜力一般为 $100\sim150$ kN。

19.2.4　支架调高范围

支架最大结构高度

$$H_{max}=M_{max}+S_1 \quad (m) \qquad (19-5)$$

支架最小结构高度

$$H_{min}=M_{min}+S_2 \quad (m) \qquad (19-6)$$

式中：M_{max}、M_{min}——煤层最大、最小采高，m；

　　　　S_1——伪顶冒落的最大厚度，一般取 $0.2\sim0.3$ m；

　　　　S_2——顶板周期来压时的最大下沉量、移架时支架的下降量和顶梁上、底座下的浮矸、浮煤厚度之和，一般取 $0.25\sim0.35$ m。

支架的伸缩比

$$K_S=\frac{H_{max}}{H_{min}} \qquad (19-7)$$

K_S 值的大小反映了支架对煤层厚度变化的适应能力，其值越大，说明支架适应煤层厚度变化的能力越强。采用单伸缩立柱，K_S 值一般为 1.6 左右。若进一步提高伸缩比，需采用带机械加长杆的立柱或双伸缩立柱，其 K_S 值一般为 2.5 左右。薄煤层支架可达 3。

19.2.5　覆盖率

支架覆盖率是指顶梁接触面积与支架支护面积的比值，即

$$\delta=\frac{BL}{(L+C)(B+K_1)}\times100\% \qquad (19-8)$$

式中符号所表示的意义同式（19-3）。

覆盖率应符合顶板性质的要求：一般不稳定顶板为 $85\%\sim95\%$；中等稳定顶板为

75%～85%；稳定顶板为 60%～70%。

19.2.6 中心距和宽度

支架中心距一般等于工作面一节溜槽长度。目前液压支架中心距大部分采用 1.5 m。大采高支架为提高稳定性，中心距可采用 1.75 m 或 2.05 m，轻型支架为适应中小煤矿工作面快速搬家的要求，中心距可采用 1.25 m。

支架宽度是指顶梁的最小和最大宽度。宽度的确定应考虑支架的运输、安装和调架要求。支架顶梁一般装有活动侧护板，侧护板行程一般为 170～200 mm。当支架中心距为 1.5 m 时，最小宽度一般取 1 400～1 430 mm，最大宽度一般取 1 570～1 600 mm。当支架中心距为 1.75 m 时，最小宽度一般取 1 650～1 680 mm，最大宽度一般取 1 850～1 880 mm。当支架中心距为 1.25 m 时，如果顶梁带有活动侧护板，则最小宽度取 1 150～1 180 mm，最大宽度取 1 320～1 350 mm；如果顶梁不带活动侧护板，则宽度一般取 1 150～1 200 mm。

支架底座宽度一般为 1.1～1.2 m。为提高横向稳定性和减小对底板比压，厚煤层支架可加大到 1.3 m 左右，放顶煤支架为 1.3～1.4 m。底座中间安装推移装置的槽子宽度，与推移装置的结构和千斤顶缸径有关，一般为 300～380 mm。

19.3 综采工作面设备配套

采煤机、输送机和支护设备三者在相互关联的尺寸和生产能力上必须配套，否则设备能力得不到发挥。

19.3.1 生产能力配套

生产能力配套的原则是：工作面输送机的生产能力必须略大于采煤机的理论生产率；顺槽转载机和带式输送机的生产率又应大于工作面输送机的生产率。否则，采煤机割下的煤有可能运不出去。

19.3.2 移架速度与牵引速度配套

支架沿工作面长度的追机速度（即移架速度）应能跟上采煤机的工作牵引速度。否则，采煤机后面的空顶面积将增大，易造成梁端顶板的冒落。

支架的移架速度 v_y 估算式为

$$v_y = \frac{q_b}{K(\sum q_i)}A \quad (\text{m/min}) \qquad (19-9)$$

式中：q_b——泵站流量，L/min；

$\sum q_i$——一架支架全部立柱和千斤顶同时动作所需的液体容积，L；

A——支架中心距，m；

K——从泵站到支架间管路泄漏损失系数，一般取 1.1～1.3。

上式移架速度的计算值必须大于采煤机的最大工作牵引速度。

19.3.3　相关尺寸配套

采煤机依靠工作面输送机导向并在其上移动，而工作面输送机与液压支架又互为支点移架和推溜，因此三者的相关尺寸应能协调。

图 19-1 是三者配套尺寸的一般要求。从安全角度考虑，工作面无立柱空间宽度 R 应尽可能小，但它受到设备宽度的制约。由图可知

$$R = B + E + W + X + \frac{d}{2} \quad \text{(mm)} \tag{19-10}$$

式中：B——截深，mm；

　　　E——煤壁与铲煤板间应留的间隙，一般 $E = 100 \sim 150$ mm，该值若太小，容易因工作面不直或输送机弯曲而发生采煤机滚筒截齿割铲煤板事故；

　　　X——支架前柱与输送机电缆槽间的距离，一般 $X = 150 \sim 200$ mm；

　　　d——立柱外径，mm；

　　　W——工作面输送机的总宽度，mm。

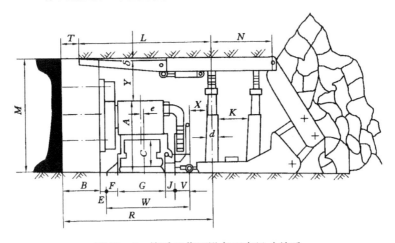

图 19-1　综采工作面设备配套尺寸关系

为了减小无立柱空间宽度 R，保证铲煤板端与煤壁之间距离 E 及采煤机电缆拖移装置对准输送机的电缆槽，采煤机的机身中心线常相对于输送机中部槽中心线向煤壁方向偏移一距离 e，其大小随机型而定。

人行道宽度 K 应大于 700 mm，在薄煤层中，人行道高度应大于 400 mm。

从顶梁部分尺寸看，$R = T + L$，L 为顶梁悬臂长度，T 为梁端距。梁端距越小越好，以增大支架对顶板的覆盖率，但由于底板沿走向起伏不平会导致上滚筒倾斜而截割顶梁，因此必须保持一定的梁端距，一般 $T = 250 \sim 350$ mm（薄煤层取小值）。顶梁后部尺寸 N 与支架结构有关。由上可见，顶梁悬臂长度和梁端距的值，必须与采煤机、输送机的有关尺寸相适应，这样才能保证正常工作。

另外，推移千斤顶的行程应较截深大 $100 \sim 200$ mm。

19.4　液压支架的操作

液压支架一般都具有升架、降架、移架和推溜四个基本动作及调架、防倒、防滑等辅助动作。

19.4.1　升架

升架时先将组合操纵阀打到升架阀位，使支架升起撑紧顶板，当支撑力达到支架初撑力时，再将组合操纵阀打回中位。升架时要确保立柱下腔液体压力达到泵站额定压力，然后才能将操纵阀打回中位。

19.4.2　降架

降架时先将组合操纵阀打到降架阀位，当支架降至所需高度时，即将操纵阀打回中位，以停止降架。降架时，要注意观察与邻架的关系，控制降架高度。正常情况下，降架高度不超过 300 mm。

19.4.3　移架

支架的前移是以输送机为支点，靠推移千斤顶的收缩来实现的。移架时将操纵阀打到移架阀位，前移一个步距后，再将操纵阀打回中位，支架即处于新的工作位置上。

在采用没有液控单向阀的推移液压系统时，为了保证移架时输送机不后退，操作时需要先把相邻支架的操纵阀打到推溜阀位后，再移动本架支架。

在移架过程中容易发生支架倾倒现象，所以必须注意观察支架的工作状态、顶底板变化等情况，一旦发生倒架事故，应立即处理。根据具体情况，可采用斜撑柱扶架、千斤顶扶架或绞车拉架等扶架方法。

当工作面顶板条件较好时，移架工作可滞后采煤机后滚筒 1.5 m 左右进行，一般不超过 5 m。当顶板较破碎时，移架工作则应在采煤机前滚筒割煤后立即进行，以便及时支护新暴露的顶板，防止发生局部冒顶。移架方式有脱顶移架、擦顶移架和边降边移三种。移架方式主要根据顶板情况和支架结构来确定。

19.4.4　推溜

前推输送机是以支架为支点，靠推移千斤顶的伸出来实现的。推溜时，先将操纵阀打到推溜阀位，前推一个步距后，再将操纵阀打回中位。

推溜工作一般滞后采煤机割煤滚筒 10~15 m（约 8~10 架支架）进行。推溜时，根据工作面具体情况，可采用逐架推溜、间隔推溜或几架同时推溜等方式。推溜时应注意调整推溜步距，使输送机除推溜段有弯曲外，其他部分应保证平直。

19.4.5　液压支架的辅助动作

1. 侧护

掩护式和支撑掩护式支架都设有侧护板，以防止架间漏矸和方便调架。正常情况下，侧护板靠弹簧力作用向外伸出，使支架间互相靠紧。当需要调架或扶架时，通过侧推千斤顶使侧护板伸出，即可实现调架或扶架。调架一般在安装和移架过程中进行，要尽量保持支架间距相等。由于工作面不直、伪斜、长度变化及支架下滑等因素的影响，支架的间距常发生变化。如果间距变宽，则容易引起架间悬露顶板的冒落；如果间距变窄，则移架时容易发生顶梁碰撞、卡架，甚至损坏支架部件。因此，要随时注意对支架间距的调整。

2. 护帮

护帮装置靠护帮千斤顶控制。工作时，操作操纵阀使护帮千斤顶伸出，护帮板摆动到与煤壁紧贴位置。采煤机通过时，护帮千斤顶缩回，将护帮板收回。

3. 调架

支架一般都设有调架千斤顶，它安装在相邻支架底座之间。厚煤层支架由于支撑高度高、质量大，在底座一侧还设有侧推调架千斤顶。调架千斤顶配合支架侧推千斤顶和侧护板千斤顶共同动作进行调架。

4. 平衡千斤顶

平衡千斤顶是掩护式液压支架的一个重要部件，能否正确使用它，对支护效果影响很大。

① 在空载条件下或移架过程中，用平衡千斤顶的拉力保持顶梁呈水平状态或所需要的角度，可以使相邻支架保持良好的封密，防止窜矸，使移架顺利进行。

② 利用平衡千斤顶的推拉力，可改变支架支撑力的作用位置。当平衡千斤顶呈推力时，可增大顶梁前部的支撑力，有利于支撑和维护较破碎的顶板；当平衡千斤顶呈拉力时，使顶梁后部支撑力提高，增强了支架的切顶能力。

③ 根据工作面顶、底板状况，可用平衡千斤顶调整支架的顶梁，使顶梁与顶板接触良好，以改善支护状况。

④ 平衡千斤顶推拉力的大小能明显改变支架底座对底板的比压。

19.5　液压支架使用注意事项

液压支架在使用过程中，应注意以下几点。

① 操作者必须经过培训，熟悉支架性能、结构及各元件的性能和作用，熟练准确地按操作规程进行各种操作。

② 移架之前，要认真清理架前、架内的浮煤和碎矸，以免影响移架。

③ 认真检查管路有无被砸、被挤情况，防止胶管和接头损坏。

④ 认真检查顶梁与掩护梁、掩护梁与连杆、连杆与底座、立柱及千斤顶与架体间的连接销子有无脱落、窜出、弯曲现象，并及时处理。

⑤ 爱护设备，不允许用金属件、工具等硬物碰撞液压元件，尤其要避免碰伤立柱、千斤顶活塞杆的镀层。

⑥ 液压支架工作面，一般不允许放炮；如遇特殊情况必须放炮时，应对放炮区域内的支架立柱、千斤顶、软管等采取可靠的保护措施，并经支架工严格、认真检查同意后方可放炮。放炮后，要加大通风量，尽快排除有害气体和煤尘。

⑦ 操作动作完成了，将手柄放回原位，以免发生误动作。

⑧ 支架的各种阀类及各种液压缸，均不允许在井下调整和解体修理。若有故障时，只能用合格的同类组件更换。

⑨ 井下更换零部件时，要关闭截止阀，使受检支架与主供、回液管路断开，严禁带压作业。

⑩ 备用的各种软管、阀类、液压缸等都必须用堵头封好油口，只允许在使用地点打开。使用前，接头部分必须用乳化液清洗干净。

⑪ 如果工作面支架较长时间不需供液时，应关闭泵站。

⑫ 当底板出现台阶时，支架工必须采取措施，把台阶的坡度减缓。若底板松软，支架下陷到输送机的水平以下时，要用木楔垫好底座，或用抬架机构调正底座。

⑬ 若顶板出现冒落空洞，应及时用坑木或板皮塞顶，使支架顶梁能较好地支撑顶板。

⑭ 应根据不同水质，选用适当牌号的乳化油，按 5％ 与 95％ 的油水比例配制乳化液。在使用过程中，应经常检查其性能。

⑮ 当需要用支架起吊输送机中部槽时，必须将该架和左右相邻的几架支架的推移千斤顶与输送机的连接销脱开，以免在起吊过程中将千斤顶的活塞杆蹩弯。

⑯ 应经常保持底板上没有浮煤、浮矸，以保持支架实际的支撑能力，有利于管理顶板。

⑰ 要注意及时清除掉支架顶梁上冒落的坚硬石块，使支架保持良好接顶状况，防止支架顶梁遭到破坏。

⑱ 调架时，要注意保持支架顶梁和底座相对位置正确，特别是支撑高度较大的支架，严防顶梁和底座产生相对横向移位，以免支架受力状态恶化。

⑲ 使用液压支架时，要随时注意采高的变化，防止支架"压死"事故。支架被"压死"，就是活柱完全被压缩，而没有行程，支架无法降柱，也不可能前移。使用中要及早采取措施，进行强制放顶或加强无立柱空间的维护。在顶板冒落处，必须用木垛填实，浮煤、浮矸要清理干净，使支架处于正常工作状态。一旦出现"压死"支架情况，有以下 3 种处理方法。

◆ 利用一根辅助千斤顶（推移千斤顶或备用的立柱）与被"压死"的立柱串联，当给辅助千斤顶供液时，则被"压死"的立柱下腔压力增大。这样反复升柱，待顶板稍有松动、活柱稍有小量行程时，就可拉架前移。

◆ 放炮挑顶。在用上法仍不能拉架时，如果顶板条件允许，则采用放小炮挑顶的办法来 处理。放炮要分次进行，每次装药量不宜过多。只要能使顶板松动，立柱稍微升起，就可拉架前移。

◆ 放炮拉底。在顶板条件不好，不适于挑顶时，可采用拉底的办法。它是在底座前的底板处打浅炮眼，装小药量进行放炮，将崩碎的底板岩石块掏出，使底座下降。当立柱有小量行程时，就可拉架前移。在顶板破碎的情况下，用拉底的方法处理压架时，为了防止局部冒顶，可在支架两侧设临时抬棚。

⑳液压支架使用时要注意解决初撑力偏低的问题。初撑力偏低的主要原因是乳化液泵站压力低，系统漏液，操作时充液时间短。操作者要随时检查调整泵站供液压力，防止系统漏液。操作时，要特别注意掌握充液时间，达到初撑力后方可把手柄拉到中位。使用初撑力保持阀，能在技术上比较好地解决初撑力大小的控制问题。

19.6　液压支架的维护、保养及故障处理

综采设备投资较大，而液压支架的投资约占整个综采工作面全套设备投资的一半。为了延长其服务期限，保证支架能可靠的工作，除了严格遵守操作规程之外，还必须对液压支架加强维护保养和及时进行检查维修，使支架时时处于完好状态。

19.6.1　液压支架完好标准

① 支架的零部件齐全、完好，连接可靠合理。

② 立柱和各种千斤顶的活塞杆与缸体动作可靠，无损坏，无严重变形，密封良好。

③ 金属结构件无影响正常使用的严重变形，焊缝无影响支架安全使用的裂纹。

④ 各种阀密封良好，不窜液、漏液，动作灵活可靠。安全阀的压力符合规定数值，过滤器完好，操作时无异常声音。

⑤ 软管与接头完好无缺，无漏液，排列整齐，连接正确，不受挤压，U形销完好无缺。

⑥ 泵站供液压力符合要求，所用液体符合标准。

19.6.2　液压支架五检内容和要求

对液压支架要坚持五检，即班随检、日小检、周中检、月大检、总检。

1. 班随检

生产班维修工跟班随检，着重维修保养支架和处理一般故障。

2. 日小检

检修班维护和检修支架上可能已发生的故障部位和零部件，基本上能保证三个班正常生产。

日小检的内容和要求包括：

① 液压支架系统有无漏液、窜液现象，发现立柱和前梁有自动下降现象时，应寻找原因并及时处理；

② 检查所有千斤顶和立柱用的连接销，看其有无松脱，并要及时紧固；

③ 检查所有软管，如有堵塞、卡扭、压埋和损坏，要及时整理更换；

④ 检查立柱和千斤顶，如有弯曲变形和伤痕要及时处理，影响伸缩时要修理或更换；

⑤ 推溜千斤顶要垂直于工作面输送机，其连接部分要完好无缺，如有损坏要及时处理；

⑥ 当支架动作缓慢时，应检查其原因，及时更换堵塞的过滤器。

3. 周中检

对设备进行全面维护和检修，对损坏、变形较大的零部件和漏、堵的液压件进行"强制"更换。

4. 月大检

在周检的基础上每月对设备进行一次全面检修，统计出其完好率，找出故障规律，采取预防措施。

5. 总检

一般在设备换岗时进行，主要是统计设备完好率，验证故障规律，找出经验教训，特别要处理好在井下不便处理的故障，使设备处于完好状态。

19.6.3　液压支架的保养

① 组建维修队伍，配备与维修量相适应的设备和必须的试验设备。

② 建立健全设备维护检修制度，并认真贯彻执行。

③ 分台建立设备技术档案，以便掌握设备质量状况，积累经验，为科学管理综采设备提供依据。

④ 液压系统维修原则是：井下更换，井上检修。

⑤ 任何人不得随意调整安全阀工作压力，不允许随意更改管路的连接系统。

⑥ 没有合格证书或检修后未经调压试验的安全阀，不允许使用。

⑦ 处理单架故障时，要关闭本架的截止阀；处理总管路故障时，要停开泵站，不允许带压作业。

⑧ 液压件装配时必须清洗干净，相互配合的密封面要严防碰伤。

⑨ 组装密封件时应注意检查密封圈唇口是否完好，密封圈与挡圈的安装方向是否正确，密封件通过的加工件上应无锐角和毛刺。

⑩ 准备足够的安装工具，凡需要专用工具拆装的部位必须使用专用工具。

⑪井下检修设备要各工种密切配合，注意安全，检修后要认真动作几次，确认无误之后方可使用。

⑫检修人员必须经过培训，考试合格后才能上岗。

⑬检修完的部件按有关标准进行试验，未经检查合格的不允许投产使用。

19.6.4　常见故障及处理方法

液压支架的常见故障及处理方法列于表 19－2。

表 19－2　液压支架的常见故障及处理方法

部位	故障现象	可能原因	处理方法
立柱	乳化液外漏	1. 密封件损坏或尺寸不合适	1. 更换密封件
		2. 沟槽有缺陷	2. 处理缺陷
		3. 接头焊缝有裂纹	3. 补焊

部位	故障现象	可能原因	处理方法
立柱	不升或升速慢	1. 截止阀未打开或打开不够	1. 充分打开截止阀
		2. 泵压低，流量小	2. 查泵压、液源和管路
		3. 立柱外漏或内串液	3. 更换
		4. 系统堵塞	4. 清洗和排堵
		5. 立柱变形	5. 更换
	不降或降速慢	1. 截止阀未打开或打开不够	1. 充分打开截止阀
		2. 液控单向阀打不开	2. 检查压力是否过低，管路有无堵塞
		3. 操纵阀动作不灵	3. 清理手把处堵塞的矸尘或更换操纵阀
		4. 顶梁或其他部位有憋卡	4. 排除障碍物并调架
		5. 管路有泄漏、堵塞	5. 排除漏、堵或更换管路
	自降	1. 安全阀漏液或调定压力值低	1. 更换
		2. 液控单向阀不能闭锁	2. 更换
		3. 立柱至阀连接板一段管路有泄漏	3. 查清，更换检修
		4. 立柱内泄漏	4. 其他原因排除后仍降，则更换立柱
	支撑力达不到要求	1. 泵压低	1. 调泵压，排除管路堵塞
		2. 操作时间短，未达到泵压即停止供液	2. 操作时充液足够
		3. 安全阀调压低，达不到工作阻力	3. 更换安全阀，并按要求调定安全阀开启压力
		4. 安全阀失灵	4. 更换安全阀
千斤顶	不动作	1. 截止阀未打开或管路过滤器堵塞	1. 打开截止阀，清理堵塞的过滤器
		2. 千斤顶变形，不能伸缩	2. 更换
		3. 与千斤顶连接件憋卡	3. 排除憋卡
	动作慢	1. 泵压低	1. 检修泵并进行调压
		2. 管路堵塞	2. 排除堵塞
		3. 几个动作同时操作，造成短时流量不足	3. 协调操作，尽量避免过多的动作同时操作
	个别联动现象	1. 操纵阀串液	1. 检修或更换操纵阀
		2. 回液阻力影响	2. 发生于空载情况，不影响支撑
	作用力达不到要求	1. 泵压低	1. 调整泵压
		2. 操作时间过短，未达到泵站压力	2. 延长操作时间
		3. 闭锁液路漏液，达不到额定工作压力	3. 更换漏液元件
		4. 安全阀开启压力低	4. 调定安全阀的工作压力
		5. 阀、管路漏液	5. 检修或更换阀和管路
		6. 单向阀、安全阀失灵，造成闭锁超阻	6. 检修或更换单向阀和安全阀

部位	故障现象	可能原因	处理方法
千斤顶	漏液	1. 密封件损坏或规格不对	1. 更换密封件
		2. 沟槽有缺陷	2. 处理缺陷
		3. 焊缝有裂纹	3. 补焊
操纵阀	不操作时有液体流动声，或有活塞杆缓动现象	1. 钢球与阀座密封不好，内部串液	1. 更换
		2. 阀座上密封件损坏	2. 更换
		3. 阀座密封面有污物	3. 多动作几次，如果无效则更换
	操作时液流声大，且立柱、千斤顶动作缓慢	1. 阀芯端面不平，与阀垫密封不严，进、回液串通	1. 更换
		2. 阀垫、中间阀套处密封件损坏	2. 更换
	阀体外渗液	1. 接头和片阀间密封件损坏	1. 更换
		2. 连接片阀的螺钉、螺母松动	2. 拧紧螺母
		3. 端面密封不好，手把端套处渗漏	3. 更换
	操作手把折断	1. 重物碰击	1. 更换
		2. 与片阀垂直方向重压手把	2. 更换
		3. 材质、制造缺陷	3. 更换
	手把不灵活，不能自锁	1. 手把处掉进碎矸、煤粉过多	1. 及时清理，采取防护措施
		2. 压块或手把工作凸台磨损	2. 更换
		3. 手把摆角小于80°	3. 摆足角度
液控单向阀和双向锁	不能闭锁液路	1. 钢球或阀座损坏	1. 更换，检修
		2. 液中杂质卡住，不密封	2. 充液几次，仍不密封则更换
		3. 轴向密封件损坏	3. 更换
		4. 与之配套的安全阀损坏	4. 更换
	闭锁腔不能回液，立柱、千斤顶不能回缩	1. 顶杆变形、折断，顶不开钢球	1. 更换
		2. 拆检控制液管，保证畅通	2. 控制液路阻塞，不通液
		3. 顶杆处密封件损坏，向回路串液	3. 更换、检修
		4. 顶杆与套或中间阀卡塞，使顶杆不能移动	4. 拆检
安全阀	达不到调定工作压力就开启	1. 未按要求调定开启压力	1. 重新调定
		2. 弹簧疲劳	2. 更换
		3. 井下调定	3. 更换，井下严禁调定安全阀
	降到关闭压力不能及时关闭	1. 阀芯与阀体等有憋卡现象	1. 更换，检修
		2. 弹簧失效	2. 更换
		3. 密封面粘住	3. 更换，检修
		4. 阀芯、弹簧座错位	4. 更换，检修

部位	故障现象	可能原因	处理方法
安全阀	渗漏	1. O形密封圈损坏	1. 更换
		2. 阀芯与O形圈不能复位	2. 更换安全阀
	外载超过额定压力，安全阀不能开启	1. 弹簧力过大，不符合性能要求	1. 更换
		2. 阀芯、弹簧座、弹簧变形卡死	2. 更换，检修
		3. 杂质脏物堵塞，阀芯不能移动，过滤器堵死	3. 更换，清洗
		4. 调整了调压螺钉，使阀实际超调	4. 更换，重新调定
其他阀类	截止阀关不严或不能开关	1. 阀座磨损	1. 更换
		2. 其他密封件损坏	2. 更换
		3. 进液方向和阀座、减震阀位置装反	3. 检查，调位
		4. 手把紧，转动不灵活	4. 拆检
		5. 球阀凹槽裂损，转把不能带动旋转	5. 更换
	回液断路阀失灵，造成回液倒流	1. 阀芯损坏，不能密封	1. 更换
		2. 弹簧力弱或损坏，阀芯不能复位密封	2. 更换
		3. 阀壳内与阀芯的密封面破坏，密封失灵	3. 更换
		4. 杂质、脏物卡塞不能密封	4. 更换
	过滤器堵塞或烂网，不起作用	1. 杂质、脏物堵塞	1. 定期清洗
		2. 过滤网破损	2. 更换
		3. 密封件损坏，造成外泄漏	3. 更换
辅助元件	高压软管损坏	1. 胶管被挤、砸破	1. 更换
		2. 胶管过期、老化	2. 更换
		3. 接头扣压不牢	3. 更换，重新扣压
		4. 升降、移架时胶管被挤坏	4. 更换，把好管卡
		5. 高低压胶管误用	5. 更换，加强管理
	管接头损坏	1. 升降移架中挤坏	1. 更换
		2. 装卸困难，加工尺寸或密封件不合规格	2. 更换，检修
	U形卡折断、丢失	1. U形卡质量不合格	1. 更换
		2. 装卸时敲击折断	2. 更换，防止重击
		3. U形卡不合规格	3. 更换

思 考 题

1. 简述支架选型的主要依据和应考虑的因素。

2. 简述支护强度、接触比压的概念、计算方法和要求。

3. 简述综采工作面设备配套原则。

4. 液压支架的四个基本动作如何操作?

5. 使用液压支架时应注意哪些事项?

6. 液压支架的五检内容和要求有哪些?

7. 液压支架常见的故障现象有哪些? 如何处理?

| 第四篇 |

掘进机械

随着采煤工作面综合机械化程度的提高，要求巷道掘进速度相应加快，以保证采掘比例协调和矿井的高产稳产。

掘进设备按掘进工艺分为钻眼爆破法掘进设备和综合机械化掘进设备两类。

完成钻眼爆破法掘进工序所需的设备，主要有钻（凿）孔机械、装载机械、转载机械及支护、修整巷道机械等。钻（凿）孔机械是在煤岩体上钻（凿）孔的机械；装载机械是将爆落的煤岩装入矿车或其他运输设备中的机械；转载机械是承接由装载机械卸入的煤岩并将其卸入矿车或其他运输设备内的机械；巷道支护设备是将巷道支护构件或加固材料敷设到巷道顶板和侧帮上的机械；修整巷道设备用于巷道挑顶、卧底、刷帮等作业。

综合机械化掘进设备直接用掘进机完成破落煤岩、装载、转载及支护等工序，实现这些工序的平行作业。通常是用掘进机破落煤岩体，以装载、转运机构把煤岩输送至后配套运输设备。支护方式可选用金属支架、锚喷支护。与钻眼爆破法掘进设备相比，综合机械化掘进设备具有安全、快速、高效等优点，是掘进机械化发展的方向。常用的综合机械化掘进设备有悬臂式掘进机、连续采煤机、全断面掘进机等。

第20章

钻孔机械

    钻孔机械主要用于岩巷掘进的钻眼爆破法工作面中钻凿炮眼，是钻孔施工所使用的孔内各种机具，主要指凿岩机的钎头、钎杆和钻机的钻头、钻杆等。

    凿岩机是按冲击破碎原理进行工作的，如图 20-1 所示。工作时活塞做高频往复运动，不断地冲击钎尾。在冲击力的作用下，呈尖楔状的钎头将岩石压碎并凿入一定深度，形成一道凹痕。活塞退回后，钎杆转过一定角度，活塞向前运动，再次冲击钎尾，又形成一道新的凹痕。两凹痕之间的扇形岩块被由钎头上产生的水平分力剪碎。活塞不断地冲击钎尾，并从钎杆的中心孔连续输入压缩空气或压力水，将岩渣排出孔外，即可形成一定深度的圆形钻孔。

    各类凿岩机的构造原理基本相似，只是在动力方式上有所不同，按动力不同可分为气动、液压、电动和内燃凿岩机四类。

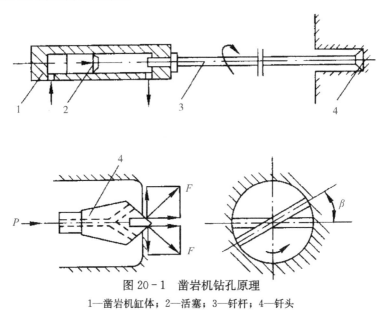

图 20-1　凿岩机钻孔原理

1—凿岩机缸体；2—活塞；3—钎杆；4—钎头

20.1　气动凿岩机

    气动凿岩机结构简单、工作可靠、使用安全，在煤矿中应用较早且较多。按操作方式不同可分为手持式、气腿式和导轨式三种。按频率不同又可分为低频凿岩机（冲击频率 40 Hz 以下）和高频凿岩机（冲击频率 40 Hz 以上）。按转钎机构不同又可分为内回转式凿岩机和外回转式凿岩机。

手持式气动凿岩机以手托持，无其他支撑，靠凿岩机自重或操作者施加的推压力推进凿岩。功率小、机体较轻，但手持作业劳动强度大、钻孔速度慢，通常用于铅凿小直径浅孔。

气腿式气动凿岩机用支腿支撑和推进，可减轻劳动强度，提高钻孔效率，用于在岩石巷道铅凿孔径 24～42 mm、孔深 2～5 m 的水平或倾角较小的孔，使用广泛。

导轨式气动凿岩机装在凿岩台车钻臂的推进器上，沿导轨推进凿孔。这种凿岩机较重，冲击能大，采用独立的外回转机构，转矩较大，凿孔速度较快，可显著减轻劳动强度，改善作业条件，适用于钻凿孔深 5～10 m、孔径 40～80 mm 的硬岩炮眼。

气动凿岩机虽然种类较多，但结构基本相似，均由冲击配气机构、转钎机构、排粉机构和润滑机构等组成。

图 20-2 是国产 YT—23 型气腿凿岩机的外形图。该机主机由柄体 2、汽缸 3 及机头 7 组成，用两根螺栓 8 将它们与手柄 1 连成一体。钎子 6 插在机头的钎尾套内，并借钎子 5 支持。自动注油器 10 连在压气管上，使润滑油混合在压缩空气中呈雾状，带入凿岩机内润滑各运动副。冲洗炮眼用的压力水由水管从凿岩机尾部送入，经插在机器内的水针直至钎子的中心孔。气腿 11 支撑凿岩机并给以推进力。凿岩机的操作手把及气腿伸缩手把集中在柄体 2 上，操作较为方便。其他凿岩机的构造与 YT—23 型的构造基本相似，主要区别在于有些凿岩机采用不同的配气及转钎机构。

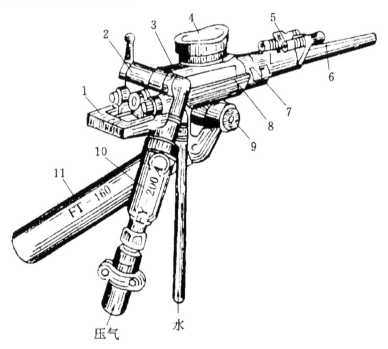

图 20-2　YT—23 型气腿凿岩机外形

1—手柄；2—柄体；3—汽缸；4—消音罩；5，6—钎子；7—机头；8—连接螺栓；
9—气腿连接轴；10—自动注油器；11—气腿

20.1.1 冲击配气机构

气动凿岩机实现活塞往复运动以冲击钎尾的机构。常用的配气机构有被动阀配气机构、控制阀配气机构和无阀配气机构三种。

1. 被动阀冲击配气机构

YT—23 型凿岩机采用环状被动阀配气机构，其动作原理如图 20 - 3 所示。环状配气阀 12 装在阀柜 13 中，并用阀套 11 限制其行程。冲击行程开始时〔图 20 - 3 (a)〕，环状阀和冲击活塞均在极左位置，从柄体操纵阀气孔 1 来的压气，经气路 2、3、4、5 进入汽缸左腔 6，而汽缸右腔 8 经排气孔 7 与大气相通，故活塞在压气压力作用下迅速向右运动；当其右端面关闭孔 7 后，汽缸右腔内的气体被压缩，经孔道 9 和阀柜上的径向孔 14，作用在环状阀的左面。当活塞左端打开孔 7 时，活塞后腔压力突然下降，使环状阀右移〔图 20 - 3 (b)〕。此时冲击活塞已冲击钎尾，压气经孔 14 和孔道 9 进入汽缸右腔，推动活塞返回。返回行程中，活塞先关闭孔 7，汽缸左腔形成气垫；当活塞右端面打开孔 7 时，环状阀在左腔气垫压力作用下移至极左位置，于是又开始了下一次冲击行程。

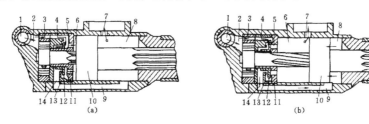

图 20-3 YT—23 型凿岩机冲击配气机构

1—操纵阀气孔；2—柄体气道；3—棘轮气道；4—阀柜轴向气孔；5—阀套气孔；
6—汽缸左腔；7—排气孔；8—汽缸右腔；9—返程气道；10—活塞；11—阀套；
12—环状配气阀；13—阀柜；14—阀柜径向气孔

上述配气机构是利用冲击活塞在临近行程终点时，压缩活塞前腔（汽缸右腔）或后腔（左腔）内的气体，形成气垫，用气垫压力推动配气阀换位的，故称为被动阀配气机构。

2. 控制阀配气机构

这种冲击配气机构依靠活塞往返运动时，在打开排气孔前，使压气经专门的控制气路推动配气阀换位。YT—26 型气腿凿岩机所采用的是碗状控制阀配气机构，其配气原理如图 20 -4 所示。

冲击行程开始时〔图 20 - 4 (a)〕，压缩空气由箭头所示方向进入汽缸后腔，推动活塞向前运动，当活塞越过控制气孔 6 时，一部分压缩空气进入阀室 2，推动阀变换位置，此时阀室 10 的废气从小孔 5 逸入大气。当活塞越过排气孔 7 时后腔与大气相通，活塞靠惯性冲击钎尾。冲击行程结束也是返回行程的开始〔图 20 - 4 (b)〕，此时压缩空气由箭头所示方向进入汽缸前腔，推动活塞反向运动。活塞越过控制气孔 8 时，一部分压缩空气进入阀室 10，并推动阀变换位置，阀室内 2 的废气经小孔 11 逸入大气。当活塞越过排气口后，汽缸前腔与大气相通，返回行程结束。

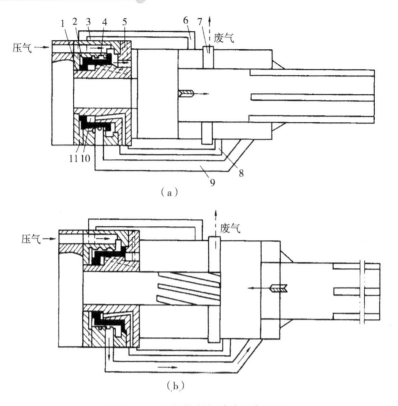

图 20-4   碗状控制阀冲击配气原理

1—阀套；2，10—阀室；3—阀柜；4—控制阀；5，11—通大气的小孔；
6，8，9—气孔；7—排气孔

3. 无阀冲击配气机构

无阀冲击配气机构没有专门的配气阀，而是利用活塞在运动过程中的位置变换来实现配气。图 20-5 所示是利用活塞尾杆配气的工作原理图，YGZ—90 型导轨式凿岩机和 YTP—26 型气腿凿岩机均采用此种无阀配气机构。

20.1.2   转钎机构

使气动凿岩机钎杆回转的机构，有内回转和外回转两种。

1. 内回转转钎机构

YT—23 型凿岩机采用由螺旋杆和内棘轮组成的内回转转钎机构，如图 20-6 所示，当活塞 4 往复运动时，通过螺旋

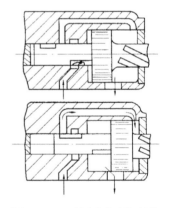

图 20-5   无阀冲击配气机构

棒 3 和棘轮机构，使钎杆每被冲击一次转动一定的角度。由于棘轮机构具有单向间歇转动特性，冲程时棘爪处于顺齿位置，螺旋棒转动，活塞依直线向前冲击。回程时，棘爪处于逆齿位置，阻止螺旋棒转动，迫使活塞转动，从而带动转钎套和钎杆转动一定角度。内回转转钎机构多用于轻型手持式或气腿式气动凿岩机。

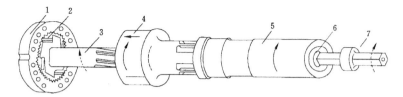

图 20-6 内回转转钎机构

1—棘轮；2—棘爪；3—螺旋棒；4—活塞；5—转钎套；6—钎尾套；7—钎杆

2. 外回转转钎机构

由独立的气动马达经齿轮减速驱动钎杆转动，具有转速可调、转矩大、转动方向可变等特点，有利于装拆钎头、钎杆。外回转转钎机构多用于重型导轨式气动凿岩机。

20.1.3　排粉机构

用水冲洗排出孔内岩屑的机构。凿岩机驱动后，压力水经水针进入钎杆中心孔直通炮孔底，与此同时有少量气体从螺旋棒或花键槽经钎杆渗入炮孔底部，与冲洗水一起排出孔底岩屑。在凿深孔和向下凿孔时，孔底的岩屑不易排出，可扳动凿岩机的操纵手柄到强吹位置，使凿岩机停止冲击，停止注水，压缩空气按强吹气路从操纵阀孔进入，经过汽缸气孔、机头气孔、钎杆中心孔渗入孔底，实现强吹，把岩屑泥水排出。

20.1.4　润滑机构

向凿岩机各运动零件注润滑油，以保证正常凿岩作业的机构。一般在进气管上安装一台自动注油器，实现自动注油，油量大小可用调节螺钉调节。压缩空气进入注油器后，对润滑油施加压力，在高速气流作用下，润滑油形成雾状，在含润滑油的压缩空气驱动凿岩机的同时，各运动零件相应被润滑。

20.2　液压凿岩机

20.2.1　概述

液压凿岩机是以循环高压油为动力，驱动钎杆、钎头，以冲击回转方式在岩体中凿孔的机械。与气动凿岩机相比，液压凿岩机具有能量消耗少、凿岩速度快、效率高、噪声小、易于控制、钻具寿命长等优点，但其对零件加工精度和使用维护技术要求较高。液压凿岩机一般安装在凿岩台车的液压钻臂上工作，可钻凿任何方位的炮孔，钻孔直径通常为 30~65 mm，适用于以钻眼爆破法掘进的矿山井巷、硐室和隧道的钻孔作业，是一种新型高效的凿岩设备。

液压凿岩机的结构形式很多，其主要区别在于冲击机构的配油方式，转钎机构则与外回转风动凿岩机的结构基本相同，只是以油马达代替了风马达，个别机型也有采用内回转方式转钎的。

按冲击机构的配油方式不同，液压凿岩机可分为有阀配油和无阀配油两种。有阀配油是借助配油阀，使油流换向实现配油；无阀配油机构是借活塞本身运动实现配油的，活塞既起冲击作用，又起配油作用。目前有阀配油机构应用较多，按照配油原理它还可分为油缸前后腔交替进回油式、前腔常进油式和后腔常进油式三种。

液压凿岩机的排粉机构采用水或气水混合排粉，但为了提高凿岩速度，多采用压力高、流量大的冲洗水排粉。供水方式有中心供水和旁侧供水两种；中心供水是将水通过机器内部的水针进入钎子中心孔；旁侧供水是将水通过设在机器前面的水套，从旁侧进入钎子中心孔。

20.2.2　YYG—80 型液压凿岩机结构与工作原理

YYG—80 型液压凿岩机的冲击机构属于前后腔交替进、回油式，采用滑阀配油，其结构如图 20-7 所示。

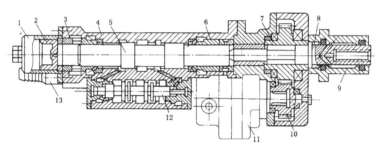

图 20-7　YYG—80 型液压凿岩机结构

1—回程蓄能器壳体；2—活塞；3，6—铜套；4—缸体；5—活塞；7，10—齿轮；
8—冲击杆；9—水套；11—油马达；12—滑阀；13—进油管

冲击机构由缸体 4、活塞 5 和滑阀 12 等组成。缸体做成一个整体，滑阀与活塞的轴线互相平行，在缸孔中，前后各有一个铜套 6、3 支撑活塞运动，并导入液压油。滑阀的作用是自动改变油液流入活塞前、后腔的方向，使活塞往复运动，打击冲击杆 8 的尾部，从而将冲击能量传给钎子。

YYG—80 型液压凿岩机的转钎机构由摆线转子油马达 11、减速齿轮 10 和 7 及冲击杆 8 等组成。齿轮 7 中压装有花键套，与冲击杆 8 上的花键相配合，钎尾插入冲击杆前端的六方孔内。因此，当油马达带动齿轮 7 转动时，冲击杆和钎子都将跟着一起转动。在油马达的液压回路中装有节流阀，可以调节油马达的转速。排粉机构采用旁侧进水方式，压力水经过水套 9 进入钎子中心孔内。

YYG—80 型液压凿岩机冲击配油机构的工作原理如图 20-8 所示。

图 20-8（a）为活塞冲程开始时的情况。活塞与滑阀阀芯均处于左端位置，压力油经进油管 P 进入滑阀 H 腔后，经 a 孔进入活塞左端 A 腔，使活塞向右（前）运动，活塞右端 M 腔内的油液经孔 e、滑阀 K 腔和 Q 腔流入回油管 O 回油箱。此时两端 E 腔、F 腔均通油箱，阀芯保持不动。当活塞运动到一定位置时，A 腔与 b 口接通，部分高压油经 b 孔至阀芯左端 E 腔，而阀芯右端 F 腔经孔 d、缸体 B 腔和 c 孔回油箱，在压力差作用下，阀芯右移，同时活塞冲击钎尾，完成冲击行程，开始返回行程。

图 20-8（b）为活塞返回行程开始时的情况，此时压力油经滑阀 H 腔、e 孔进入活塞

右端M腔，活塞左端A腔经a孔、滑阀N腔回油箱，活塞被推动左移。当活塞移动到打开d孔时，M腔部分压力油经孔d作用在阀芯右端，推动阀芯左移，油流换向，回程结束并开始下一个循环的冲程。在活塞左移的过程中，当活塞左端关闭f孔后，D腔内油液被压缩，使回程蓄能器3储存能量，同时还可对活塞起缓冲作用。当冲程开始时，该蓄能器就释放能量，以加快活塞向前运动的速度，提高冲击力。

在YYG—80型液压凿岩机上还装有一个主油路蓄能器5，其作用是积蓄和补偿液流，减少油泵供油量，从而提高效率，并减少液压冲击。

YYG—80型液压凿岩机的冲击机构采用独立的液压系统，由一台齿轮泵供油，而转钎机构则与配套的液压钻车的液压系统合并使用。

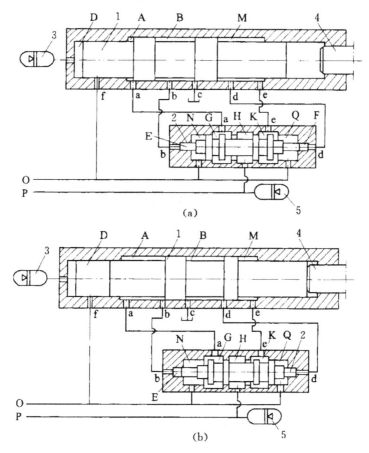

图 20-8 YYG—80型液压凿岩机配油机构工作原理
1—活塞；2—滑阀；3—回程蓄能器；4—钎尾；5—主油路蓄能器

20.2.3 YYG—80型液压凿岩机液压系统

YYG—80型液压凿岩机的液压系统分为冲击系统和转钎—推进系统两部分，如图20-9所示。

冲击液压系统是独立的，由一台CB—H90C型齿轮泵供油。转钎—推进系统可以和配套的推进凿岩台车的液压系统合并，因凿岩机和台车不同时工作，由一台YBC45/80型齿轮油泵供油。凿岩机在工作过程中，因为冲击液压系统内油温很高，有可能达到 90℃，所以必须在油箱内设置冷却器。

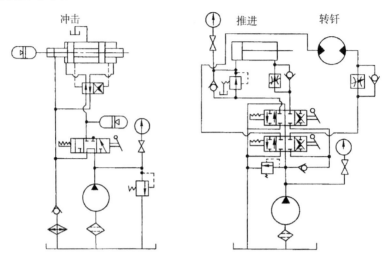

图 20-9 YYG—80 型液压凿岩机的液压系统

20.3 电动凿岩机

电动凿岩机可以钻凿煤层、夹石层和顶板、底板。电动凿岩机把电动机的旋转运动转换成对钎尾的冲击，有曲轴连杆活塞式和偏心块冲击活塞式两种结构形式。

20.3.1 曲轴连杆活塞式

如图 20-10 所示，电动机 1 带动圆锥齿轮 2，连杆 3 的一端铰接在大圆锥齿轮上，使活塞 5 往复运动。活塞向前运动时，压缩汽缸 4 内的空气，推动冲击锤 6，冲击钎子 7 进行凿岩。冲击锤打击钎尾时，冲击锤后缘打开排气孔，在气垫和弹性体 8 的反作用下，冲击锤 6 开始回程，依靠大气压力使其返回原始位置。

YD—30、YDT—30 属于曲柄连杆活塞式电动凿岩机，多用在冶金矿山。

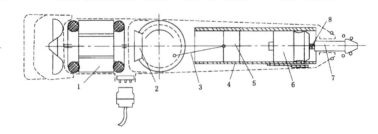

图 20-10 曲轴连杆活塞式电动凿岩机

1—电动机；2—圆锥齿轮；3—连杆；4—汽缸；5—活塞；6—冲击锤；7—钎子；8—弹性体

20.3.2　偏心块冲击活塞式

如图 20-11 所示，电动机带动偏心块 1 高速转动，偏心块离心力沿 z 轴方向的分力，使冲击锤 2 往复运动，打击钎子 3 尾部。冲击锤尾部带一活塞，在汽缸 4 内往复运动。冲击锤在回程中关闭气孔 5 后，汽缸内的空气受到压缩，形成气垫制动冲击锤，以防撞击汽缸底部，气垫也有帮助冲击锤开始冲程的作用。

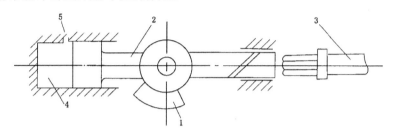

图 20-11　偏心块冲击活塞式电动凿岩机
1—偏心块；2—冲击锤；3—钎子；4—汽缸；5—气孔

YD—2A 型电动凿岩机属偏心块冲击活塞式，配水力支腿，采用防爆型电动机，用于瓦斯矿井效果较好。

20.4　凿岩台车

20.4.1　概述

凿岩台车又称钻车，是支撑、推进和驱动一台或多台凿岩机实施钻孔作业，并具有整机行走功能的凿孔设备，用于矿山巷道掘进及其他隧道施工。凿孔直径一般为 30～65 mm，凿孔深度为 2～5 m。凿孔时能准确定位定向，并能钻凿平行炮孔。可与装载机械及运输车辆配套，组成掘进机械化作业线。

目前煤矿中使用的均为钻臂式平巷凿岩台车。根据凿岩台车钻臂的数目，亦即安装凿岩机的台数不同，可分为单机、双机、三机和多机凿岩台车，一般以双机和三机凿岩台车为多。根据钻臂调位方式不同，可分为直角坐标调位方式和极坐标调位方式两种。根据行走装置的不同，凿岩台车分为轨轮式、轮胎式和履带式三种。推进器的推进方式有风马达—丝杠、液压缸—钢丝绳和风马达—链条等结构。

凿岩台车主要由凿岩机、钻臂（包括推进器）、行走机构、控制系统、操作台和动力源（泵站）等组成，如图 20-12 所示。凿岩机普遍采用导轨式液压凿岩机。钻臂用于支撑和推进凿岩机，并可自由调节方位，以适应炮孔位置的需要。为完成平巷掘进，凿岩台车应实现下列运动：行走运动，以便台车进入和退出工作面；推进器变位和钻臂变幅运动，以实现在断面任意位置和任意角度钻眼；推进运动，以使凿岩机沿钻孔轴线前进和后退。

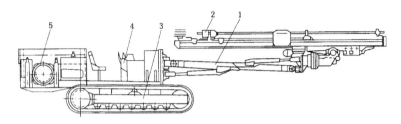

图 20 - 12　凿岩台车

1—钻臂；2—凿岩机；3—行走机构；4—操作台；5—动力源

20.4.2　CTJ—3 型凿岩台车

国产 CTJ—3 型三机轮胎式凿岩台车如图 20 - 13 所示，它的主要组成部分为推进器 1、两个侧边钻臂 2 和一个中间钻臂 4、轮胎行走机构 6，以及附属的液压系统、压气和供水系统等。

1. 推进器

推进器是导轨式凿岩机的轨道，并给凿岩机所需的轴向推力。如图 20 - 13 所示，CTJ—3 型凿岩台车，分别在两个侧边钻臂 2 和中间钻臂 4 的前端，安装由活塞式风动马达驱动的螺旋推进器，其结构如图 20 - 14 所示。

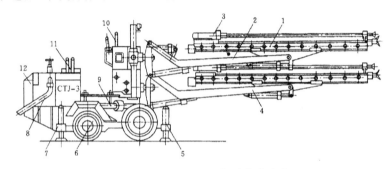

图 20 - 13　CTJ—3 型掘进凿岩台车

1—推进器；2—侧边钻臂；3—YGZ—70 外回转凿岩机；4—中间钻臂；5—前支撑油缸；
6—轮胎行走机构；7—后支撑油缸；8—进风管；9—摆动机构；10—操纵台；11—司机座；12—配重

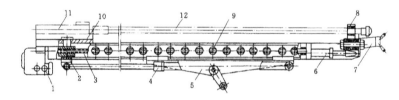

图 20 - 14　CTJ—3 型掘进凿岩台车的推进器

1—风动马达；2—螺母；3—丝杆；4—补偿油缸；5—托盘；6—扶钎油缸；7—顶尖；
8—扶钎器；9—导轨；10—凿岩机底座；11—凿岩机；12—钎子

YGZ—70 型导轨式风动凿岩机 11 用螺栓固定在底座 10 上，装在底座下的螺母 2 与推进器丝杠 3 相结合，当风动马达 1 驱动丝杠转动时，凿岩机就在导轨 9 上向前或向后移动。风动马达的功率为 735 W，推进器推进力为 7 kN，推进行程为 2.5 m。调节风动马达进气量，可使凿岩机获得不同的推进速度。

推进器导轨 9 下面设有补偿油缸 4，其缸体与导轨托盘 5 铰接，活塞杆与导轨铰接。伸缩补偿油缸可以调节推进器导轨在导轨托盘上的位置，使导轨前端的顶尖 7 顶紧岩壁，以减少凿岩机工作过程中钻臂的振动，增加推进器的工作稳定性。凿岩机底座与导轨间、导轨与导轨托盘间均有尼龙滑垫，以减少移动阻力和磨损。在导轨前端还装有剪式扶钎器 8，当凿岩机开始钻孔时，用扶钎器夹持钎子 12 的前端，以免钎子在岩面上滑动。

钎子钻进一定深度后，松开扶钎器以减少阻力。扶钎器的两块卡爪平时由弹簧张开，扶钎时由扶钎油缸 6 将其活塞杆上的锥形头插入两块卡爪之间，使其剪刀口合拢。

2. 钻臂

钻臂是凿岩台车的主要部件，它的作用是支撑推进器和凿岩机，并可调整推进器的方位，使之可在全工作面范围内进行凿岩。CTJ—3 型凿岩台车的两个侧钻臂和中间钻臂结构基本相同，其工作原理如图 20-15 所示。

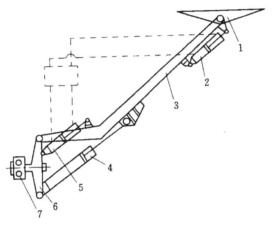

图 20-15 CTJ—3 型凿岩台车钻臂

1—推进器托盘；2—俯仰角油缸；3—钻臂架；
4—钻臂油缸；5—引导油缸；6—钻臂座；7—回转机构

钻臂架 3 的前端与推进器导轨的托盘 1 铰接，利用俯仰角油缸 2 可以调整导轨的倾角，凿岩机钻出的炮眼倾角可以调整。利用钻臂油缸 4 可以调整钻臂架的位置，亦即调整凿岩机位置的高低，钻凿不同高度的炮眼。钻臂架 3 的后端与钻臂座 6 铰接，钻臂座安装在回转机构 7 的水平出轴上，此轴为一齿轮轴，在回转机构中的齿条油缸带动下，可使钻臂座连同钻臂架一起绕此轴线在 360°范围内回转，因此，由回转机构改变凿岩机的回转角度，钻臂油缸改变凿岩机的回转半径，可以确定炮眼位置，使凿岩机能在一定圆周范围内钻凿不同位置的炮眼。钻臂的此种调位方式称为极坐标调位方式，其主要优点是在炮眼定位时操作程序少，定位时间短，但对操作技术要求较高。

20.5 锚杆钻机

锚杆支护由于具有安全、快速、经济等技术优势，现已成为国内外煤矿巷道的重要支护形式。锚杆钻机是与锚杆支护施工相配套的关键设备之一，影响着支护质量的好坏与支护速度的快慢。在 20 世纪 40 年代，国外开始进行锚杆钻机的研制，经过近 70 多年的研究与攻关，锚杆钻机已从当初的功能单一、技术含量低、可靠性与安全性差、体积笨重发展到今天的功能齐全、性能优良、可靠性与安全性好、自动化水平高的新型钻机。

国内外锚杆钻机的类型、品种很多。按结构分有单体式、钻车式和机载式三大类；按动力分有电动、液压、气动三大类。

20.5.1　电动锚杆钻机

电动锚杆钻机是我国煤矿最早用于锚杆支护的钻孔机具，主要用于中小型煤矿无压风管路的矿井。MDS3 型电动锚杆钻采用电动旋转湿式钻孔，以井下压力水作为双级缸推进动力，主要用于煤巷、半煤岩巷钻顶板锚杆孔及安装水泥锚杆和树脂锚杆。下面就以 MDS3 型电动锚杆钻机为例介绍其结构及原理。

如图 20-16 所示。MDS3 型电动锚杆钻机主要由推进机构、动力机构、减速机构、操作手把等组成。

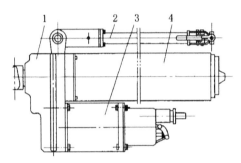

图 20-16　MDS3 电动锚杆钻机结构

1—减速机构；2—操作手把；3—动力机构；4—推进机构

推进机构（伸缩腿）由双级玻璃钢缸体和配水阀板组成。推进机构的动力取用井下自来水（不要泵站），一部分用于推进，一部分用于湿式除尘。推进机构上还附有放水阀，当钻机推进时，放水阀自动关闭；当钻机下降时，放水阀自动打开，快速下降。

动力机构由电动机、开关及防爆壳体组成。减速机构采用二级直齿轮减速，使钻机输出转速控制在 444 r/min，并保证输出转速和输出转矩得到合理匹配。

操作手把由操纵阀、连杆及左右手柄等组成。左手柄直接控制电动机开关，右手柄通过连杆控制操纵阀。操纵阀采用换向节流统一控制，通过操作手柄控制节流孔的大小，有效地控制推进速度。

减压过滤机构由水路上的减压阀和管道过滤器组合而成。减压阀可使供应到钻机的水压保持在 0.5～1 MPa，管道过滤器可使钻机用水保持一定的清洁度。

操作方法如下：把钻机运到施工点，将操纵水阀的进水管与减压过滤机构相连，再将减压过滤机构的进水管与巷道内水管接通，接通电源。将主机竖起，一人扶机，一人握操纵手把，操纵右手柄推进水压支腿，使主机钻杆上的钻头推进到顶板，随即操纵左手柄开动电动机，进行钻孔。上半部分钻杆钻完后，退下主机，然后拔下钻杆插上搅拌连接头，升起钻机，旋转搅拌安装水泥锚杆或树脂锚杆。然后水压支腿缩回，挪动钻机。

20.5.2　液压锚杆钻机

QYM30A 型液压锚杆钻机采用全液压传动，由钻机和专用配套动力源液压泵站组成。泵站输出的压力油经两根进、回油软管送至钻机，软管用快速接头连接。压力油通过组合阀分配到油马达和推进油缸，实现钻孔所需的各种动作。湿式钻孔用水由工作面的水管引至钻机，水路的开关也是通过组合阀控制。

1. 钻机

钻机由油马达、推进油缸、组合阀、操纵架等主要部件组成，如图 20-17 所示。钻机的回转机构油马达为径向柱塞式低速大扭矩液压马达。为适应不同高度巷道的使用要求，推进油缸有单级和双级伸缩两种结构形式。组合阀的功能包括控制油马达的开启、系统卸载、油缸升降和调节推进力的大小，由两个滑阀和一个减压阀组合而成。操纵架是钻机开眼前的扶持机构和钻孔中对组合阀的操纵机构。

2. 液压泵站

液压泵站由隔爆电动机、齿轮泵、溢流阀、压力表、油箱、机架等部分组成，如图 20-18 所示。

3. 电气设备

泵站的隔爆电动机需要隔爆型磁力启动器配套使用。

4. 施工程序

① 将钻机搬运到工作地点，泵站置于后面巷道，把引自泵站的出油管和回油管通过快速接头与钻机对接好，再将工作面的水管与钻机接通。

② 检查油箱的油位（不得低于最低油面线），接通电源，启动电动机，检查其转向，使之符合规定。

③ 调整泵站最高输出油压力，程序如下：暂时断开泵站出油管与钻机对接的快速接头，启动电动机，调节溢流阀，使压力表指示的压力值在 13 MPa 以上；关闭电源，重新把出油管上的快速接头对接好。

④ 竖起钻机，插上短钻杆，一人握持操纵架，一人辅助扶稳钻机，左手向内转动旋转套，启动油马达，右手向外转动旋转套，及时打开水路，油缸升起开始推进钻孔。钻杆至行程终点时，左手向内转动旋转套，油缸系统卸载，马达停转，换上长钻杆，重复以上动作便完成一个锚杆孔的钻进。拔出长钻杆，插上搅拌连接头，升起油缸，启动油马达，进行锚固剂搅拌，完成黏结型锚杆安装。左手向内转动旋转套，油缸系统卸载。两人将钻机挪位，进行下一个钻孔循环。

⑤ 一班钻孔工作结束后，关闭电源，拆掉钻机上的主油管和水管，将钻机冲洗干净后撤出工作面，放

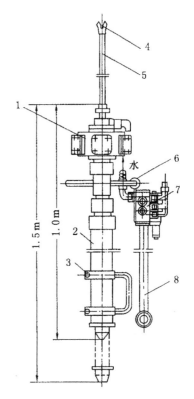

图 20-17　QYM30A 液压锚杆钻机
1—油马达；2—油缸；3—提手；4—钻头；5—钻杆；6—机架；7—组合阀；8—操纵架

置在安全地点。

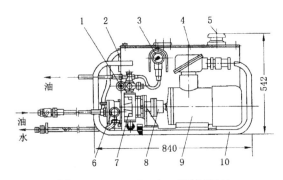

图 20-18   GBZ15/13 型液压泵站

1—溢流阀；2—液位计；3—压力表；4—油箱；5—空气滤清器；6—冷却器；

7—齿轮泵；8—联轴器；9—隔爆电动机；10—机架

思　考　题

1. 凿岩机的破岩原理是怎样的？
2. 气动凿岩机冲击配气机构有哪几种类型？
3. 试说明气动凿岩机冲击配气机构的工作原理。
4. 凿岩机的转钎机构有哪几种类型？说明其工作原理。
5. 说明液压凿岩机冲击机构的工作原理。
6. 电动凿岩机有哪几种类型？说明其工作原理。
7. 简述凿岩台车的基本组成部分及其作用。
8. 简述锚杆钻机的类型。

第21章

装载机械

用钻眼爆破法掘进巷道时，工作面爆破后碎落下来的煤岩需要装载到运输设备中运离工作面，实现这一功能的设备统称为装载机械。常用的装载机械按工作机构分为耙斗式、铲斗式、蟹爪式、立爪式等；按行走方式分为轨轮式、履带式、轮胎式；按驱动方式分为电动驱动、气动驱动、电液驱动；按作业过程的特点分为间歇动作式和连续动作式两大类。

21.1 耙斗式装载机

耙斗式装载机是用牵引绞车拖动一个耙斗来耙取岩石装入矿车的机械。其结构主要有行星轮式、内涨式和摩擦式三种。它们的主要区别在于牵引绞车结构不同，其他部分基本相同。

耙斗式装载机可使装岩与凿岩工序平行作业，爆破后先把迎头的岩石迅速扒出，即能进行凿岩作业，与此同时，可将尾轮悬挂在左、右帮上进行装岩作业，缩短了掘进循环的时间。

耙斗装载机以行星轮式使用效果最好。P—30B 型耙斗装岩机就是行星轮式的典型结构。本节以该机为例予以介绍。

21.1.1 P—30B 型耙装机的使用范围及组成部分

1. 使用范围

巷道高 2 m，宽 2 m 以上，倾角 0°～30°，各种硬度岩石和煤，块度小于 300 mm，巷道曲率半径大于 15 m，配 1 t 矿车或其他运输设备。

2. 主要组成部分

P—30B 型耙装机主要由工作机构耙斗，传动机构绞车及钢丝绳，操纵机构制动闸和支承机构台车等组成。此外还有电动机、照明灯、防爆按扭等电气设备。

21.1.2 耙装机的结构原理

装载机的整体结构如图 21－1 所示。工作时，耙斗靠自重插进岩石堆。耙斗上连有工作钢丝绳和返回钢丝绳，这两根钢丝绳分别缠绕在绞车的工作滚筒和回程滚筒上，当司机操作按钮开动绞车电动机，使绞车主轴回转，并操纵手把使工作滚筒回转时，工作钢丝绳不断缠到工作滚筒上，于是牵引耙斗沿底板移动并将岩石耙入进料槽，再沿中间槽和卸料槽并由卸料槽上的卸料口卸入矿车或其他运输设备中。当操纵回程滚筒手把，使绞车的回程滚筒回转时，返回钢丝绳就不断缠绕到回程滚筒上，牵引耙斗返回岩石堆，完成一个循环，重新开始耙装。如此循环往复，直到装满一个矿车。卸料口比耙斗窄，耙斗可以卸载，自己却不会掉下。

台车是耙装机的机架，台车上装有车轮，在轨道上行走。耙装机工作时，用卡轨器把台车固定在轨道上，在斜井和上山中装载时，还需要设阻车器，以防耙装机下滑跑车。随着工作面的推进，耙斗的行程逐渐延长，为了达到较高生产率，应及时延铺轨道，松开卡轨器等，用人工或绞车使台车前移，缩短耙装行程。移动台车浪费工时，不易频繁移动。最后应将台车固定在轨道端头，这样可使簸箕口能贴着底板。

绞车、操纵机构和电气设备等都装在溜槽下方。为了方便，耙装机两侧均设有操纵手把，可以根据情况在机器任意一侧操纵。

簸箕口是进料口，由升降装置调高和下放，其两侧的挡板引导耙斗进入溜槽，又可挡住岩碴使其不向两侧散失。挡板和簸箕口用销子联结，拆装方便。簸箕口与连接槽用钩环连接，以使簸箕口能靠自重贴着底板。连接槽、中间槽和卸载槽用螺钉连接，以保证溜槽的刚度。

耙斗与溜槽之间的间隙，一般不超过 50 mm，以防止岩碴卡人，挡板开角不大于 30°，以便能起到良好的导向作用。

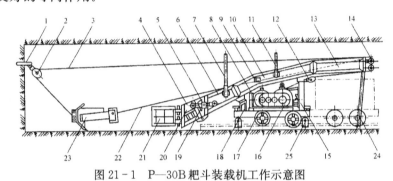

图 21-1　P—30B 耙斗装载机工作示意图

1—固定楔；2—尾轮；3—返回钢丝绳；4—簸箕口；5—升降螺杆；6—连接槽；7、11—钎子钢棒；
8—操纵机构；9—按钮；10—中间槽；12—托轮；13—卸料槽；14—头轮；15—支柱；16—绞车；
17—台车；18—支架；19—护板；20—进料槽；21—簸箕挡板；22—工作钢丝绳；23—耙斗；
24—撑脚；25—卡轨器

滑轮组安装在卸料槽尾部，钢丝绳从卷筒引出后，绕过滑轮组，再分别与耙斗前端和后端连接。滑轮组前装有缓冲弹簧，用以缓冲耙斗卸载时的碰撞。工作中应尽量避免钢丝绳与溜槽接触，以减少钢丝绳的磨损。耙斗钢丝绳的传动系统见图 21-2。

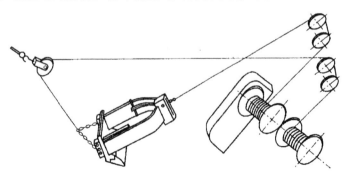

图 21-2　耙斗绳的传动系统示意图

21.2　铲斗式装载机

铲斗式装载机用铲斗从工作面底板上铲取物料，将物料卸入矿车或其它运输设备。按卸载方式不同分前卸式、后卸式和侧卸式。目前侧卸式铲斗装载机使用较多。下面以 ZC—60B 型侧卸铲斗式装载机为例来介绍。

21.2.1　组成与工作方式

如图 21-3 所示，是国产 ZC—60B 型侧卸式装载机的外形图。它由侧卸式工作机构、履带行走机构和液压泵站等组成。

机器工作时，首先使铲斗放到最低位置，开动履带使机器前进，借行走机构的力量使铲斗插入料堆，然后一面继续前进，一面操纵升降液压缸，将铲斗装满，并把铲斗举到一定高度，使机器后退到卸料处，操纵侧卸液压缸将料卸净，从而完成一个工作循环。

21.2.2　铲斗工作机构

铲斗 1 安装在铲斗座 9 上，二者靠铲斗下部左侧或右侧的一个销轴 11 铰接。侧卸油缸 2 的缸体与铲斗座铰接，活塞杆与铲斗的右上角（或左上角）铰接。当侧卸油缸活塞杆伸出时，铲斗即可向左侧或右侧倾斜而卸载。需要改变卸载方向时，只要同时改装连接铲斗和铲斗座的销轴位置和侧卸油缸活塞杆与铲斗的铰接位置即可。

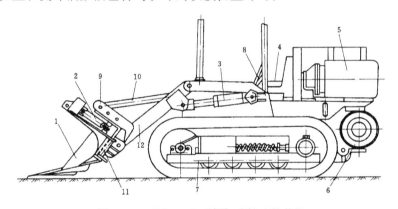

图 21-3　ZC—60B 型侧卸式铲斗装载机

1—铲斗；2—侧卸油缸；3—升降油缸；4—司机座；5—液压泵站；6—行走电动机；
7—履带行走机构；8—操作手把；9—铲斗座；10—拉杆；11—销轴；12—摇臂

铲斗座 9 通过拉杆 10、摇臂 12 同行走机架连接在一起，操纵升降油缸 3 使摇臂摇动，即可由铲斗座带动铲斗升降。铲斗座上有三个供拉杆 10 连接的孔，便于改变与拉杆的连接位置，以适应不同高度的料堆。

ZC—60B 型侧卸式铲斗装载机的铲斗是用钢板焊成的，斗底和侧壁用 65Mn 钢板，其余部分用普通结构钢钢板，容积 0.6 m^3。铲入料堆时，由铲斗座承受铲入阻力。

21.2.3　履带行走机构

ZC—60B 有对称布置的左右两条履带，每条履带各由一台 13 kW、680 r/min 的电动机经三级圆柱齿轮减速后驱动，电动机轴上还用联轴器装了一个制动轮。机器的前进、后退是通过正、反转电动机实现的。关闭右履带电动机并将其制动，仅开动左履带电动机，装载机就向右转弯；反之则向左转弯。按相反方向同时开动两台电动机，装载机可向左或向右急转弯。电动机的开、停和制动闸的抱紧或松开是用脚踏机构操纵的，可以避免误操作。

21.2.4　液压系统

ZC—60B 的液压系统很简单（图 21-4）。由 22 kW 的电动机驱动的定量叶片泵给升降油缸和侧卸油缸供液，由两个换向阀分别加以控制。液压泵站布置在司机座后面，油箱布置在司机座下面的机器底盘上。

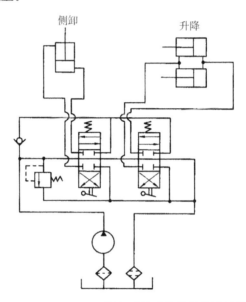

图 21-4　ZC—60B 型侧卸式铲斗装载机的液压系统

21.3　蟹爪式装载机

21.3.1　概述

前述耙斗装载机与铲斗装载机均属于间断工作的装载机械，故机器生产率的提高受到一定限制。蟹爪装载机的主要特点是能连续装载，生产率较高。其机身一般较低，适合在较矮的巷道中工作，既可以装煤也可以装较硬的岩石。在使用效果较好的巷道掘进机上，大多采用蟹爪装载机构。

图 21-5 是国产 ZMZ_{2A}—17 型蟹爪装载机的结构简图，它适用于高度 1.4 m 以上、倾角小于 12°、断面 5m² 以上的煤巷或含少量岩石的半煤岩巷道。能装最大块度 300 mm 的物料，但块度在 100 mm 以下时装载效率最高。

蟹爪装载机一般由工作机构 1、转载机构 2、履带行走机构 5、电动机 4 和传动装置等组成。蟹爪装载机的工作原理是靠本身履带行走机构所产生的牵引力，使机头的铲板局部地插入岩堆，并利用装在铲板上的两个蟹爪作有规律的交替运动，将铲板上的物料耙装到机体中间的刮板装载机上，然后装入矿车或其他转运设备。

ZMZ_{2A}—17 型蟹爪装载机整机由一台 17 kW 电动机驱动，经过机械减速，分别驱动两套蟹爪、刮板转载机、履带和液压系统油泵。

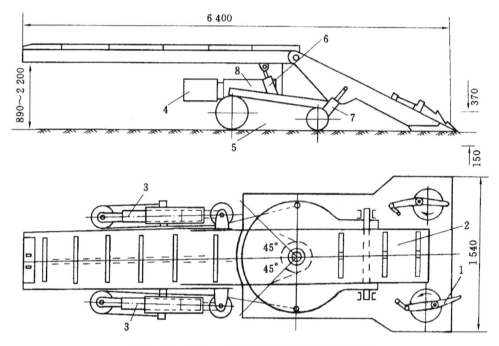

图 21-5　ZMZ_{2A}—17 型蟹爪式装载机结构简图
1—工作机构；2—转载机构；3—回转油缸；4—电动机；5—履带行走机构；
6—后升降油缸；7—前升降油缸；8—主减速器

21.3.2　蟹爪工作机构

如图 21-6 所示，蟹爪工作机构由曲柄圆盘 3、连杆 2 和摇杆 5 组成，连杆 2 前端装有可更换的蟹爪，便于磨损后更换。曲柄圆盘和摇杆都装在铲板 1 上，连杆与曲柄圆盘和摇杆铰接。电动机经减速后驱动曲柄圆盘作整周回转运动，从而驱动连杆作平面运动，将物料耙到转载机 4 上。摇杆作圆弧摆动。当一个蟹爪耙取物料时，另一个蟹爪处于返回行程，因此，两套蟹爪交替地耙取物料，使装载工作连续运行。

铲板下装有两个升降油缸 7 (图 21-7)，可以调节铲板的高度 (向上高出履带底面 0~370 mm，向下低于 0~150 mm)，以适应底板的起伏。

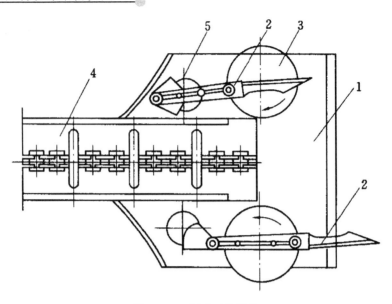

图 21-6　蟹爪工作机构
1—铲板；2—连杆；3—曲柄圆盘；4—转载机；5—摇杆

21.3.3　转载机构

ZMZ$_{2A}$—17 型蟹爪装载机的转载机构是一台单链刮板输送机，它是与蟹爪工作机构联动的，即与蟹爪同时开动或同时停止。

在两个后升降油缸 6（图 21-5）的作用下，转载机尾部的卸载高度可在 890～2 200 mm 之间调节。转载机中部槽帮两侧装有两个油缸 3，通过滑轮和钢丝绳，可使转载机尾部向左或向右摆动，摆动范围各为 0°～45°，以改变卸载位置。

21.3.4　履带行走机构

履带行走机构由左、右两条履带组成。电动机经减速后驱动履带链轮，操纵减速箱内的摩擦离合器可使装载机前进或后退。制动一条履带，开动另一条履带可实现装载机转弯。

ZMZ$_{2A}$—17 型蟹爪装载机采用单电动机驱动方式，机械传动系统复杂，检查和维修不方便。除此方式外，还有采用分别驱动方式的。如 ZB—150 型蟹爪装载机，其每条履带、每套蟹爪机构均由单独的电动机驱动，这样机械传动系统较为简单，还可以一正一反地开动两条履带而实现快速转弯。ZS—66 型蟹爪装载机采用全液压驱动方式，即由电动机带动一台径向柱塞泵，该泵向分别驱动的每条履带、每套蟹爪工作机构及刮板转载机的油马达供油。

思　考　题

1. 装载机械有哪些类型？
2. 说明耙斗装载机的主要组成部分和工作原理。
3. 侧卸式铲斗装载机是如何工作的？
4. 说明蟹爪装载机的主要组成部分和工作方法。

第22章

掘进机

22.1 概述

掘进机是具有截割、装载、转载煤岩，并能自己行走，具有喷雾降尘等功能，以机械方式破落煤岩的掘进设备，有的还具有支护功能。比钻爆法掘进有许多优点：掘进速度高，成本低；围岩不易破坏，利于支护，减少冒顶和瓦斯突出，减少超挖量；改善劳动条件，提高生产的安全性。

掘进机根据所掘断面的形状分为全断面掘进机和部分断面掘进机。全断面掘进机也称岩巷掘进机，其工作机构沿整个工作面同时切割或滚压破碎煤岩并连续推进，掘出的断面形状多为圆形，主要用于工程涵洞及隧道的岩石掘进，在煤矿中应用较少。

部分断面掘进机主要用于煤与煤—岩巷道掘进。这种掘进机工作机构仅能同时截割工作面的一部分，工作机构前端的截割头在截割断面时，经过上下左右多次连续移动，逐步完成全断面煤岩的破碎，掘进机才向前推进一段距离。工作机构的截割头一般安装在悬臂上，通常又称为悬臂式掘进机，其对各种复杂矿山地质条件适应性强，也有很大的机动性，所掘巷道断面面积和形状变化较大，可掘出拱形、梯形、矩形断面的巷道。

22.2 部分断面掘进机

由于部分断面掘进机具有生产效率高、掘进速度快、适应性强、调动灵活等优点，目前已成为各主要产煤国家不可缺少的生产设备，发展很快。我国目前也有了几种定型产品，掘进机的使用数量也在逐年增多。

22.2.1 部分断面掘进机的组成和工作原理

1. 主要组成及作用

部分断面掘进机一般均由工作机构、装载和转运机构、行走机构以及液压、电气系统、喷雾灭尘系统组成，其总体结构如图 22-1 所示，其主要组成部分及作用有以下几个。

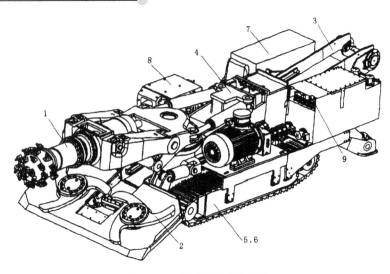

图 22-1　掘进机的总体结构

1—截割机构；2—装载机构；3—输送机构；4—机架及回转台；5—行走机构；

6—液压系统；7—电气系统；8—供水系统；9—操作台

1) 截割机构

截割头、截割电动机与截割减速器的壳体相连接，共同组成了截割悬臂。工作时，电动机通过减速器驱动截割头旋转，利用装在截割头上的截齿破碎煤岩。截割头纵向推进力由伸缩悬臂的推进液压缸（或行走履带）提供。悬臂支撑机构中的升降或回转液压缸可驱动悬臂在垂直和水平方向摆动，以截割不同部位的煤岩，掘出所需形状和尺寸的断面。

2) 装运机构

由装载机构和中间刮板输送机组成。电动机经减速后驱动刮板链和蟹爪或星轮，将截割破碎下来的煤岩集中装载、转运到机器后面的转载机或其他运输设备中，运出工作面。

3) 行走机构

驱动悬臂式掘进机前进、后退和转弯并能在掘进作业时使机器向前推进。

4) 液压系统

液压系统包括泵站、控制阀组、液压缸、马达及辅助液压元件，用以提供压力油，驱动和控制各液压缸及马达，使机器实现相应的动作，并进行液压保护。

5) 电气系统

电气系统向机器提供动力，驱动和控制机器中的所有电动机、电控装置、照明装置等，并可实现电气保护，是整个机器的动力源。

6) 除尘系统

除尘系统利用抽出式通风和压力水进行内、外喷雾，以清除瓦斯、煤尘，使工作环境卫生及安全。

7) 机架

机架是用来安装、支承和连接上述各机构与系统的部件。

2. 工作原理

悬臂式掘进机按截割头布置方式可分纵轴式（如 EBJ—120TP 型，ELMB 型）和横轴式（如 AM—50 型，EBH—132 型）两种。

1）纵轴式

纵轴式掘进机的截割头轴线与悬臂轴线相重合，截割头多为锥形。工作时，先将截割头钻进煤壁掏槽，然后按一定方式摆动悬臂，直至掘出所需要的断面，其工作原理和方式见图 22-2。掏槽可在巷道断面的任意位置进行，但在悬臂与巷道底板平行时受力状态最好。其最大掏槽深度为截割长度。当巷道断面岩石硬度不同时，应先选择软岩截割，有了自由面后再截割硬岩。截割层状岩石时，则应沿层理方向截割，以降低截割比能耗。一般情况下，采取自上而下或自下而上的顺切方式较为省力。

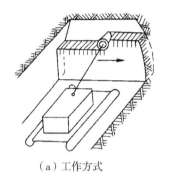
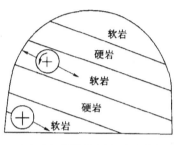

（a）工作方式　　　　　　　　（b）在倾斜煤岩中做选择性截割

图 22-2　纵轴式掘进机的工作方式

截割运动为截割头的旋转和悬臂摆动的合成运动，截齿齿尖的运动轨迹近似为平面摆线。工作时，截割头上受有截割反力和用来使截齿保持截割状态的进给力（掏槽时，由行走履带或推进液压缸产生的沿悬臂轴线方向的进给力；横摆截割时，则由回转液压缸产生的与摆动方向相同的进给力），两者近乎保持垂直关系，使得所需要的进给力较小。若悬臂的摆动力大，进给力就大，使截齿摩擦增大，若截割力不足，截割头就会卡住；若摆动力过小，截齿无法切入煤岩壁足够深度，只能在煤岩壁表面上切削而产生粉尘，并使截齿磨损加剧。现代掘进机多通过液压调节装置自动调整悬臂的摆动力和摆动速度，使进给力和截割力相适应，取得良好的截割效果。由于截割力的方向与悬臂轴线相垂直，对机器产生绕其纵轴线的扭转力矩（倾覆力矩），因此不利于机器的稳定工作。

纵轴式掘进机多采用锥形截割头，其结构简单，容易实现内喷雾，较易切出光滑轮廓的巷道，便于用截割头开挖水沟和柱窝。截割头上既可安装扁形截齿，也可安装锥形截齿。截割硬岩时，锥形截齿的寿命比扁形截齿长。一般情况下，纵轴式截割头破碎的煤岩向两侧堆积，需用截割头在工作面下部进行辅助装载作业，影响装载效果。由于截割头是埋在被切煤岩中工作，且转速低，因而产尘量较少。

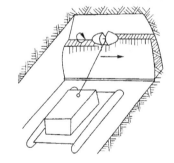

2）横轴式

该种掘进机的截割头轴线与悬臂轴线相垂直（图22-3），工作时也是先进行掏槽截割。掏槽进给力来自行走机构，最大掏槽深度为截割头直径的2/3。掏槽时，截割头需做短幅摆动，以截割位于两半截割头中间部分的煤

图 22-3　横轴式掘进机的工作方式

岩，因而使得操作较复杂。掏槽可在工作面上部或下部进行，但截割硬岩时应尽可能在工作面上部掏槽。截割悬臂的摆动方式与纵轴式相同。

横摆截割时，截齿齿尖的运动轨迹近似为空间螺旋线，截割力的方向近乎沿着悬臂的轴线，进给力的方向和截割力的方向近乎一致，与摆动方向近乎垂直，摆动力不作用在进给方向上，进给力主要取决于截割力，所以，掏槽截割时所需的进给力（推进力）较大，横摆截割时所需要的摆动力较小。由于进给力来自行走履带，使得行走机构需要较大的驱动力，且需频繁开动，磨损加剧。

虽然截割反力使机器产生向后的推力和作用在截割头上向上的分力，但可被较大的机重所平衡，因而不会产生倾覆力矩，机器工作时的稳定性较好。

横轴式截割头的形状近似为双半球形，不易切出光滑轮廓的巷道，也不能利用截割头开挖水沟和柱窝。横轴式截割头上多安装锥形截齿，齿尖的运动方向和煤体的下落方向相同，易将切下的煤岩推到铲板上及时装载运走，装载效率较高。但截割头的转速高、齿数较多，且不被煤岩体所包埋，因而产尘量较多。

综上所述，纵轴式和横轴式掘进机各有优缺点，应结合煤矿地质条件和机器的性能加以选用。近年来，国外厂家已设计出可安装两种截割头的掘进机，以增强机器的适应能力。

总之，两种形式的掘进机在工作时都是利用电动机通过减速器驱动装有截齿的截割头旋转，在推进液压缸或行走履带的配合下将截割头切入煤岩壁（掏槽）后，在按一定方式摆动截割头直至掘出所要求形状和尺寸的巷道断面。被截割头切落下来的煤岩由装运机构收集、转运至后面的配套运输设备。在切割作业的同时，开动喷雾除尘系统，以消除截割煤岩时所产生的粉尘。电气系统中的电动机用来向机器提供动力，与液压系统中的执行元件（液压马达和液压缸）相配合，使机器实现相应的动作，完成预定的功能。电气与液压控制和保护装置用来控制机器各个动作，自动调整机器的工作状态，并起过载保护等作用。

22.2.2　主要部件的结构

1. 截割机构
由截割头、截割减速器、电动机、悬臂伸缩装置和回转台等组成。

1）截割头

截割头是掘进机上直接截割破碎煤岩的旋转部件，主要由截割头体、螺旋叶片和截齿座等组成。在齿座里装有截齿，叶片（或头体）上焊有安装内喷雾喷嘴用的喷嘴座。

纵轴式截割头（如图22-4所示）头体为组焊式结构，在头体上焊有截齿座和喷嘴座。头体内设有内喷雾水道，截割头通过键与主轴相连。截割头的外形轮廓有球形、球柱形、球锥形和球锥柱形四种，以球锥形截割头的截齿受力较为合理，因而得到了较多的应用。

横轴式截割头（如图22-5所示）的头体多为厚钢板的组焊结构或镙钉连接结构，由左右对称的两个半体组成。在头体上焊有齿座和喷嘴座，在头体内开有内喷雾水道，装有配水装置。截割头体通过涨套式联轴器同减速器输出轴相连，可起过载保护作用。截割头的形状较为复杂，其外形的包络面（线）一般是由几段不同曲面（线）组合而成的。横轴式截割头的截齿数量较多，且按空间螺旋线方式分布在截割头体上。螺旋线的旋向为左截割头右旋、右截割头左旋，这样可将截落的煤岩抛向两个截割头的中间，改善截齿的受力状况，提高装载效果。

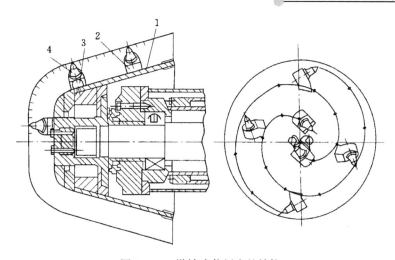

图22-4　纵轴式截割头的结构

1—截割头体；2—截齿座；3—喷嘴座；4—截齿

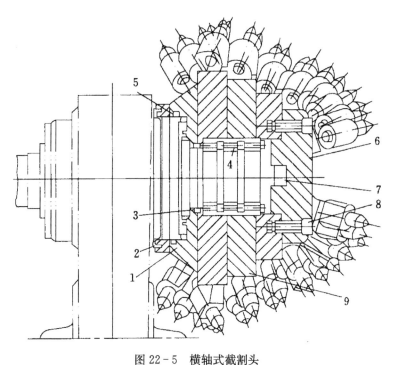

图22-5　横轴式截割头

1—截割头体；2—迷宫环；3—O形密封圈；4—涨套联轴器；
5—防尘圈；6—截割头端盘；7—连接键；8—螺钉；9—注油嘴

2）截割减速器

截割减速器的作用是将电动机的运动和动力传递到截割头。由于截割头工作时承受较大的冲击载荷，因此要求减速器可靠性高、过载能力大；其箱体作为悬臂的一部分，应有较大的刚性，连接螺栓应有可靠的防松装置；减速器最好能实现变速，以适应煤岩硬度的变化，增强掘进机的适应能力。常用的传动形式有：圆锥—圆柱齿轮传动、圆柱齿轮传动和二级行星齿轮传动，其传动形式如图22-6所示。

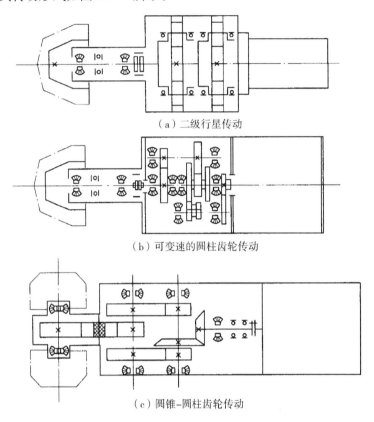

（a）二级行星传动

（b）可变速的圆柱齿轮传动

（c）圆锥—圆柱齿轮传动

图22-6 掘进机工作机构传动系统

二级行星传动可实现同轴传动，速比大，结构紧凑，传动功率大，多用于纵轴式截割头；圆锥—圆柱齿轮传动的结构简单，能承受大的冲击载荷，易实现机械过载保护，多用于横轴式截割头；实现截割头变速的圆柱齿轮传动，减速箱结构复杂，体积和重量较大。

3）悬臂伸缩装置

掘进机掘进时，截割头切入煤壁的方式有两种。一种是利用行走机构向前推进，使截割头切入，这种方式的截割头悬臂不能伸缩，结构比较简单，但行走机构移动频繁；另一种是截割头悬臂可以伸缩，一般是利用液压缸的推力使截割头沿悬臂上的导轨移动，使截割头切入煤壁，履带不需移动。

伸缩悬臂有内伸缩和外伸缩两种。

内伸缩悬臂的结构如图22-7所示，主要由花键套、内外伸缩套、保护套、主轴等组成。截割减速器的输出轴上连接有内花键套，主轴的右端开有外花键，并插入花键套内。主轴的左端通过花键和定位螺钉与截割头相联，使减速器的输出轴驱动截割头旋转。保护套和内伸缩套同截割头相联，但不随截割头转动。外伸缩套则和减速器箱体固联。推进液压缸的前端和保护套相联，后端和电动机壳体相联，在其作用下，保护套带动截割头、主轴和内伸缩套相对于外伸缩套前后移动，实现悬臂的伸缩。这种悬臂的结构尺寸小，移动部件的重量轻，移动阻力较小，有利于机器的稳定。但需要较长的花键轴，加工较难，结构也比较复杂。

外伸缩悬臂的结构如图22－8所示，主要由导轨架、工作臂和推进液压缸等组成。推进液压缸的前端和工作臂相连，后端和导轨架相连。在其作用下，工作臂可相对导轨架做伸缩运动。此种悬臂的结构尺寸和移动重量较大，推进阻力大，不利于机器的工作稳定性，但其结构简单，伸缩部件加工容易，精度要求较低。

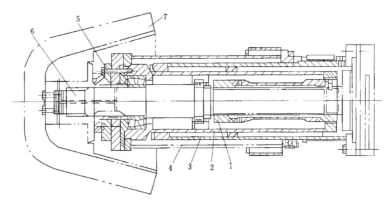

图22－7　内伸缩悬臂

1—花键套；2—内伸缩套；3—外伸缩套；4—保护套；5—定位螺钉；6—主轴；7—截割头

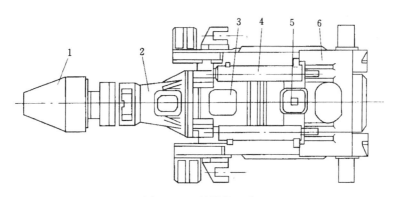

图22－8　外伸缩悬臂

1—截割头；2—工作臂；3—行星减速器；4—推进液压缸；5—电动机；6—导轨架

4）回转台

回转台是悬臂支撑机构中的主要部件，位于机器的中央。它连接左右履带架，支撑悬臂，实现悬臂的回转、升降运动，承受着复杂的交变冲击载荷。它主要由回转体、回转支承、回转座和回转液压缸组成。回转体和悬臂铰接，回转座固联于机架上，在回转体和回转座中间装有回转支撑。工作时，截割反力通过回转台传到机架上。回转台也是一个将悬臂工作机构和其他机构（装运、行走等机构）相连的连接部件。

回转台的传动方式有齿条液压缸式和液压缸推拉式。齿条液压缸式的传动原理见图22－9（a），它是利用齿条液压缸推动装在回转体上的齿轮带动回转体转动的，其回转力矩和转角无关。液压缸推拉式的结构和传动原理见图22－9（b）。对称布置的两个回转液压缸的后端和机架相连，前端和回转体相连。工作时一推一拉带动回转体转动，其回转力矩和转角有关：当悬臂位于机器的纵向轴线位置时回转力矩最大，向两边回转时逐渐减小。

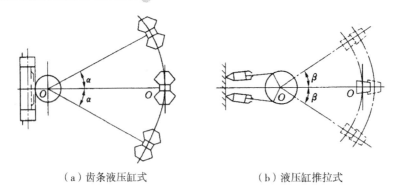

（a）齿条液压缸式　　　　　　　　　　（b）液压缸推拉式

图 22-9　回转台的传动原理

　　AM50 型掘进机采用的是齿条液压缸式回转台（图 22-10）。回转体（盘形支座 2）的下端装有回转齿轮 6，在盘形支座和回转座（十字构件 1）间装有圆盘止推轴承 3，盘形支座的下部和十字构件间装有球面滚子轴承 4，截割反力即通过这两个轴承传递到回转座（十字构件 1）和机架上。回转液压缸中的活塞推动和齿轮相啮合的齿条移动即可带动回转体（盘形支座 2）及铰接于其上的悬臂摆动。

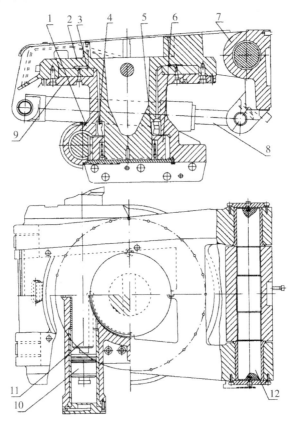

图 22-10　齿条液压缸式回转台

1—十字构件；2—盘形支座；3—圆盘止推轴承；4—球面滚子轴承；5—涨套联轴器；6—回转齿轮；
7—悬臂基座；8—升降液压缸；9—支承法兰；10—回转液压缸活塞；11—齿条；12—长轴

2. 装载与转运机构

装运机构由装载机构和中间刮板输送机组成。装载机构由电动机（或液压马达）、传动齿轮箱、安全联轴器、集料装置、铲装板等组成。铲板是基体，倾斜安装在主机架前端，后部与中间输送机连接，前端与巷道底板相接触，靠液压缸推动可做上下摆动。为增加装载宽度，有的铲板装有左右副铲板，有的则借助一个水平液压缸推动铲板左右摆动。铲板上装有集料装置，由铲板下面的传动齿轮箱带动。

部分断面掘进机所采用的装载机构有：蟹爪式、刮板式和圆盘星轮式 3 种，见图 22-11。蟹爪式装载机构［图 22-11（a）］，能调整蟹爪的运动轨迹，可将煤岩准确运至中间刮板输送机，生产率高，结构简单，工作可靠，应用较多；刮板式装载机构［图 22-11（b），（c），（d）］，可形成封闭运动，装载宽度大，但机构复杂，装载效果差，应用较少；圆盘星轮式装载机构［图 22-11（e）］，工作平稳，动载荷小，装载效果好，使用寿命长，多用于中型和重型机。

部分断面掘进机一般有两级转载机，即中间刮板输送机和皮带转载机。装载机构与中间刮板输送机组成装运机构，多数掘进机的装运机构采用装—运联动，由共同的电动机或液压马达驱动，装运机构的驱动方式有前驱动和后驱动两种，见图 22-12。

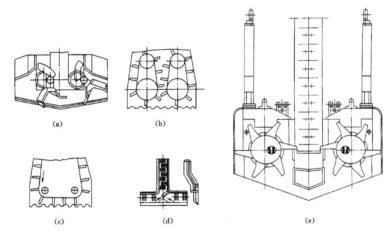

图 22-11　装载机构的形式
(a) 蟹爪式；(b)，(c)，(d) 刮板式；(e) 圆盘星轮式

前驱动［图 22-12（a）］，将电动机或马达及减速器布置在铲台的后下部，利用蟹爪曲柄圆盘（或星轮圆盘）下的圆锥齿轮带动装在中间轴上的刮板输送机主动链轮。后驱动［图 22-12（b）］，将电动机或马达及减速器置于中间刮板输送机的后部，由刮板机的从动链轮轴经联轴器把动力传给装载机构中的小圆锥齿轮，再经大锥齿轮带动圆盘转动。

掘进机的第二级转载机一般采用皮带输送机，其作用是将中间刮板输送机运出的煤岩转运至掘进机的配套运输设备中去。为了卸载方便，皮带转载机卸载端一般可水平摆动和垂直升降。

3. 行走机构

部分断面巷道掘进机一般采用履带行走机构，这是因为履带行走机构具有牵引能力大、机动性好、工作可靠和对底板适应性好等优点。履带行走机构不仅是驱动掘进机行走的工作装置，又是整台掘进机各部件的连接、支承基础。为使掘进机调动灵活，两条履带大都采用分别驱动的传动方式。

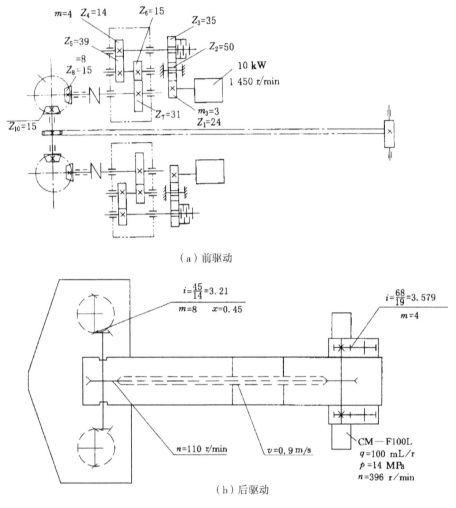

（a）前驱动

（b）后驱动

图 22-12 装运机构的驱动方式

4. 液压系统

部分断面掘进机工作机构水平和上下摆动，装载机构和转载机构的升降和水平摆动及机器的支承等，一般均采用液压泵—液压缸系统来实现。另外，除工作机构要求耐冲击、有较大的过载能力而采用电动机单独驱动外，其他机构如装运机构、转载机构、履带行走机构也可以用液压泵—液压马达系统驱动。液压驱动操作简单、调速方便、易于实现过载保护。

22.2.3 EBJ—120TP 型掘进机

1. 概述

煤科总院太原分院的 EBJ—120TP 型掘进机为中型悬臂式部分断面掘进机，适应巷道断面 9～18 m²、坡度±16°、可截割单向抗压强度≤60 MPa 的煤岩，且实际使用效果好，在我国的各个煤矿均有使用。

该机具有以下特点。

① 机身矮，结构紧凑，适合于中等断面巷道的掘进。

② 采用小直径的截割头，单刀力大，破岩能力强，截割稳定性好。

③ 采用新工艺生产的截齿，其强度高、耐磨、损耗小。

④ 采用液压马达直接驱动星轮装载机构，取消了减速器，提高了装载机构的可靠性。

⑤ 采用无支重轮履带行走机构，性能可靠，维护量小。

⑥ 液压系统采用自动补油系统、全封闭油箱，确保了油液清洁度。

⑦ 电气系统采用了可编程控制器（PLC），并采用电子保护和断路器保护相结合的方式，保护功能强。

⑧ 设置了独立的液压锚杆钻机动力源，可以同时驱动两台锚杆钻机，省去了锚杆钻机自身配置的动力源。

EBJ—120TP型掘进机型号意义：E—掘进设备；B—悬臂式掘进机；J—纵轴式截割机构；120—截割机构功率；TP—设计代号。其主要由截割部、装载部、刮板输送机、机架和回转台、履带行走部、油箱、操作台、泵站及电控箱等组成，如图22-13所示。

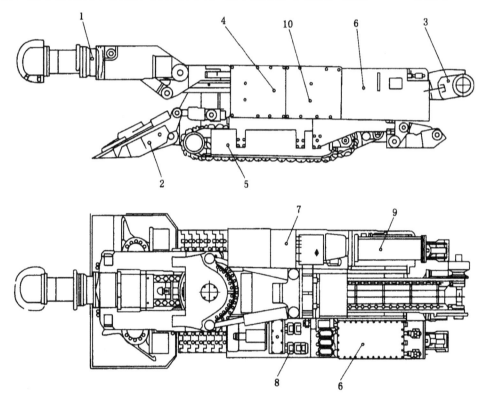

图 22-13 EBJ—120TP型掘进机总体结构

1—截割部；2—装载部；3—刮板输送机；4—机架和回转台；

5—履带行走部；6—油箱；7—操作台；8—泵站；9—电控箱；10—护板总成

EBJ—120TP型掘进机总体参数如下：

机长   8.6 m

机宽   2.1 m

机高	1.55 m
地隙	250 mm
截割卧底深度	240 mm
接地比压	0.14 MPa
机重	35 t
总功率	190 kW
可经济截割煤岩单向抗压强度	≤60 MPa
可掘巷道断面	9～18 m²
最大可掘高度	3.75 m
最大可掘宽度	5.0 m
适应巷道坡度	±16°
机器供电电压	660/1 140 V

2. 主要结构及原理

1）截割部

截割部又称工作机构，主要由截割电动机、叉形架、二级行星轮减速器、悬臂段、截割头（有大小两种规格，供用户选择）组成，结构如图 22-14 所示。

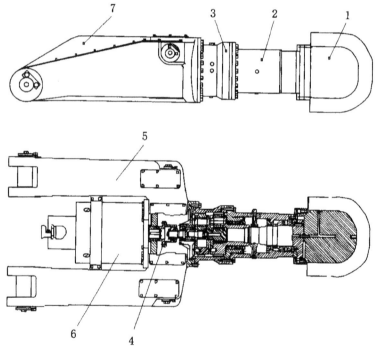

图 22-14　EBJ—120TP 截割部

1—截割头；2—悬臂段；3—二级行星轮减速器；4—齿轮联轴器；5—叉形架；

6—截割电动机；7—电动机护板

截割部为二级行星齿轮传动。行星齿轮减速器结构如图 22-15 所示，由 120 kW 的水冷电动机输入动力，经齿轮联轴器传至二级行星轮减速器，经悬臂段主轴，将动力传给截割头，从而达到破碎煤岩的目的。小截割头最大直径为 700 mm，在其周围安装 27 个强力镐形截齿，由于其破岩过断层能力强，所以主要用于半煤岩巷的掘进；大截割头设计为截锥体形状，最大直径为 960 mm，在其周围安装 33 个强力镐形截齿，适用于煤巷掘进。两种截割头可以互换，用户可以根据需要选用。

整个截割部通过一个叉形框架、两个销轴铰接于回转台上。借助安装于截割部和回转台之间的两个升降油缸，以及安装于回转台与机架之间的两个回转油缸，实现整个截割部的升、降和回转运动，截割出任意形状的巷道断面。

2）装载部

装载部结构如图 22-16 所示，主要由铲板及左右对称的驱动装置组成，通过低速大扭矩液压马达直接驱动三爪转盘向内转动，实现装载煤岩的目的。铲板设计有宽（2.8 m）、窄（2.5 m）两种规格。

装载部安装于机器的前端，通过一对销轴和铲板左右升降油缸铰接于主机架上。在铲板油缸的作用下，铲板绕销轴上、下摆动，可向上抬起 360 mm，向下卧底 250 mm。当机器截割煤岩时，应使铲板前端紧贴地板，以增加机器的截割稳定性。

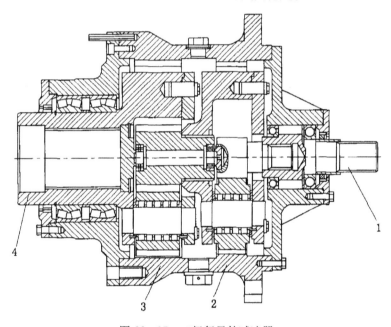

图 22-15　二级行星轮减速器

1—输入轴；2——级行星机构；3—二级行星机构；4—输出轴

3）刮板输送机

刮板输送机主要由机前部、机后部、驱动装置、边双链刮板、张紧装置和脱链器组成，结构如图 22-17 所示。

刮板输送机位于机前中部，前端与主机架和铲板铰接，后部托在机架上。机架在该处设有可拆装的垫块，根据需要，刮板输送机后部可垫高，增加刮板输送机的卸载高度。

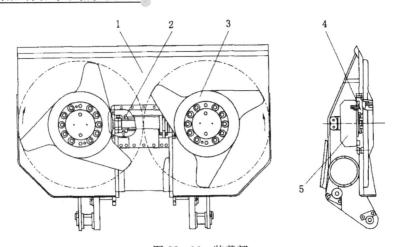

图 22-16 装载部

1—铲板；2—板输送机改向链轮组；3—三爪转盘；4—驱动装置；5—液压马达

刮板输送机采用低速大扭矩液压马达直接驱动，刮板链条的张紧通过安装在输送机尾部的张紧油缸来实现。

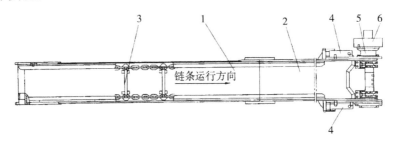

图 22-17 刮板输送机

1—机前部；2—机后部；3—边双链刮板；4—张紧装置；5—驱动装置；6—液压马达

4）行走部

EBJ—120TP 型掘进机采用履带式行走机构。左、右履带行走机构对称布置，分别驱动，并通过高强度螺栓与机架相连。左、右履带行走机构各由液压马达经三级齿轮和二级行星齿轮传动减速后，将动力传给主动链轮，驱动履带行走。

左履带行走机构的结构如图 22-18 所示。左履带行走机构主要由导向张紧装置、左履带架、履带链、左行走减速器、摩擦片式制动器等组成。摩擦片式制动器为弹簧常闭式，当机器行走时，泵站向行走液压马达供油的同时，向摩擦片式制动器提供压力油推动活塞，压缩弹簧，使摩擦片式制动器解除制动。

该机工作行走速度为 3 m/min，调动行走速度为 6 m/min，其机械传动系统如图 22-19 所示。通过使用黄油枪向安装在导向张紧装置油缸上的注油嘴注入油脂，来完成履带链的张紧，调整完毕后，装入适量垫板及一块锁板，拧松注油嘴螺塞，泄除油缸内压力后再拧紧该螺塞，使张紧油缸活塞不承受张紧力。

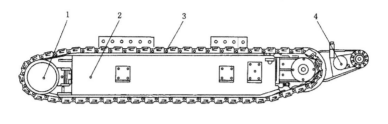

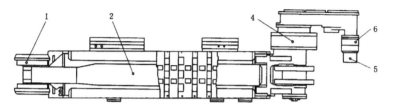

图 22-18 左履带行走机构

1—导向张紧装置；2—履带架；3—履带链；4—行走减速器；5—行走液压马达；
6—摩擦片式制动器

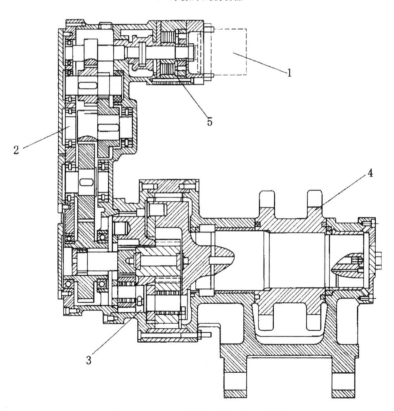

图 22-19 左履带行走机构减速器

1—液压马达；2—三级圆柱齿轮减速箱；3—二级行星减速箱；4—主链轮；5—制动器

5）机架和回转台

机架是整个机器的骨架，其结构如图 22-20 所示。它承受着来自截割、行走和装载的各种载荷。机器中的各部件均用螺栓、销轴及止口与机架连接，机架为焊件。回转台主要用于支承、连接并实现截割机构的升降和回转运动。回转台座在机架上，通过大型回转轴承用止口、高强度螺栓与机架相连。工作时，在回转油缸的作用下，带动截割机构水平运动。截割机构的升降是通过回转台支座上左、右耳轴铰接相连的两个升降油缸实现的。左、右后支撑腿是通过油缸及销轴分别与后机架连接，它的作用有：

① 截割时使用，以增加机器的稳定性；

② 窝机时使用，以便履带下垫板自救；

③ 履带链断链及张紧时使用，以便操作；

④ 卧底时使用，抬起机器后部，以增加卧底深度。

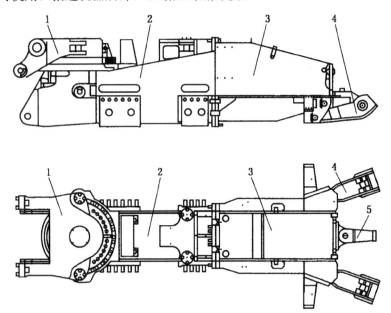

图 22-20　机架和回转台

1—回转台；2—前机架；3—后机架；4—后支撑腿；5—转载机连接板

6）液压系统

EBJ—120TP 型掘进机除截割头的旋转运动外，其余各部分均采用液压传动。液压系统如图 22-21 所示。主泵站由一台 55 kW 的电动机通过同步齿轮箱驱动一台双联齿轮泵和一台三联齿轮泵（转向相反），同时分别向油缸回路、行走回路、装载回路、输送机回路、皮带转载机回路供压力油，主系统由五个独立的开式系统组成。该机还设有液压锚杆钻机泵站，可同时为两台锚杆钻机提供压力油，另外系统还设置了文丘里管补油系统为油箱补油，避免了补油时对油箱的污染。

（1）油缸回路

油缸回路采用双联齿轮泵的后泵（40 泵）通过四联多路换向阀分别向 4 组油缸（截割升降，截割回转，铲板升降，后支撑油缸）供压力油。油缸回路工作压力由四联多路换向阀阀体内自带的溢流阀调定，其额定工作压力为 16 MPa。截割升降、铲板升降和后支撑各两个油缸，它们各自两活塞腔并接，两活塞杆腔并接。而截割机构两个回转油缸为一个油缸的活塞腔与另一油缸的活塞杆腔并接。

为使截割头、支撑油缸能在任何位置上锁定，不致因换向阀及管路的漏损而改变其位置，或因油管破裂造成事故，以及防止截割头、铲板下降过速，使其下降平稳，在各回路中装有平衡阀。

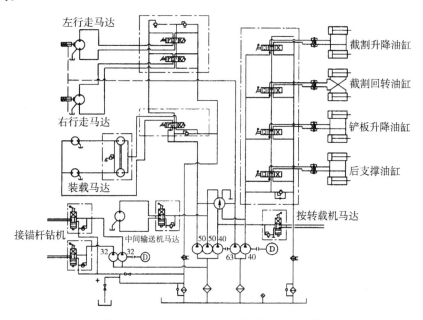

左行走马达
右行走马达
装载马达
接锚杆钻机
中间输送机马达
按转载机马达
截割升降油缸
截割回转油缸
铲板升降油缸
后支撑油缸

图 22-21 EBJ—120TP 型掘进机液压系统

(2) 行走回路

行走回路由双联齿轮泵的前泵（63泵）向两个液压马达供油，驱动机器行走，行走速度为 3 m/min；当装载转盘不运转时，供装载回路的 50 泵自动并入行走回路，此时的两个齿轮泵（63泵和 50 泵）同时向行走马达供油，实现快速行走，其行走速度为 6 m/min。系统额定工作压力为 16 MPa。回路工作压力由装在两联多路换向阀阀体内的溢流阀调定。

根据该机器液压系统的特点，行走回路的工作压力调定时，必须先将装载转盘开动。快速行走时，由于并入了装载回路的 50 泵，其系统额定工作压力为 14 MPa。

通过操作多路换向阀手柄来控制行走马达的正、反转，实现机器的前进、后退和转弯。机器要转弯时，最好同时操作两片换向阀（使一片阀的手柄处于前进位置，另一片阀手柄处于后退位置）。除非特殊情况，尽量不要操作一片换向阀来实现机器转弯。

防滑制动使用摩擦制动器来实现。制动器的开启由液压控制，其开启压力为 3MPa。制动油缸的油压力由多路换向阀控制。行走回路不工作时，由于弹簧力的作用，制动器处于闭锁制动状态。

(3) 装载回路

装载回路由三联齿轮泵的前泵（50泵），通过一个齿轮分流器分别向 2 个液压马达供油，用一个手动换向阀控制马达的正、反转。该系统的额定工作压力为 14 MPa，通过调节换向阀体上的溢流阀来实现。齿轮分流器内的两个溢流阀的调定压力均为 16 MPa。

(4) 输送机回路

输送机回路由三联齿轮泵的中泵（50泵）向中间输送机马达供油，用一个手动换向阀控制马达的正、反转。系统额定工作压力为 14 MPa，通过调节换向阀体上的溢流阀来实现。

（5）转载机回路

转载机回路由三联齿轮泵的后泵（40 泵）向转载马达供油，通过一手动换向阀来控制马达的正、反转。系统额定工作压力为 10 MPa，通过调节换向阀体上的溢流阀来实现。

（6）锚杆钻机回路

锚杆钻机回路由一台 15 kW 电动机驱动一台双联齿轮泵，通过两个手动换向阀，同时向两台液压锚杆钻机供油。系统额定工作压力为 10 MPa，通过调节换向阀体上的溢流阀来实现。

（7）油箱补油回路

油箱补油回路由两个截止阀、文丘里管和接头等辅助元件组成，为油箱加补液压油。如图 22 - 22 所示，补油系统并接在锚杆钻机回路的回油管路上（若掘进机没设置锚杆钻机泵站，则补油系统并接在运输回路或转载机回路的回油管路上）。当需要向油箱补油时，截止阀 2 关闭，截止阀 3 开启，油液经过文丘里管时，在 A 口产生负压，通过插入装油容器 5 内的吸油管吸入，将油补入油箱。在补油系统不工作时，务必将截止阀 3 关闭，截止阀 2 开启。

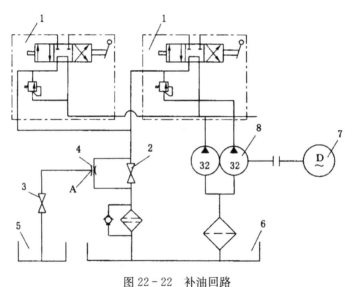

图 22 - 22　补油回路

1—换向阀；2，3—截止；4—文丘里管；5—装油容器；6—油箱；

7—电动机；8—双联齿轮泵

7）内、外喷雾冷却除尘系统

EBJ—120TP 型掘进机内、外喷雾冷却除尘系统主要用于灭尘、截齿降温、消灭火花、冷却掘进机截割电动机及油箱，提高工作面能见度，改善工作环境，消除安全隐患，如图 22 - 23 所示。压力为 3 MPa 的水通过粗过滤后，进入总进液阀 2 后，一路经减压阀减至 1.5 MPa 后，冷却油箱和截割电机，再引至前面雾状喷嘴架处喷出；另一路不经减压阀的高压水，引至悬臂段上的内喷雾系统的雾状喷嘴喷出。当没有内喷雾时，此路水引至叉形架前方左、右两边的加强型外喷雾处的线型喷嘴喷出。

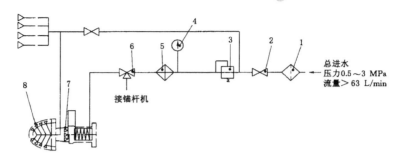

图 22-23　EBJ—120TP 型掘进机内、外喷雾冷却除尘系统
1—过滤器；2—球阀；3—减压阀；4—压力表；5—油箱冷却器；6—球阀；
7—雾状喷嘴；8—线型喷嘴

22.2.4　EBH—315 型掘进机

EBH—315 型掘进机是一种横轴式特重型掘进机，主要用于岩巷掘进。该机多项技术在国内外处于领先地位，代表了国内掘进机的发展趋势，适用于各种类型底板的巷道掘进，也可用于铁路、公路、水利工程等隧道施工。其特点如下。

① 横轴式截割部采用新型伸缩机构，具有结构简单、刚性好、可靠性高等优点，配有横轴式截割头，截割过程中充分利用自身重量，使截割稳定性好，截割能力强。

② 采用双齿条回转机构，继承了传统齿轮齿条式回转机构的优点，使齿轮齿条可靠性大幅提高。

③ 具有完善的整机工况系统和完善的数据存储、回调及故障诊断系统。采用多样化的遥控装置，使司机在远离掘进机工作现场 30 m 以上，对掘进机全部功能进行操作控制。

EBH—315 型掘进机主要由截割部、装载部、刮板输送机、左右行走部、机架和回转台、液压系统、水系统及电气系统等八部分组成，如图 22-24 所示。

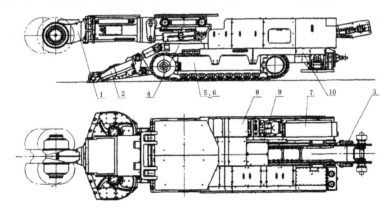

图 22-24　EBH—315 型掘进机
1—截割部；2—装载部；3—刮板输送机；4—机架和回转台；5—左行走部；
6—右行走部；7—电气系统；8—液压系统；9—水系统；10—护板总成

截割部是掘进机的核心机构，主要由伸缩部、截割减速器、左右截割头、连接销、高强度连接螺栓等零部件组成，如图 22-25 所示。连接销轴将整个截割机构连接到机架回转台上，通过油缸实现截割头的上下、左右及伸缩运动。截割头通过高强度螺栓和渐开线花键连接到截割减速器上，截割减速器再通过高强度螺栓和伸缩部连接到一起，伸缩部内电动机的动力经由弹性联轴器传递给截割减速器。

伸缩部内藏式大功率电动机在伸缩油缸的作用下，能够使截割头前伸 500 mm，截割电动机扭矩通过大传动比的截割减速器，将动力输出到左右两侧截割头上，安装在截割头上的截齿截割岩石，完成破碎岩石的工作。

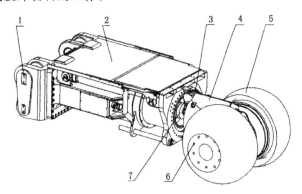

图 22 - 25　EBH—315 型掘进机截割部

1—连接销轴；2—伸缩部；3、6—连接螺栓；4—截割减速器；5—截割头；7—弹性联轴器

截割伸缩部主要由支撑座、拖链、固定护板、悬臂、伸缩油缸、截割电动机、移动护板、前端板等部分组成，如图 22 - 26 所示。伸缩机构的后端支撑座与掘进机回转台连接，前端通过前端板与截割减速器连接。当掘进机伸缩时，通过伸缩油缸推动前端板，前端板与截割电动机通过螺栓连接在一起，前端板将带动截割电动机一起伸缩，截割电动机伸缩过程中通过固定在悬臂的四个导向键导向。其中，拖链的一端固定在悬臂上，另一端连接在截割电动机上，当伸缩时与截割电动机一起移动。拖链用于储存伸缩时所需的电缆、油管、水管等管路。

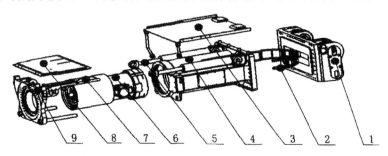

图 22 - 26　EBH—315 型掘进机伸缩部

1—支撑座；2—拖链；3—固定护板；4—悬臂；5—伸缩油缸；6—截割电动机；
7—移动护板；8—托管板；9—前端板

装载部主要由铲板及左右对称的驱动装置组成，通过低速大扭矩液压马达直接驱动三爪星轮转动，装载煤岩。装载部结构如图 22 - 27 所示，该机构具有运行平稳、连续装煤、工作可靠、事故率低等特点。

刮板输送机位于机器中部，前端与主机架和铲板铰接，后部托在机架上。刮板输送机采用低速大扭矩马达直接驱动，在液压回路上设有安全阀，即使有大的岩块卡在龙门上也不会造成机器的损坏，刮板链条的张紧通过在输送机尾部的张紧油缸来实现。

EBH—315 型掘进机采用支重轮履带式行走机构。左、右履带行走机构对称布置，分别驱动，各由高强度螺栓与机架相连。每个行走机构均由液压马达提供动力，经行走减速器驱动链轮和履带链，驱动履带行走。制动器集成在行走减速器内部，为常闭式，当机器行走时，泵站向行走液压马达供油的同时，向减速器内制动器提供压力油，使制动器解除制动。

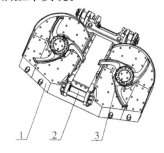

图 22 - 27　EBH—315 型掘进机装载部
1—铲板体；2—转向链轮组；3—三爪星轮

机架是整个机器的骨架，主机架分为前、后机架两个整体钢结构件，其结构如图 22 - 28 所示。它承受着来自切割、行走和装载的各种载荷。机器中各部件均用螺栓或销轴与机架连接。回转台坐在机架上，通过止口、高强度螺栓和螺柱与机架相连。在工作时，齿轮齿条互相啮合来实现截割机构的水平摆动，截割机构的升降是靠连在回转台上的截割油缸来实现的。

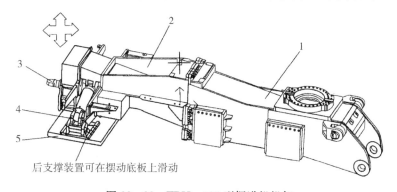

后支撑装置可在摆动底板上滑动

图 22 - 28　EBH—315 型掘进机机架
1—前机架；2—后机架；3—转载机耳架；4—后支撑装置；5—摆动底板

22.3　全断面巷道掘进机

全断面掘进机又称岩巷掘进机，主要用于水利工程、铁路隧道，城市地下交通和矿山主要巷道的掘进。

22.3.1　全断面掘进机的工作原理

采煤机和煤巷掘进机均采用截割刀具破碎煤岩，由于煤和软岩的坚硬度系数 f 在 $4\sim4.5$ 以下，因而截割刀具能够切入煤（岩）体中，使其剥落，刀具也具有一定的使用寿命。岩巷掘进机则是在坚硬度系数 $8\sim12$ 以上的条件下破碎岩石，岩石的抗压强度高达 $200\,\mathrm{MPa}$，在这种条件下已不能使用截割破碎的方式。岩巷掘进机一般采用盘形滚刀破岩，在驱动刀盘运动时，安装在刀盘心轴上的盘形滚刀沿岩壁表面滚动，液压缸将刀盘压向岩壁，从而使滚刀刃面将岩石压碎而切入岩体中。刀盘上的滚刀在岩壁表面挤压出同心凹槽,当凹槽达到一定深度时,相邻两凹槽间的岩石被滚刀剪切成片状碎片剥落下来。在岩渣中,片状碎片约占80%~90%,而岩粉的含量较少。

22.3.2　全断面掘进机的结构

TBM32 型全断面巷道掘进机的总体结构如图 22-29 所示。

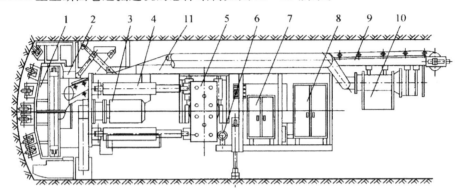

图 22-29　TBM32 型全断面掘进机的结构

1—截割机构;2—机头架;3—传动装置;4—推进液压缸;5—水平支撑机构;6—液压装置;
7—电气设备;8—司机室;9—胶带转载机;10—除尘风机;11—大梁

全断面掘进机由主机和配套系统两大部分组成,主机用于破落岩石、装载、转载;配套系统用于运渣和支护巷道等。主机由截割机构(刀盘)、传动装置、支撑和推进机构、机架、胶带输送机、液压泵站、除尘抽风机和操纵室等组成。配套系统包括运渣运料系统、支护设备、激光指向系统、供电系统、安全装置、供水系统、排水系统和通风降尘系统等。

刀盘 1 在传动装置 3 的驱动下低速转动,刀盘支撑在机头架 2 的大型组合轴承上。掘进机工作时,水平支撑机构 5 撑紧在巷道的两帮,铰接在机头架和水平支撑机构间的推进液压缸 4 以水平支撑力支撑、推动机头架,使刀盘迈步式推进。被滚刀剥落下来的岩渣由装在刀盘上的铲斗铲起装到皮带转载机 9 上。矿渣在运出工作面后,卸入矿车或其他转载设备。滚刀破碎岩石时生成的粉尘则由除尘风机抽出。

1. 刀盘

刀盘工作机构的结构如图 22-30 所示。刀盘 10 是由高强度、耐磨损的锰钢板焊接成的箱形构件。刀盘前盘呈球形,分别装有双刃中心滚刀 1、正滚刀 2、边滚刀 3。铲斗 4 装在刀盘 10 的外缘,铲斗的侧壁上分别装有一个正滚刀和一个边滚刀。刀盘通过组合轴承 6 支承在机头架上,组合轴承的内外圈分别与刀盘和机头架相连接。

盘形滚刀的结构如图 22-31 所示。盘形滚刀是破岩的工具,其质量直接影响机器的破岩能力、掘进速度、效益和可靠性。因此刀圈 3 是由强度高、韧性大、耐磨性高并能承受冲击载荷的模具钢 6Cr4WZMoV 钢锻造的。为提高轴承的承载能力,刀圈直径较大并采用端面密封和永久润滑,刀圈磨钝后,取下卡环 9 即可将刀圈卸下。

盘形滚刀的刀座一般按螺旋线方向布置在刀盘上,相邻两滚刀在径向方向的间距称为截距。截距是刀盘的一个重要参数,直接影响破岩能力和单位能耗,在一定条件下,与刀盘的推压力恰当配合，可以得到最佳的破岩效果。

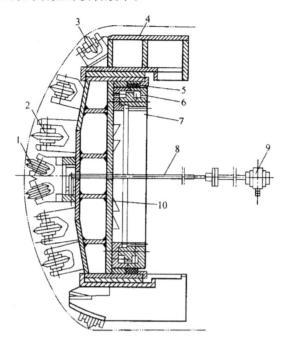

图22-30 刀盘结构

1—中心滚刀；2—正滚刀；3—边滚刀；4—铲斗；5—密封圈；
6—组合轴承；7—内齿圈；8—中心供水管；9—水泵；10—刀盘

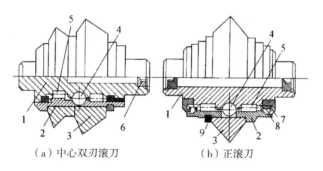

（a）中心双刃滚刀　　　　（b）正滚刀

图22-31 盘形滚刀

1—心轴；2—刀体；3—刀圈；4—钢球；5—滚子；6—堵头；
7，8—金属密封环；9—卡环

2. 刀盘的传动系统

TBM32型全断面巷道掘进机刀盘的传动系统如图22-32所示。机头架两侧的两台电动机，经两级行星齿轮减速器和一级内齿轮的传动，驱动刀盘转动。两台电动机中有一台电动机是两端出轴的，右端出轴经摩擦离合器和液压马达相连，点动液压马达可实现刀盘的微动，调整刀盘入口处的位置，以便司机由入口进入刀盘前端检查和更换刀具。

3. 行走机构

掘进机的行走机构由水平支撑和推进液压缸两部分组成，以实现岩巷掘进机的迈步行走并使刀盘获得足够大的推进力，TBM32型全断面巷道掘进机行走机构的结构如图22-33所示。

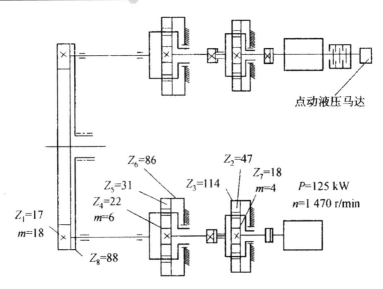

图 22-32　TBM32 型全断面巷道掘进机刀盘传动系统

　　推进缸 1 的缸体与机头架相连，活塞杆则与水平支撑板 3 连接，利用水平支撑缸将支撑板撑紧在巷道的侧帮上，当推进缸活塞腔进油时，便可推动刀盘前进；当刀盘推进一段距离后，支撑缸松开支撑板，向推进液压缸活塞杆腔供油即可将水平支撑机构拖向刀盘。这样，通过推进缸和水平支撑缸的交替动作，便可实现掘进机的迈步行走。

　　斜缸 2 的缸体和活塞杆端分别与鞍座 4 和水平支撑缸铰接，起着浮动支撑的作用。掘进机大梁的导轨和鞍座的导槽相配合，使水平支撑—推进机构以大梁为导向推进。

　　掘进机采用激光导向装置，以确保按预定方向推进。

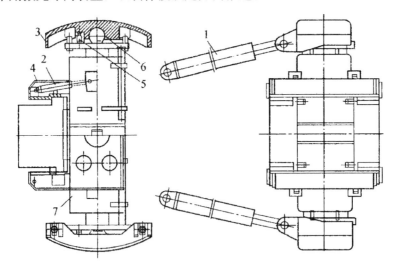

图 22-33　TBM32 型全断面巷道掘进机型掘进机的行走机构

1—推进缸；2—斜缸；3—水平支撑板；4—鞍座；5—复位弹簧；6—球头压盖；7—水平支撑缸

22.4 掘进机的使用与维护

目前，掘进机法进行巷道掘进所占掘进巷道的比例越来越大。如何使掘进机更好地发挥效能，加快巷道掘进速度，是用户十分关注的问题。掘进机性能的正常发挥，不仅取决于机器的质量，更主要的是取决于用户对掘进机的正确操作和良好的日常维护。

22.4.1 拆运安装

1. 机器的拆卸和搬运

掘进机的重量及体积较大，一般情况下，不能够整体下井。因此，下井前应根据井下实际装运条件，视机器的具体结构、重量和尺寸，最小限度地将其分解成若干部分，以便运输、起重和安装。掘进机从设计和制造的角度上，已经考虑到向井下运输时的分解情况，如图 22-34 所示，为 EBJ—120TP 型掘进机整机解体图。解体时，如果井下条件允许，尽可能地保持整体性，解体的数量越少越好，这样，能够减少井下的安装量。

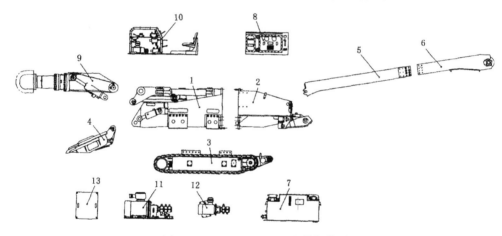

图 22-34 EBJ—120TP 整体解体图

1—前机架；2—后机架；3—履带行走部；4—装载部；5—刮板机机前部；6—刮板机后部；
7—油箱总成；8—电控箱；9—截割部；10—操作台；11—液压泵站；12—锚杆机泵站；13—护板

2. 掘进机拆卸及井下运输注意事项

① 拆装前，必须在地面对所有操作方式进行试运转，确保运转正常。

② 拆卸人员应根据随机技术文件熟悉机器的结构，详细了解各部位连接关系，并准备好起重运输设备和工具，确保拆卸安全。

③ 根据所要通过的巷道断面尺寸（高和宽），决定其设备的分解程度。

④ 机器各部件下井的运输顺序尽量与井下安装顺序一致，避免频繁搬运。

⑤ 对于液压系统及配管部分，必须采取防尘措施。

⑥ 所有未涂油漆的加工面，特别是连接表面下井前应涂上润滑脂；拆后形成的外露连接面应包扎保护以防碰坏。

⑦ 小零件（销子、垫圈、螺母、螺栓、U 形卡等）应与相应的分解部分一起运送。

⑧ 下井前，应在地面仔细检查各部件，发现问题要及时处理。

⑨ 应充分考虑到用平板车运送时，其平板车的承重能力、运送中货物的窜动，以及用钢丝绳固定时防止设备损坏及划伤。

⑩ 为了保证电气元件可靠的工作，电控箱运输时必须装设在掘进机的减震器上。

22.4.2 掘进机井下安装

安装前作好准备工作：应根据掘进机的最大尺寸和部件的最大重量准备一个安装场地，该场地要求平整、坚实，巷道中铺轨、供电、照明、通风、支护良好，在安装巷道的中顶部装设满足要求的起吊设备（足够的起吊能力、足够的起吊高度），在安装巷道的一端安装绞车，二个千斤顶及其他必要的安装工具。安装前应擦洗干净零部件连接的结合面，认真检查机器的零部件，如有损坏应在安装前修复。

将掘进机各组件按照一定顺序运送到安装地点卸下后，就可以按井下装配顺序依次进行安装。一般安装顺序是：

分别将左、右履带行走机构与机架联接在一起→安装装载部及其升降油缸→安装刮板输送机及刮板链→安装油箱→安装电控箱→安装截割机构及升降油缸→安装液压操纵台→安装液压泵站及锚杆机泵站→敷设液压管路及电缆，最后将护板安装好，加注液压油和润滑油。

掘进机在安装过程中需注意事项：

① 液压系统和供水系统各管路和接头必须擦试干净后方可安装；

② 安装各连接螺栓和销轴时，螺栓和销轴上应涂少量油脂，防止锈蚀后无法拆卸，各连接螺栓必须拧紧，重要连接部位的螺栓拧紧力矩应按规定的拧紧力矩进行紧固；

③ 安装完毕按注油要求加润滑油和液压油；

④ 安装完毕必须严格检查螺栓是否拧紧，油管、水管连接是否正确，U 形卡，必要的管卡是否齐全，电动机进线端子的连接是否正确等；

⑤ 检查刮板输送机链轮组，应保证链轮组件对中、刮板链的松紧程度合适；

⑥ 安装完毕，对电控箱的主要部位再进行一次检查。

掘进机安装完毕后，按规定的操作程序启动电动机并操纵液压系统工作，进行空运转。同时注意以下几点：

① 空运转中应随时注意检查各部分有无异常声响，检查减速器和油箱的温升情况；

② 检查各减速器对口面和伸出轴处是否漏油；

③ 试运转的初始阶段，应注意把空气从液压系统中排出，检查液压系统是否漏油；

④ 油箱及各减速器内的油位是否符合要求；

⑤ 各部件的动作是否灵活可靠等。

在上述各种情况符合设计要求后，则可进行正常工作。

22.4.3 机器的井下调试

掘进机在安装完毕后，必须对各部件的运行作必要的调试，主要调试内容如下。

1. 对电控箱主要部位检查

① 用手关合接触器几次，检查有无卡住现象；

② 进出电缆连接是否牢固并符合要求；

③ 凡进线装置中未使用的孔，应当用压盘、钢质压板和橡胶垫圈可靠的密封；

④ 箱体上的紧固螺栓和弹簧垫圈是否齐全，各隔爆法兰结合面是否符合要求；

⑤ 箱体的外观是否完好。

2. 检查电机电缆端子连接的正确性

① 从司机位置看截割头的旋转方向是否正确；

② 泵站电机轴转向应符合油泵转向要求。

3. 检查液压系统安装的正确性

① 各液压元部件和管路的连接应符合标记所示，管路应铺设整齐，固定可靠，连接处拧紧不漏；

② 对照操纵台的操作指示牌，操作每一个手柄，观察各执行元件动作的正确性，发现有误及时调整。

4. 检查喷雾、冷却系统安装的正确性

内、外喷雾及冷却系统各元部件联接应正确无泄漏，内、外喷雾应畅通、正常。冷却电机及油箱的水压应达到规定值1.5 MPa。

掘进机在安装和使用过程中，还需要对行走部履带链松紧、中间刮板输送机刮板链的松紧及液压系统的压力、供水系统的压力作经常检查，发现与要求不符时应及时做适当的调整。

22.4.4 掘进机的操作

1. 开机前的检查

① 检查电缆有无损坏、破裂，电气元件是否正常；

② 截齿齐全、锐利、磨损严重时应及时更换；

③ 冷却及喷雾系统完好或正常，喷嘴无堵塞；

④ 所有控制开关处于断开或中位；

⑤ 液压系统各回路压力调定值正常；

⑥ 保持机械铰接点和转动件润滑良好，液压油和润滑油（脂）的油量和油质符合要求；

⑦ 所有密封可靠、无泄露，必要时更换；

⑧ 各连接螺栓、螺钉紧固、连接可靠；

⑨ 检查履带板有无损坏、裂纹，销轴失锁或过量磨损。

2. 操作程序

① 按规定进行班前检查；

② 压下紧急停止按钮，把隔离开关的手柄置于"合"的位置，然后将紧急停止按钮拔出；

③ 将操作箱上的电源控制开关置于"通"位置，接通前级开关，向掘进机供电；

④ 将操作箱上的工作方式选择开关旋至"工作"位，将油泵控制按钮按下，油泵电动机启动，松开油泵控制按钮，这时操作升降、回转、行走、铲板油缸手柄，各执行机构有相

应的动作;

　　⑤ 接通总进水球阀,此时内、外喷雾工作;

　　⑥ 油泵电动机启动后,将截割控制按钮按下,截割电动机启动,之后松开截割控制按钮,截割机构开始工作。

　　3. 关机步骤

　　① 将截割控制按钮按下,截割电动机停止运转;

　　② 关闭总进水球阀,此时内、外喷雾停止工作;

　　③ 操作后支撑油缸操作手柄,将后支撑油缸复位;

　　④ 将液压各操作手柄置于中间位置;

　　⑤ 将油泵控制按钮按下,油泵电动机停止运转;

　　⑥ 将电源控制开关旋至"断"位,或按下紧急停止按钮转,即可断电。

　　掘进机的正确操作对机器的使用和维护十分重要,EBJ—120TP 型掘进机的操作要严格按操作规程去做,同时还需注意以下几点:

　　① 司机须专职,经培训考试合格后持有司机证方可作业;

　　② 启动油泵电机前,应检查各液压阀和供水阀的操作手柄,必须处于中位置;

　　③ 截割头必须在旋转情况下才能贴靠工作面;

　　④ 截割时要根据煤或岩石的硬度,掌握好截割头的切割深度和切割厚度,截割头进入切割时应点动操作手柄,缓慢进入煤壁切割,以免发生扎刀及冲击振动;

　　⑤ 机器向前行走时,应注意扫底并清除机体两侧的浮煤,扫底时应避免底板出现台阶,防止产生掘进机爬高;

　　⑥ 调动机器前进或后退时,必须收起后支撑,抬起铲板;

　　⑦ 截割部工作时,若遇闷车现象应立即脱离切割或停机,防止截割电动机长期过载;

　　⑧ 对大块掉落煤岩,应采用适当方法破碎后再进行装载;若大块煤岩被龙门卡住时,应立即停车,进行人工破碎,不能用刮板机强拉;

　　⑨ 液压系统和供水系统的压力不准随意调整,若需要调整时应由专职人员进行;

　　⑩ 注意观察油箱上的液位液温计,当液位低于工作油位或油温超过规定值(70℃)时,应停机加油或降温;

　　⑪机器工作过程中若遇到非正常声响和异常现象,应立即停机查明原因,排除故障后方可开机。

22.4.5　故障及处理

　　不同型号的掘进机的故障表现形式及处理不尽相同,表 22-1 所列掘进机故障判断,仅供参考。

22.4.6　维护保养与检修

　　减少机器的停机时间的最重要因素是及时和规范的维护保养,维护保养好的机器工作可靠性高,使用寿命长,操作也更有效。下列检查是针对一般条件的维护保养。如果遇到恶劣的运行条件,根据情况增加需要维护保养的次数。如果需要修理或调整,应即刻进行,否则小问题能导致大的修理和停机。

1. 机器的日常维护保养

① 按照机器的润滑图及润滑表对需要每班润滑的部位加注相应牌号的润滑油。

② 检查油箱的油位，油量不足应及时补加液压油；油液如严重污染或变质，应及时更换。

③ 检查各减速箱润滑油池内的润滑油是否充足、污染或变质，不足应及时添加，污染或变质应及时更换。并检查各减速箱有无异常振动、噪声和温升等现象，找出原因，及时排除。

④ 检查液压系统及喷雾冷却系统的工作压力是否正常，并及时调整。

⑤ 检查液压系统及外喷雾冷却系统的管路、接头、阀和油缸等是否泄漏并及时排除。

⑥ 检查油泵、油马达等有无异常噪音、温升和泄漏等，并及时排除。

⑦ 检查截割头截齿是否完好，齿座有无脱焊现象，喷雾喷嘴是否堵塞等，并及时更换或疏通。

⑧ 检查各重要连接部位的螺栓，若有松动必须拧紧。

⑨ 检查左右履带链条的松紧程度，并适时调整。

⑩ 检查输送机刮板链的松紧程度，并及时调整。

表 22-1 掘进机故障诊断

部件名称	故障现象	可能原因	处理办法
截割部	截割头堵转或电动机温升过高	过负荷，截割部减速器或电动机内部损坏	减小截割头的截深，检修内部
	截齿损耗量过大	钻入深度过大，截割头移动速度太快	降低钻进速度，及时更换补齐截齿，保持截齿转动
	截割振动过大	截割岩石硬度>60Mh；截齿磨损严重、缺齿；悬臂油缸铰轴处磨损严重；回转台紧固螺栓松动	减少钻进速度或截深；更换补齐截齿；更换铰轴套；紧固螺栓；铲板落底，使用后支撑齐截齿；
装运部	刮板链不动	链条太松，两边链条张紧后长短不等造成卡链，或煤岩异物卡链	调整紧链卡阻，检查液压系统及元件
	转盘转速快慢不均或不能移动	分流器故障，液压系统及元件故障	维修或更换故障元件
	断链	链条节距不等；刮板链过松或过紧；链轮中卡住岩石或异物，链环过度磨损	拆检更换链条，正确调整张力，排除卡阻
行走部	驱动链轮不转	液压系统故障；液压马达损坏；减速器内部损坏；制动器打不开	排除液压系统故障；检查减速器内部
	履带速度过低	液压系统流量不足	检查液压油油位，油泵、马达及溢流阀
	驱动链轮转动而履带跳链	链条过松	调整液压张紧油缸以得到合造的张紧力
	履带断链	履带板或销轴损坏	更换履带板或销轴

部件名称		故障现象	可能原因	处理办法
液压系统	系统	溢流阀：压力上不去或达不到规定值	调整弹簧变形。锁紧螺母松动，密封圈损坏，阀内阻尼孔有污物	更换高压弹簧；拧紧锁紧螺母；更换密封圈；清洗有关零件
		多路换向阀滑阀不能复位；定位装置不能复位	复位、定位弹簧变形；定位套损坏，阀体与阀杆间隙内有污物挤塞，阀杆生锈，阀上操纵机构不灵活，连接螺栓拧得太紧，使阀体产生变形	更换定位、复位弹簧；清洗阀体内部；调整阀上操纵机构；重新拧紧连接螺栓；更换定位套
		外泄漏	阀体两端O形密封圈损坏；各阀体接触面间O形密封圈损坏；连接各阀片的螺栓松动	更换O形密封圈；拧紧螺栓
	元件	滑阀在中立位置时工作机构明显下降	阀体与滑阀间磨损间隙增大；滑阀位置不对中；锥形阀处磨损或被污物堵住	修复或更换阀芯；使滑阀位置保持中立；更换锥形阀或清除污物
		执行机构速度过低或压力上不去	各阀间的泄漏大；滑阀行程不对；安全阀泄漏大或补油阀未复位	拧紧连接螺栓；或更换密封件，检查安全阀
供水系统	系统常见故障	油箱发热	溢流阀长时溢流，油量不足，冷却水未接通	检查溢流阀是否失灵，加油；检查有无冷却水
		滤油器不畅	油液污染严重，使用时间过长	更换相同牌号的液压油；清洗或更换滤芯
		压力脉动大，管道跳动噪声大	进水系统有残余空气，进液过滤器阻塞引起吸液不足	检查系统；放尽空气；清洗过滤器，清除杂物
液压系统	系统	系统流量不足或系统压力不足	油泵内部零件磨损严重，油泵效率下降或内部损坏；溢流阀工作不良，油位过低，油温过高，吸油过滤器或油管堵塞；油管破裂或接头漏油	检查泵的性能，更换损坏零件，调整溢流阀；油箱加油，检查油温过高原因相应处理；更换过滤器，清理油箱；检查油管和接头
		系统温度过高，油箱发热	冷却供水不足；油箱内油量不足油污染严重；溢流阀封闭不严；回油过滤器脏；油泵有故障	检查冷却器，油箱加油或换油；清洗有关溢流阀及过滤器；检查油泵内部并更换有关零件
		各执行机构爬行	有关部位润滑不良，摩擦阻力增大；空气吸入系统，压力脉动较大或系统压力过低；吸油口密封不严或油箱排气孔堵塞，油缸平衡阀背压过低	改变润滑情况，清除脏物；检查油箱油位并补加相同牌号的油液；检查溢流阀并调整压力值；排除系统内空气并更换密封件；检查吸油管及其卡箍
		油泵吸不上油或流量不足	油温过低，油泵旋转方向不对；漏气，吸油滤油器堵塞，吸油管路进气，油泵损坏	提高油温，更正油泵旋向；拧紧或更换吸油管卡箍、更换吸油管、清洗或更换吸油滤油网；换泵
		油泵压力上不去	溢流阀调定压力不符合要求压力表损坏或堵塞，油泵损坏；溢流阀故障	调整溢流阀压力；更换或清洗压力表，检修油泵；清洗检修溢流阀
	元件	产生噪声	吸油管及吸油滤油器堵塞；油黏度过高；吸油管吸入空气，电动机、齿轮箱、油泵三者安装不当	清洗吸油管及吸油滤油器使吸油畅通，更换吸油管密封圈；更换同牌号的液压油，调整三者的安装位置
		严重发热	轴向间隙过大或密封环损坏；引起内泄漏，压力太高	拆检，调整间隙及压力，更换密封环

2. 定期维护保养

定期维护保养主要包括：小修、中修、大修，见表 22 - 2。

1) 小修

在每日的维修班进行，也就是在日常维护保养中来完成。小修周期一般为一个月。主要包括更换个别零件和注油，事故隐患及临时性故障处理。

2) 中修

是指掘进机完成一个工作面后，整机升井由使用矿在地面工厂中进行。对掘进机进行检查和调试。内容包括：机器解体清洗、零部件检查，需要更换的及时更换；液压系统元件及管路检查，根据情况进行更换处理；截割头、齿座修复；电控箱的检验和修理；整机调试，合格后入井。

3) 大修

机器工作一年半以上要进行一次大修。大修主要由加工制造能力较强的机电厂来完成。对整机进行一次全方位的、由内而外的、彻底的检修和保养。

表 22 - 2　掘进机定期检查维修内容

检修部分		检修内容和周期	
		检修内容	周期
截割部		解体检查整个截割部内部	一年
		截割行星减速箱更换润滑油	半年
装载部		检查转盘密封	一个月
		检查转盘的的磨损情况并修补	半年
		检查铲板的磨损程度	半年
刮板输送机		检查输送机主、从动链轮的磨损情况	三个月
		检查溜槽底板的磨损情况	三个月
		检查链条及刮板的磨损	三个月
行走部		检查履带板组件	三个月
		检查张紧油缸的运动情况	三个月
		检查驱动轮、导向轮并加油	半年
		行走部减速箱更换润滑油	半年
液压系统	系统	更换液压油	三个月
		清洗或更换吸油滤油器和回油滤油器的滤芯	一个月
	元件	检查油缸密封并更换	半年
		检查油缸内有无明显划伤或生锈，并清洗修整	一年
供水系统		调整减压阀的压力	三个月
		检查进水过滤器滤芯并更换	一个月

思 考 题

1. 使用掘进机掘进巷道有哪些优点？
2. 简述悬臂式掘进机的组成和作用。

3. 说明部分断面掘进机的工作原理。

4. 横轴式与纵轴式截割头比较，各有何优缺点？

5. 简述掘进机装载机构的类型及其特点。

6. 说明 EBJ—120TP 型掘进机的结构和特点。

7. 简述掘进机液压系统的组成。

8. 简述全断面掘进机的工作原理。

9. 简述全断面掘进机的总体结构和工作原理。

第23章

连续采煤机

23.1 概述

23.1.1 连续采煤机的使用条件

连续采煤机具有截割、装载、转载、调动行走和喷雾除尘等多种功能，配备运煤车（梭车）、皮带输送机和锚杆支护，可在房柱式采煤法中实现综合机械化采煤，也可在长壁工作面掘进煤巷和回收边角煤。

连续采煤机起源于美国，经历半个世纪的发展历程，现在已日益完善，其采掘工艺也日臻成熟，在房柱式采煤、回收边角煤及长壁开采的煤巷快速掘进中得到了广泛的应用，在单产、单进作业过程中创出了前所未有的水平。

连续采煤机作为先进的煤层巷道掘进机械，适用于水平和近水平煤层，沿煤层掘进的矩形断面煤巷，顶板要求稳定，煤层为中厚煤层以上的中硬或坚硬煤层。

连续采煤机掘进根据其配套设备不同，可分为运煤车、梭车配套掘进和连续运输系统配套掘进；根据所掘巷道的布置方式不同，又可分为单巷掘进、双巷掘进及多巷掘进。

23.1.2 连续采煤机的工作原理

连续采煤机是通过截割滚筒的升降并配以履带行走机构的前进及后退来完成截割循环的。

连续采煤机的工作机构是横置在机体前方的旋转截割滚筒。截割滚筒（有的还装有同步运动的截割链）上装有按一定规律排列的镐形截齿，在每一个作业循环的开始，截割机构的升降液压缸将截割滚筒举至要截割的高度上，在行走履带向前推进的过程中，旋转的截割滚筒切入煤层一定的深度，称为截槽深度。然后行走履带停止推进，再用升降液压缸使截割滚筒向下运动至巷道底板，按截槽深度呈弧形向下截割出宽度等于截割滚筒长度、厚度等于截槽深度的弧形条带煤体。经过连续多次的循环作业，就可以截割出需要的巷道形状，完成掘进工作。连续采煤机的工作原理如图 23-1 所示。

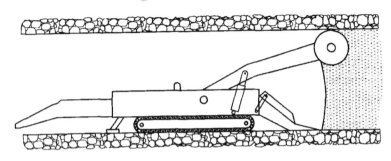

图 23-1　连续采煤机的工作原理

23.1.3　连续采煤机的掘进方式及配套设备

连续采煤机的掘进工艺根据与连采机后配套设备和巷道布置方式的不同，可分为：连采机、梭车或运煤车配套单巷掘进工艺；连采机、梭车或运煤车配套双巷及多巷掘进工艺；连采机、连续运输系统配套双巷掘进工艺。

第一种掘进工艺的配套设备为梭车、锚杆钻机、铲车、破碎机、胶带输送机；第二种掘进工艺应用最为广泛，其配套设备为运煤车、锚杆钻机、铲车、破碎机、胶带输送机；第三种掘进工艺是近年来才兴起的掘进方式，它具有掘进速度快，单进水平高的特点，适用于高产高效矿井的快速掘进，其配套设备为：连续运输系统、锚杆钻机、铲车、胶带输送机。

概括起来，连续采煤机的配套设备有工作面运输设备、顶板支护设备、辅助作业设备和工作面供电设备。

1. 运输系统及运输设备

1）半连续运输系统及设备

在中厚煤层中主要采用以梭车、运煤车、给料破碎机和可伸缩带式输送机组成的半连续运输系统。每台连续采煤机后面，一般配备 2～3 台运煤车或梭车，运煤车可选用电缆式运煤车（梭车）、蓄电池式运煤车或无轨胶轮运煤车。

梭车主要功能是在连续采煤机后将连续采煤机采集的煤装入其料箱内，卸至给料破碎机的料斗内，卸完后再返回连续采煤机继续再一次装煤。

给料破碎机用以破碎和转载，一般采用自行式给料，受料斗可容 1 梭车的煤炭，其给煤处理能力约为 270～480 t/h。

可伸缩带式输送机运输能力根据主机生产能力和运煤车的能力确定。

2）连续运输系统及设备

采用由几台自移式刮板输送机或带式输送机串接组成，紧跟在连续采煤机后面，把连续采煤机卸载的煤炭直接转运到可伸缩带式输送机上。这种连续运输系统在薄煤层中使用很普遍，并且已在中厚煤层中使用，获得良好效果。

2. 顶板支护及其设备

在掘进巷道（或煤房）时，全部采用锚杆支护，使用自行式锚杆钻机或手持式锚杆钻机完成钻孔和安装锚杆两道工序；在回收煤柱时，则采用履带行走式液压支架或单体支柱支护。

3. 辅助作业设备

1）自行式胶轮铲车

自行式胶轮铲车有蓄电池式和柴油机式，主要用来运料、运人、清理巷道。薄煤层中用蓄电池式，中厚煤层中二者兼可使用。

2）挖沟机

挖沟机用于给巷道挖沟排水，为履带自行式。连续采煤机退出掘进工作面后，挖沟机即进入工作面，在巷道一侧切割出一定尺寸的水沟。

23.2　12CM18—10D 型连续采煤机

12CM18—10D 型连续采煤机，设备性能良好，运行安全可靠，掘进速度快，效率高，配套简单，搬家方便，可采可掘，自主性强，能适应高产高效工作面掘进、回采和连续工作的需要，是一种既可以回采生产又可以掘进准备的采掘装备。

23.2.1　基本组成

12CM18—10D 型连续采煤机由由截割机构、装运机构、履带行走机构、液压系统、电控系统、冷却喷雾除尘系统及安全保护装置等组成，如图 23-2 所示。动力设备有 7 台电动机，其中 2 台 140 kW 交流电动机驱动截割机构的左、右截煤滚筒；2 台 26 kW 直流电动机分别驱动行走部左、右履带；1 台 45 kW 交流电动机驱动装载运输机构；1 台 52 kW 和 1 台 19 kW 交流电动机分别驱动液压泵和湿式吸尘装置的风机，装机总容量 448 kW。采煤机各部分的传动系统如图 23-3 所示。

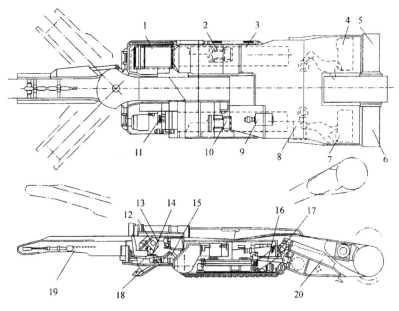

图 23-2　12CM18—10D 型连续采煤机

1—电控箱；2、10—左、右行走履带电动机；3—左行走履带；4、7—左、右截割滚筒电动机；

5、6—左、右截割滚筒；8—装运机构电动机；9—液压泵和电动机；11—操作手把；12—行走部控制器；

13—主控站；14—输送机升降液压缸；15—主断路箱；16—截割臂升降液压缸；

17—装载机构升降液压缸；18—稳定液压缸；19—运输机构；20—装载机构

12CM18—10D 型连续采煤机机架整体布置紧凑，主要驱动动力均为电动机而不采用液压马达，因而传动效率较高，故障率相对较低，而且所有的电动机均布置在易于拆装的外侧，方便维修和更换。在操作方面也十分方便和安全，既可手动也可离机遥控。在启动过程中，顺序控制严格，安全可靠，并有操作显示屏进行操作步骤显示和故障显示，避免了带隐患进行工作，更不会误动作。易发生过载的传动系统中装设有安全离合器和扭矩轴。辅助装置还设有瓦斯监测、湿式除尘和干式灭火装置。两台截割电动机横向布置在截割臂的两侧，通过减速器将动力传至截割链及左右截割滚筒。

23.2.2 截割机构

截割机构包括电动机，机械保护装置，减速器，左、右截割滚筒，截割链及截割臂等，如图 23-4 所示。2 台电动机对称布置在截割臂上方左右两侧，通过机械保护装置（采用摩擦离合器和扭矩轴），将动力传送至减速器，减速器的输出轴同时带动左、右截割滚筒和截割链。截割臂为焊接结构，前端安装电动机、减速器、截割滚筒及截割链，后端通过一对耳轴与采煤机机身铰接。下部与液压缸活塞杆耳孔铰接，液压缸底座与机身铰接。通过液压缸升降使截割臂上下摆动，实现截割滚筒截煤。

1. 截割滚筒

截割滚筒是铸焊结合的筒形构件，其左、右截割滚筒上均焊有方向相反的螺旋叶片，左滚筒为右旋，右滚筒为左旋，以使截割的煤岩沿轴线方向向中部推移，落入下方的铲装板中，由装载输送机构运走。螺旋叶片由多个叶片板沿螺旋方向焊接而成。每个叶片板上焊有一个截齿座，装有耐磨套筒，镐形截齿在耐磨套筒中用弹簧圈卡住，切削角为 50°。截割滚筒外端装有焊接齿座的端盘，构成完整的截割滚筒，每个截割滚筒长 1 270 mm。截割滚筒的截齿尖直径为 ϕ915 mm。

截割链由铸合金钢链节板、销轴、挡销组成。截割链上的齿座无耐磨套，镐形截齿直接装入齿座孔中，切削角为 45.5°。截割链截齿尖的截割半径为 463.55 mm。每块链节板的中间有一梯形孔，用以和链轮啮合。截割链装有张紧装置。

截割机构的空心输出主轴与截割滚筒、截割链及其张紧装置的连接如图 23-5 所示。空心主轴 1 的端部花键与驱动环 8 连接，驱动环锥面圆周上用四个楔形块 7 楔紧四个截割滚筒传动键 9，并由保持盖 5 限位，用螺钉 6 沿轴向将其压紧在空心主轴 1 上。空心主轴 1 的转动扭矩通过驱动环 8、楔形块 7、键 9 带动截割滚筒旋转实现截煤。截割滚筒 17 由两盘圆锥滚子轴承 10 及 12 支承在悬臂筒形轮毂 13 上，这样就将截割滚筒 17 在截割煤岩时的载荷传至悬臂筒形轮毂 13 上。截割滚筒上装有注油螺塞 11，注油时滚筒置于水平位置，将 460# 中负荷工业齿轮油注入，用以润滑两盘圆锥滚子轴承 10、12 及衬套。截割滚筒外端装一端盘 4。截割滚筒与悬臂筒形轮毂的端面还装有机械浮动密封 15，防止水及煤尘进入其中。截割滚筒中部的外圆焊有筒套，增加截割滚筒的强度。左、右截割滚筒对称布置，内部零件相同，可通用。

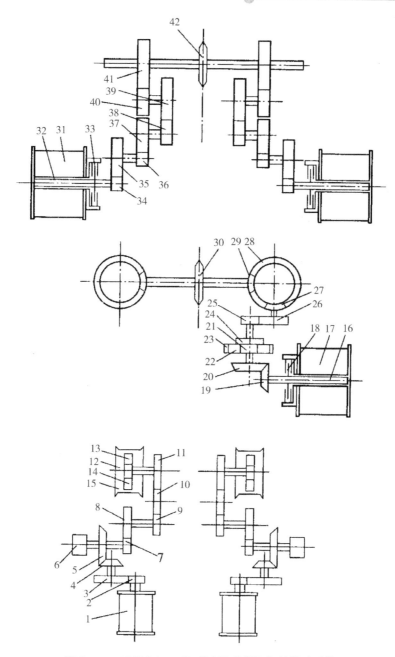

图 23-3　12CM18—10D 型连续采煤机机械传动系统

1—行走机构电动机；2，3，7，8，9，11，25，26—直齿圆柱齿轮；4，5，19，20，27，28，29—直齿圆锥齿轮；

6—液压盘式制动闸；10—惰轮；12，21—中心轮；13，14，22—行星轮；15—履带链轮；

16，32—扭矩轴；17—装运机构电动机；18，33—摩擦离合器；23—内齿圈；24—行星轮系杆；

30—刮板输送机机头链轮；31—截害 8 机构电动机；

34，35，36，37，38，39，40，41—直齿圆柱齿轮；42—截割机构链轮

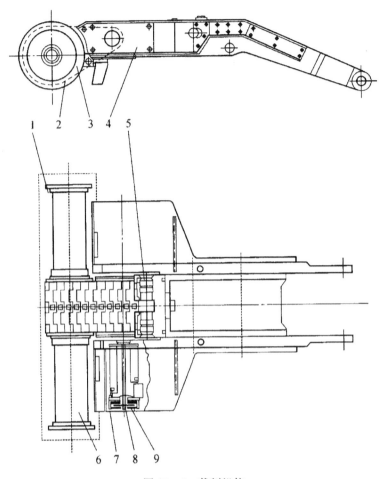

图 23-4　截割机构

1—右侧截割滚筒；2—截割链；3—悬臂筒形轮毂；4—截割悬臂；5—截割链张紧装置；
6—左侧截割滚筒；7—截割电机（左侧）；8—扭矩轴；9—摩擦离合器

　　在安装截割链 14 之前，应先将张紧装置 16 沿减速器开挡装入导槽中，然后将截割链绕过张紧装置 16 的滚筒连接起来，再按规定张紧，安装时注意截齿座在装上截齿时尖端应指向截割链的运动方向。

2. 减速器

　　截割机构减速器是两套对称布置的四级直齿圆柱齿轮传动（见图 23-3）同一根空心主轴的特殊结构，如图 23-6 所示，减速器总传动比 24.8，截割滚筒的转速为 59 r/min，截齿齿尖线速度为 2.82 m/s。减速器箱体呈 T 形，由两部分构成。齿轮传动部分为焊接箱形构件，左、右截割滚筒轮毂部分为筒形铸钢构件。该构件以内六角螺栓紧固在齿轮传动箱体左右两侧，截割机构电动机驱动摩擦离合器将动力传给扭矩轴，扭矩轴里侧的外花键插入空心轴齿轮 1 的内花键孔中，齿轮 1 为空心轴齿轮，两端各装一个双列向心滚子轴承，并以内花键与机械过载保护装置的扭矩轴连接。齿轮 2、齿轮 3 以内花键与轴 II 连接，轴 II 两端各装一个单列圆柱滚子轴承。齿轮 4、齿轮 5 以内花键与轴 III 连接，轴的两端用锥形滚子轴承支承在箱体上。IV 轴上的齿轮 6、7 和轴承的结构及安装方法与 III 轴完全相同。齿轮 8 以内花键与减速器空心主轴连接，主轴用两个双列向心球面滚子轴承支承在减速器筒形铸钢轮毂上。其中Ⅰ、Ⅱ、Ⅲ、Ⅳ轴及其齿轮、轴承在卸下箱体外侧端盖后都可拆下来，维修更换很方便。该减速器的左右两部分完全对称，零件通用。在空心主轴上用花键装有链轮9，它与减速器箱体之间的两侧各装有浮动机械密封，防止煤水和粉尘侵入。

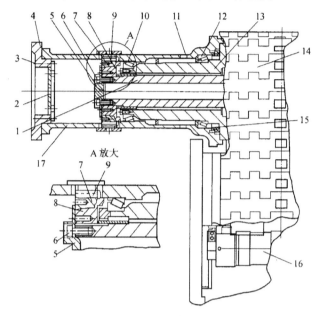

图 23-5　主轴与截割滚筒、截割链及其张紧装置的连接

1—空心主轴；2—端盖；3—螺钉；4—端盘；5—保持盖；6—内六角头螺钉；7—楔块；
8—驱动环；9—键；10，12—圆锥滚柱轴承；11—油塞；13—悬臂筒形轮毂；14—截割链；
15—浮动密封；16—托滚及链条张紧装置；17—截割滚筒

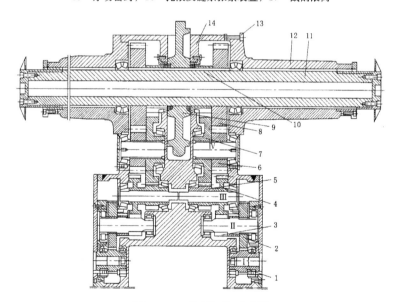

图 23-6　截割机构减速器

1，2，3，4，5，6，7，8—直齿圆柱齿轮；9—链轮；10—浮动式机械密封；
11—空心主轴；12—悬臂筒形轮毂；13—内六角螺栓；14—减速器箱体

23.2.3 装载运输机构

12CM18—10D型连续采煤机的装载运输机构由装载机构和刮板输送机两部分组成，共用一台电动机驱动。铲装板两侧各装一个升降液压缸，使其随底板起伏而飘浮或举起、下降。刮板输送机机尾既可左右摆动又可上、下升降，以适应卸载要求。装载机构将物料装于机槽内，再由刮板输送机运至机尾卸载。

1. 装载机构

装载机构主要由装载装置、铲装板、液压缸、减速器（与刮板输送机共用）、电动机（与刮板输送机共用）及左右扭力臂等组成。

如图 23-7 所示为扒爪式装载装置，由主副扒爪 1、偏心铰轴 2、连杆 3、摇杆铰轴 4、摇杆 5、固定铰轴 6、偏心圆盘 7 等组成，是典型的曲柄摇杆四连杆机构。工作时，左、右主副扒爪尖端各划出一个大小不等的对称倒腰形曲线，左、右扒爪交错工作，将堆积在铲装板上的物料装入中间的刮板输送机槽中运走。

如图 23-8 所示为拨盘式装载装置，三个弧形耙杆为整体铸钢结构，左、右拨盘互相对称，安装时应按各自的转向选装，旋转方向相反。

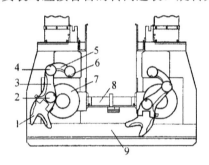

图 23-7 扒爪式装载装置

1—主副扒爪；2—偏心铰轴；3—连杆；4—摇杆铰轴；
5—摇杆；6—固定铰轴；7—偏心圆盘；
8—减速器表面耐磨板；9—铲装板

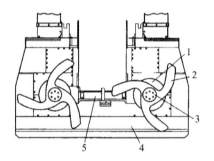

图 23-8 拨盘式装载装置

1—圆盘；2—弧形耙杆；3—压盖；
4—铲装板；5—单链刮板输送机主轴

两种形式的装载装置可根据现场需要任选一种。

2. 减速器

减速器与电动机安装在装煤铲板右侧的框架内，电动机横置，便于拆装和维护检修。电动机功率 45 kW，电压 1 050 V，转速 1 450 r/min，为水冷式三相交流电动机。

电动机的空心轴内安装扭矩轴，其作用与截割机构电动机的扭矩轴相同，结构类似。减速器为四级传动，传动系统见图 23-3，结构如图 23-9 所示。电动机经扭矩轴、一级圆锥齿轮、二级行星轮、三级直齿轮和四级圆锥齿轮减速后，同时驱动左右耙杆圆盘和刮板输送机主轴旋转。Ⅰ、Ⅱ、Ⅲ、Ⅳ、Ⅴ、Ⅵ轴齿轮两端各装一个圆锥轴承。Ⅱ为双联轴齿轮，其直齿侧为行星机构的输入太阳轮。

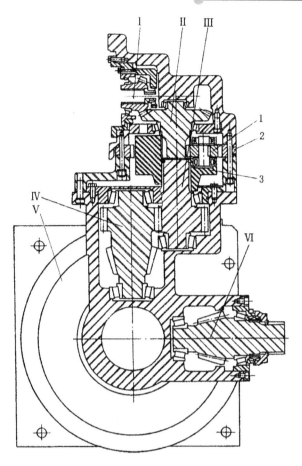

图 23 - 9　装运机构减速器

Ⅰ～Ⅵ—轴齿轮；1—行星轮；2—内齿轮；3—行星架

行星架用花键与Ⅲ轴齿轮连接。内齿轮 2 与箱体固定，属于减速器箱壁一部分。Ⅴ轴即耙杆装置的回转圆盘，由第四级大圆锥齿轮驱动回转。Ⅵ轴经花键套驱动刮板输送机链轮主轴和右侧耙杆装置的圆盘同步旋转。减速器箱体由三段铸件组成，和内齿轮一起用螺栓连接。减速器总传动比约为 24，圆盘转速 60 r/min，刮板输送机链速为 2.44 m/min。

3. 转载机构

转载机构是一台单链刮板输送机，它将装载机构装入机槽的物料运至机后卸载的输送装置。它由前段、中段和后段机槽、机头链轮轴、刮板链、尾滚筒组件、紧链装置、机尾摆动液压缸、多伸缩升降液压缸等组成。它置于机器的中间，呈倾斜布置。前段机槽装在铲装板的中间，属于铲装板的一部分；中段和后段机槽通过多级液压缸升缩，可实现机尾的上、下升降。后段机槽右侧的单液压缸伸缩可使机尾左、右各摆动 45°。输送机刮板链为单链刮板结构。

转载机构如图 23 - 10 所示，它由中段机槽、后段机槽的钢板组焊件、尾滚筒组件、张紧连接装置、水平摆动液压缸、防护桥板等装于一体而构成。

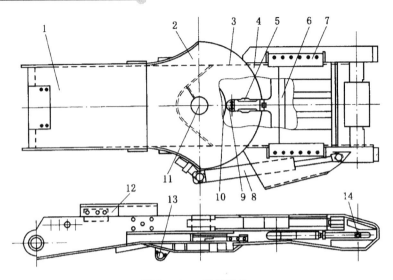

图 23－10　转载机构

1—中段机槽；2—回转盘；3—弹簧钢板；4—后段机槽；5—顶杆；6—横梁；
7—导槽角钢；8—水平摆动液压缸；9—凸轮；10—固定支承凸轮；
11—垂直铰轴；12—防护桥板；13—升降液压缸铰轴；14—尾滚筒

　　中段机槽与后段机槽采用上下垂直铰轴铰接于一起，在水平摆动液压缸伸缩时实现后段机槽水平范围内±45°的摆动运动。回转盘处设有两块弹簧钢板，左端用内六角头螺钉各 8 个将其紧固在中段机槽的槽帮内侧，它的右端嵌夹在后段机槽的导槽角钢与槽帮内侧之间的间隙中。导槽角钢用螺栓紧固在机槽帮的上缘平面上，在后段机槽摆动时，弹簧钢板在其间隙槽中伸缩并左右弯曲，构成弯曲的机槽供刮板链条通过。后段机槽右侧的护板下铰接水平摆动液压缸，其两端分别以铰轴铰接在中后段机槽一侧。在中段机槽上盖有断链安全防护桥板，用内六角头螺钉紧固在槽帮上，中段机槽的右端回转盘处焊有固定支承凸轮，在后段机槽左右摆动时，刮板链条松弛，但在凸轮沿固定支承凸轮的弧面滑动时，将通过顶杆、横梁，使整个张紧连接装置把尾滚筒向机尾移动，从而张紧刮板链条。固定支承凸轮的轮廓曲线是按左右摆动时刮板链条的松弛量设计好的，摆动的松弛量恰好由轮廓曲线张紧连接装置的移动量补偿，满足了后段机槽左右摆动的需要。

23. 2. 4　履带行走机构

　　履带行走机构由左右对称的两条履带部件构成。每条履带均由各自的直流串激电动机驱动，经各自的减速器带动履带链轮传动履带链，实现前、后行走及转向运动。

　　左右两条履带的组成相同，互相对称，由直流电动机、减速器、驱动链轮、履带链、履带架、履带张紧装置等组成，图 23－11 所示为右侧履带。

　　履带的驱动直流电动机在履带架的后上方，用螺栓与减速器过渡法兰盘紧固，减速器用螺钉紧固在履带架的外侧。带动履带链轮的行星减速器的中心轮轴上的花键轴与前级减速器从动齿轮相连接，而行星减速器两侧端盖和履带架连接，与行星减速器行星架连为一体的驱动链轮带动履带链运动。履带架前端装有履带张紧装置，对履带的松紧程度进行调节。左、右履带架均为钢板箱形组焊件，而右侧履带架设计成液压系统的三个串连油箱，总容积约为 378 L。

减速器为独立的传动部件，每侧的减速器由圆锥—圆柱齿轮减速器和 2K—H 行星减速器组成，均为对称布置，因而左、右减速器不能互相通用，但行星减速器则完全一样。传动系统如图 23-3 所示。

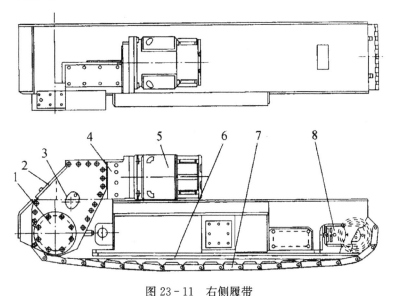

图 23-11 右侧履带

1—行星轮盖；2—减速箱盖；3—惰轮轴盖；4—减速器；5—直流电动机；
6—履带架；7—履带；8—履带张紧装置

23.2.5 液压系统

12CM18—10D 型连续采煤机液压系统，主要由双联齿轮泵、液压缸、安全阀、载荷锁定阀、平衡阀、顺序阀、减压阀、多路换向阀、电磁阀、过滤器、蓄能器、冷却器及油箱、油管等组成。油泵电动机功率 52 kW，额定电压 1 050 V，转速 1 450 r/min。双联齿轮泵中的一联流量 120 L/min，压力 16.9 MPa，向主系统（各液压缸）供液，用于驱动截割臂的升降，机器的稳定，铲装板的升降、固定，输送机的升降、摆动，如图 23-12 所示；另一联流量 34 L/min，压力 3.1 MPa，向辅助系统供液，辅助油路主要控制连续采煤机除尘器的供水、泥浆泵液压马达及行走履带减速器的液压盘式制动闸的供油，如图 23-13 所示。

23.2.6 冷却喷雾与湿式除尘系统

冷却喷雾系统是用一定压力和流量的洁净水冷却电动机、控制器和液压油后，由喷嘴喷雾降尘。喷嘴必须畅通，否则将会严重影响冷却效果。湿式除尘系统由风扇、吸尘风筒、喷雾杆、过滤网、除尘器和泥浆泵等组成。采煤机工作时，风扇负压由风筒吸入含尘空气，经喷雾杆喷嘴所形成的水幕，使空气中的粉尘颗粒润湿，经过滤网和除尘器分离粉尘与空气。除尘形成的泥浆由泥浆泵排出，过滤后的空气由风扇向采煤机后部排出。

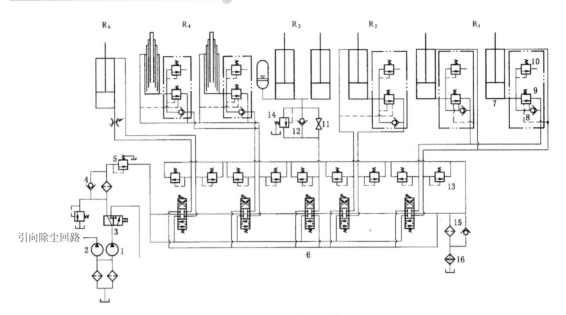

图 23-12　主液压系统

R_1—截割臂液压缸；R_2—稳定靴液压缸；R_3—装煤铲板液压缸；R_4—输送机升降液压缸；R_5—输送机摆动液压缸；
1，2—双联齿轮泵；3—分配阀；4—过滤器；5—顺序阀；6—多路换向阀；7—载荷锁定阀；8，12—单向阀；
9—卸荷阀；10—安全阀；11—手动闸阀；13—溢流阀；14—顺序阀；15—过滤器；16—冷却器

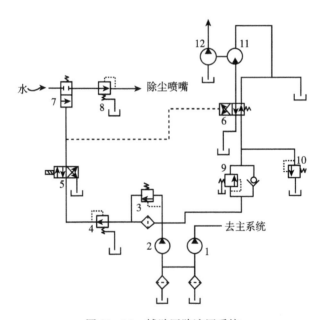

图 23-13　辅助回路液压系统

1，2—液压泵；3—过滤器；4—减压阀；5—二位四通电磁阀；6—二位四通液控阀；
7—二位二通液控阀；8—减压阀；9—顺序阀；10—安全溢流阀；
11—液压马达；12—泥浆泵

23.3 连续采煤机的配套设备

连续采煤机的配套设备有工作面运输设备、顶板支护设备、辅助作业设备和工作面供电设备。

23.3.1 锚杆钻机

在掘进巷道时，全部采用锚杆支护，使用自行式锚杆钻机或手持式锚杆钻机完成钻孔和安装锚杆。

锚杆钻机有 3 种形式，即胶轮（履带）自行式锚杆钻机、手持式锚杆钻机和机载式锚杆钻机。TD2—43 型锚杆钻机是连续采煤机的主要配套设备，当连续采煤机完成掘进工序退出工作面后，锚杆钻机应该尽快进入工作面，完成钻眼和安装锚杆工序，对裸露的顶板进行及时支护，以保证安全生产。锚杆支护首先需要钻眼，然后安装锚杆，这两道工序可由一台机器即锚杆钻机来完成。

TD2—43 型锚杆钻机的结构如图 23-14 所示，它主要由下列几部分组成。

1. 临时支架

在钻眼之前，首先通过控制支架液压缸的伸出，将临时支架升起，使顶梁支撑住顶板，保护操作人员的安全。

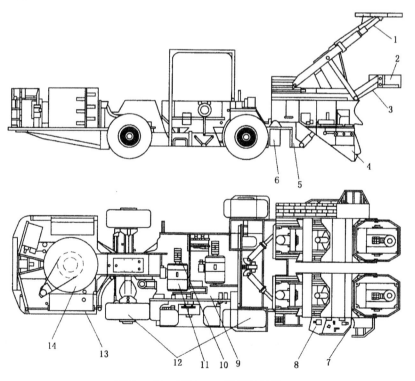

图 23-14 TD2—43 型锚杆钻机

1—临时支架；2—钻箱；3—钻臂；4—钻架；5—回转盘；6—底盘；7,8—控制阀组；9—集尘抽风机；
10—液压泵；11—电动机；12—行走机构；13—集尘箱；14—电缆拖曳装置

2. 钻眼机构

钻眼机构由钻箱 2、钻臂 3 和钻架 4 等部件组成。钻箱由液压马达驱动，带动钻杆旋转，其转速和最大转矩分别由流量控制阀和安全阀控制。钻箱装在钻臂上，在其升降液压缸的作用下，通过连杆滑块机构可以作垂直上下直线运动，给钻箱提供一定的轴向推力。最大推力由安全阀限定，推进速度由流量控制阀调节，钻架用来支承钻臂，它铰接在回转盘 5 上，其升降由液压缸控制。当钻眼时，使之下降，与底板接触，将钻臂工作时的载荷通过钻架传递到巷道底板及锚杆钻机的底盘上。当锚杆钻机行走时，将钻架升起，使之与底板脱离接触。

3. 集尘装置

集尘装置由抽风机 9、集尘箱 13 及管路组成，用来清除钻眼时产生的微细岩尘，利用抽风机在孔底形成局部真空，含有微细岩粉的空气通过钎杆中心孔和钻箱内部孔道被吸入集尘箱内，经过沉淀、过滤净化后排入大气，以保持工作面的空气含粉尘浓度在允许的范围内，从而保护操作人员的身体健康。

4. 底盘和回转盘

底盘用来支承锚杆钻机各个机械部件和电气设备，并通过四个行走胶轮将锚杆钻机的重力传递到巷道底板。底盘的前端装有两个回转盘 5，钻架就铰接在回转盘上，回转盘在摆动液压缸的作用下，带动钻架、钻臂、临时支架左右摆动，以调整钻孔的位置。

5. 行走机构

在锚杆钻机上装有 4 个轮胎行走车轮，均由液压马达通过减速箱驱动，通过控制进入液压马达的流量和变化液流方向，可控制行走速度及前进、后退和转弯等动作。在液压马达上装有液压制动闸，起安全保护作用，允许锚杆钻机在小于 14° 的坡道上行驶。

6. 电缆拖曳装置

锚杆钻机是通过电缆向电气设备供电的，在行走过程中，电缆通过电缆卷筒要不断地卷起和松放。电缆卷筒由液压马达通过减速箱驱动，卷电缆时的最大拉力由安全阀限定，松放电缆时液压马达处于浮动状态，松放电缆时应特别注意，避免电缆被损伤。

7. 液压系统

液压系统采用开式液压系统，由两台相同的双联齿轮泵向系统供油，其中大齿轮泵的流量为 151 L/min，小齿轮泵的流量为 56 L/min。使用的液压元件多数是通用元件，仅有少数是专用液压元件，如流量限制阀、双安全阀组等。

8. 电气系统

电气系统由两台电动机、照明灯、电控箱、电缆进线集流器和紧急停机按钮等组成。每台电动机的功率为 30 kW，电压为 660 V 或 380 V。

9. 操纵机构

操作人员要在驾驶室内操纵锚杆钻机行走，不得将身体外露，以免发生危险。当到达预定钻孔位置时，锚杆钻机停止行驶，操作人员需站到钻架侧的操纵台处，操纵临时支架和钻眼机构。操纵台所在位置的顶板，已被锚杆支护，可保护操作人员安全作业。

23.3.2 运煤车

运煤车是一种在采掘工作面内短距离运送煤炭的车辆，每台连续采煤机后面一般配备

2～3辆运煤车。按提供动力的方式不同，运煤车主要有以下3种形式。

① 电缆式运煤车。又称为梭车或自行矿车，这种拖电缆的梭车都装有电缆卷筒，在不大于 200 m 的区间内往返穿梭运行。4 个行走胶轮都带制动闸，可在 15°以下的坡道上行走；当坡度增大时，运输效率将显著下降。

② 蓄电池式运煤车。这是 20 世纪 70 年代新发展起来的推卸式运煤车。车斗内装有用液压缸推动的推板，所以卸载快，效率高。蓄电池组加装在车上，用以驱动行走直流电动机，车速较快，一般为 8 km/h 左右。由于蓄电池式运煤车取消了拖移电缆装置，减少了维修工作量，降低了故障率，所以深受欢迎。

③ 内燃机式运煤车。这种运煤车以防爆低污染柴油机为动力，增强了车的机动性；但给巷道内的空气带来了污染，需加强通风管理。

10SC32 型梭车是连续采煤机的配套设备，一般情况下每台连续采煤机配两台梭车。梭车是在连续采煤机后将连续采煤机采集的煤装入其料箱内，待装满后，操纵梭车的动力传动系统及转向系统，使梭车运行至给料破碎机上料头处，停车并开动输送机，将料箱内的煤卸至给料破碎机的料斗内，卸完后再返回后继续再一次装煤。当车运行时液压驱动电缆卷盘将依据车与电缆供电装置间的张力大小自动收放电缆，从而实现了梭车在连续采煤机和给料破碎机间的连续运行。

10SC32 型梭车由动力传动系统、转向系统、制动系统、输送机、电缆卷筒装置和液压系统、电气系统组成，如图 23-15 所示。动力传动系统将两台牵引电动机输出的扭矩分别通过减速器传递给左右两侧的 4 个车轮；转向系统为车辆提供转向动力；制动系统有工作制动和紧急制动；刮板输送机为运煤车提供卸载动力；电缆滚筒装置用来收放电缆；液压系统控制运煤车转向、解除制动闸、控制电缆卷筒的运转和输送机的升降。

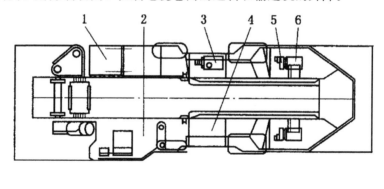

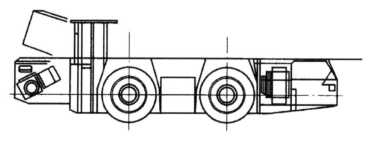

图 23-15 10SC32 型梭车总体结构图

1—液压驱动电缆架；2—驾驶室；3—液压泵电动机；4—控制箱；5—制动器；6—行走电动机

23.3.3 给料破碎机

给料破碎机是高产高效连续采煤机采煤工作面的重要配套设备之一，它与连续采煤机、锚杆钻机、运煤车及带式输送机联合配套使用，实现落煤、装煤、支护、破碎及运煤连续采煤作业机械化流水线生产。

给料破碎机的作用是将运煤车卸入给料破碎机的原煤中的大块煤破碎，并均匀地将煤输入带式输送机，以满足带式输送机的运输能力及对块度运输的要求，完成运输作业。

给料破碎机的结构组成如图 23-16 所示，其主要部件包括机架和料斗、履带行走机构、破碎机构和输送系统。

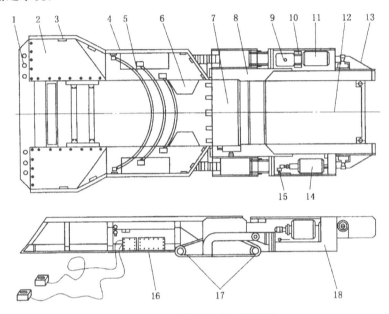

图 23-16 给料破碎机结构图

1—可卸端板；2—料斗端；3，4—料斗板；5—缓冲器；6—限料板；7—破碎机；8—破碎机链条板；
9—减速器；10—联轴器护板；11—破碎机电动机；12—卸料槽；13—输送机驱动链；
14—液压泵电动机；15—液压泵；16—控制器；17—履带；18—液压箱

1. 履带行走机构

履带行走机构的作用是使给料破碎机自身移动，并按生产需要拖动带式输送机机尾部到达正常工作位置。给料破碎机有左右两套结构形式相同、对称布置、独立驱动的履带行走机构。

2. 破碎机构

破碎机构由驱动装置及破碎轴组件两大部分构成。驱动装置由电动机、联轴器、减速器、驱动链条等元部件组成，是破碎机构的动力单元。破碎轴组件由剪切轮毂及安全销、破碎轴、截齿、速度传感器等元部件组成，是破碎机构的执行机构，完成连续破碎循环过程。破碎机构的工作原理是电动机将动力传递给蜗轮蜗杆减速器，经减速改向后将动力传递给驱动链，再由驱动链传递给剪切轮毂及破碎轴，安装在旋转的破碎轴凸盘上的截齿将煤连续破碎，完成连续破碎的循环工作过程。

3. 输送系统

输送系统的作用是将料斗中的煤炭均匀地输送到破碎机构，经破碎后再均匀地送入带式输送机。输送系统由驱动装置、驱动链条、驱动轴组件、刮板链、拉紧轴组件等元部件组成。输送系统的工作原理是：电动机驱动液压泵产生高压油，通过阀组带动液压马达，经减速器及链轮、驱动链条传递到驱动轴的链轮，带动刮板链运转，使物料输送到带式输送机上。

23.4 掘锚机

掘锚机是实现巷道快速掘进和锚杆支护同时平行作业的设备，大大提高工作效率，降低操作者的工作强度。

掘锚机的基本结构大致相同，现以 ABM20 型为例说明。该机以连续采煤机基本结构为基础，加装四台顶板锚杆机和两台侧帮锚杆机而成，如图 23-17 所示。机器总体结构由上、下两大组件构成，上部组件主要是切割悬臂结构及装载输送机构，下部组件主要是履带行走机构、钻杆钻臂和顶梁等。两部分组件通过主机架上的滑道与平移架互相连接，并靠铰接在主机架和平移滑架上的液压千斤顶推移上部组件切入割岩。

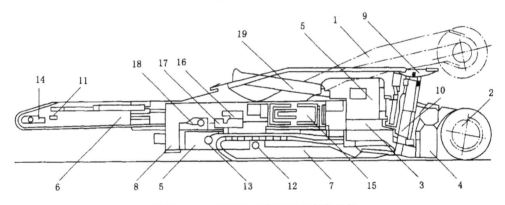

图 23-17 ABM20 型掘锚机组部件结构

1—切割悬臂及电动机；2—切割滚筒及减速箱；3—滑架；4—装载机构及传动装置；5—主机架；
6—刮板输送机；7—履带行走机构；8—稳固千斤顶；9—顶梁；10—锚杆机构；11—输送机张紧装置；
12—履带张紧装置；13—履带液压传动装置；14—输送机链条张紧装置；15—电控装置；
16—液压泵站装置；17—多路润滑装置；18—供水装置；19—通风管道

1. 切割机构

切割机构由切割滚筒、切割电动机、传动齿轮箱、悬臂及调高千斤顶等组成，如图 23-18 所示。切割滚筒由左右中段、左右侧段和左右伸缩段共 6 段组成。悬臂为箱形断面，中间为风流通道，与通风吸尘管相连，排除粉尘。

2. 装载机构

装载机构主要用来扒装切割下来的煤岩，扒装机构由铲装台板、4 个扒爪轮、左右伸缩摆板及千斤顶、升降千斤顶、电动机、减速箱、传动轴等组成。装载机与刮板输送机通过斜面法兰联为一体。

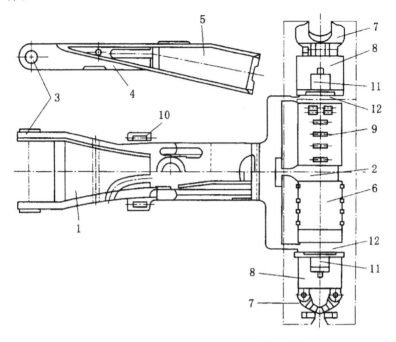

图 23-18　ABM20 型掘锚机组切割机构

1—切割悬臂；2—减速齿轮箱；3—悬臂回转轴套；4—悬臂调高千斤顶；5—切割电动机护罩；
6—切割滚筒中段；7—切割滚筒左、右伸缩段；8—切割滚筒左、右侧段；9—滚筒中段连结螺栓；
10—调高千斤顶轴承；11—左、右侧段滚筒内传动轴；12—切割悬臂传动架左右轴承

3. 刮板输送机

刮板输送机可上、下、左、右折曲，与装载机共有 2 台电动机。刮板输送机从前向后分为前端部、中部、尾部和摆动段 4 部分，其前端部与装载机构联为一体；中部与尾部由水平铰轴连接，可由千斤顶调节高度；尾部与摆动段经平转盘用立铰轴连接，用千斤顶拉动可使机尾左、右摆动 45°。

4. 履带行走机构

履带行走机构由履带架、履带链板、液压马达传动装置、减速箱、链轮、履带支辊及张紧装置等组成。

5. 主机架

主机架是一个整体钢结构构件，由主机架、履带架、左右稳固千斤顶立架及稳固千斤顶、调高千斤顶耳板、切入导向滑道等组成。

左、右后立架内各装有 1 个垂直布置的稳固支撑千斤顶。当机组割煤打锚杆眼时，稳固支撑千斤顶伸出，托板落于巷道地板上，将机组顶起并保证稳固，以保证悬臂滚筒切入和上、下割煤时机器的稳定性并吸收其反作用力。左、右稳固千斤顶可分别单独升降。当机器检修时，稳固千斤顶速可以用来抬高机身。左、右前立柱与装载机构调高千斤顶连接，升降调整前铲装台板与巷道底板位置。

6. 锚杆机构

锚杆机构由 4 台顶板锚杆钻机、2 台侧帮锚杆钻机、稳固装置、支护顶梁、底托板、操

作平台及控制盘组成。锚杆钻机一般为回转式液压钻机，钻孔直径为 20～50 mm。

两外侧顶板锚杆钻机可左、右、前、后摆动；两内侧锚杆机连接在左、右支撑千斤顶上，可左、右摆动，从而可在 5 m 左右巷宽内方便地打孔装设锚杆。侧帮锚杆机装在左、右操作平台上，可以上、下摆动。在距底板 0.8～1.6 m 的范围内，每侧每排打 1～2 根锚杆。顶板锚杆机构的支撑千斤顶有长、短两挡，可根据所掘巷道高度选用。在使用时应特别注意滚筒切割高度，它应低于锚杆机可够及的打眼安装高度，以免造成巷道支护困难。

左、右 2 个前支撑千斤顶顶部装有支护顶板的顶梁，顶梁全长 3.4 m。在机组工作时由支撑千斤顶伸出撑紧顶板，既可保持锚杆机构和主机体稳固，免除滚筒割煤振动对锚杆打眼安装作业的影响，又可防护顶板冒落，保证锚杆工的操作安全。

左、右前支撑千斤顶的底托板与左、右履带架连接。支护顶梁顶部通过与之铰接的连接架与主机架相连，保证锚杆机构在工作和升降过程的稳定性。

7. 液压系统

该机组共装有 6 台轴向柱塞液压泵，其中 4 台泵供锚杆钻机和履带的液压马达，2 台供各液压千斤顶及机载高压水泵使用。机组液压系统压力、流量、温度等安全保护装置齐全。

8. 电控系统

该机装有 5 台电动机，总装机功率 542 kW。其中切割电动机 1 台，液压泵站电动机 2 台、装运机构电动机 2 台。电控系统有完善的保护和监控装置，通过计算机进行数据采集、处理显示、传输、自控等。主要功能有：过电流、超温、漏电保护，故障诊断，电动机恒功率控制，调节千斤顶行程，升降割煤速度，无线电动机遥控，瓦斯浓度监控及切割断面轮廓控制。

思 考 题

1. 试述连续采煤机的作用。
2. 试述连续采煤机的工作原理。
3. 试述连续采煤机的掘进方式及配套设备。
4. 使用连续采煤机进行房柱式开采时，采用何种顶板支护方式？使用什么设备？
5. 连续采煤机主要由哪几部分组成？
6. 12CM18—10D 型连续采煤机的装载机构由哪两种装置组成？
7. 12CM18—10D 型连续采煤机的输送机刮板链为什么左右摆动 45°后仍可正常运转？
8. 锚杆机的用途及主要组成结构如何？
9. 梭车的用途及主要组成结构如何？
10. 给料破碎机的作用和工作原理如何？

参考文献

[1] 李锋，刘志毅. 现代采掘机械 [M]. 北京：煤炭工业出版社，2007.

[2] 朱真才，韩振铎. 采掘机械与液压传动 [M]. 徐州：中国矿业大学出版社，2005.

[3] 王启广，黄嘉兴. 液压传动与采掘机械 [M]. 徐州：中国矿业大学出版社，2005.

[4] 王寅仓，丁原廉. 采掘机械 [M]. 北京：煤炭工业出版社，2005.

[5] 赵济荣. 液压传动与采掘机械 [M]. 徐州：中国矿业大学出版社，2008.

[6] 马新民. 矿山机械 [M]. 徐州：中国矿业大学出版社，1999.

[7] 全国煤炭技工教材编审委员会. 采煤机 [M]. 北京：煤炭工业出版社，2000.

[8] 煤炭工业职业技能鉴定指导中心. 液压支架工 [M]. 北京：煤炭工业出版社，2005.

[9] 葛宝臻. 综合机械化采煤工艺 [M]. 北京：中国劳动社会保障出版社，2006.

[10] 马立克，李寿昌. 采掘机械 [M]. 徐州：中国矿业大学出版社，2012.

[11] 张安全，王德洪. 液压气动技术与实训 [M]. 北京：人民邮电出版社，2007.

[12] 梁兴义，徐蒙良. 液压传动与采掘机械 [M]. 北京：煤炭工业出版社，1997.

[13] 林木生，谢光辉. 液压与气动技术 [M]. 北京：煤炭工业出版社，2004.

[14] 李芝. 液压传动 [M]. 北京：机械工业出版社，2008.

[15] 左建民. 液压与气动技术 [M]. 3 版. 北京：机械工业出版社，2007.

[16] 武维承，史俊青. 煤矿机械液压传动 [M]. 北京：煤炭工业出版社，2009.

[17] 牟志华，张海军. 液压与气动技术 [M]. 北京：中国铁道出版社，2010.

[18] 张宏友. 液压与气动技术 [M]. 大连：大连理工大学出版社，2004.

[19] 于励民. 煤矿机械液压传动 [M]. 北京：煤炭工业出版社，2005.

[20] 阎祥安，曹玉平. 液压传动与控制习题集 [M]. 天津：天津大学出版社，2004.